Springer-Lehrbuch

W0309476

Wolfgang Tschirk

Bayes-Statistik für Human- und Sozialwissenschaften

Springer

Wolfgang Tschirk
mathecampus
Wien, Österreich

ISSN 0937-7433
Springer-Lehrbuch
ISBN 978-3-662-56781-4 ISBN 978-3-662-56782-1 (eBook)
https://doi.org/10.1007/978-3-662-56782-1

Die Deutsche Nationalbibliothek verzeichnet diese Publikation in der Deutschen Nationalbibliografie; detaillierte bibliografische Daten sind im Internet über http://dnb.d-nb.de abrufbar.

© Springer-Verlag GmbH Deutschland, ein Teil von Springer Nature 2019
Das Werk einschließlich aller seiner Teile ist urheberrechtlich geschützt. Jede Verwertung, die nicht ausdrücklich vom Urheberrechtsgesetz zugelassen ist, bedarf der vorherigen Zustimmung des Verlags. Das gilt insbesondere für Vervielfältigungen, Bearbeitungen, Übersetzungen, Mikroverfilmungen und die Einspeicherung und Verarbeitung in elektronischen Systemen.
Die Wiedergabe von Gebrauchsnamen, Handelsnamen, Warenbezeichnungen usw. in diesem Werk berechtigt auch ohne besondere Kennzeichnung nicht zu der Annahme, dass solche Namen im Sinne der Warenzeichen- und Markenschutz-Gesetzgebung als frei zu betrachten wären und daher von jedermann benutzt werden dürften.
Der Verlag, die Autoren und die Herausgeber gehen davon aus, dass die Angaben und Informationen in diesem Werk zum Zeitpunkt der Veröffentlichung vollständig und korrekt sind. Weder der Verlag noch die Autoren oder die Herausgeber übernehmen, ausdrücklich oder implizit, Gewähr für den Inhalt des Werkes, etwaige Fehler oder Äußerungen. Der Verlag bleibt im Hinblick auf geografische Zuordnungen und Gebietsbezeichnungen in veröffentlichten Karten und Institutionsadressen neutral.

Einbandabbildung: © Login / stock.adobe.com
Umschlaggestaltung: deblik Berlin

Gedruckt auf säurefreiem und chlorfrei gebleichtem Papier

Springer ist ein Imprint der eingetragenen Gesellschaft Springer-Verlag GmbH, DE und ist ein Teil von Springer Nature.
Die Anschrift der Gesellschaft ist: Heidelberger Platz 3, 14197 Berlin, Germany

Vorwort

„Die wahre Logik dieser Welt ist die Wahrscheinlichkeitsrechnung“, hat James Clerk Maxwell, der Vollender der klassischen Elektrodynamik, 1850 geschrieben, und eines der bedeutendsten Wissenschaftsbücher unserer Tage trägt den Titel *Probability Theory. The Logic of Science*.

Wissenschaftler beobachten und ziehen Schlüsse. Oft Schlüsse, die „für alles“ gelten: für alle Menschen beispielsweise oder für alle Menschen eines Landes oder für alle Sechzehnjährigen; jedenfalls für eine Gesamtheit, die so groß ist, dass man sie nicht zur Gänze beobachten kann, sondern von ihr nur einen Ausschnitt, eine Stichprobe, sieht. Darum sind solche Schlüsse nicht sicher, sondern nur mehr oder weniger wahrscheinlich, und darum ist die Wahrscheinlichkeitsrechnung die Logik unseres Wissens von der Welt.

Eine Krone der Wahrscheinlichkeitsrechnung ist die Bayes-Statistik. Sie erlaubt es, sämtliche Informationen zu einem Problem – vom zufälligen Vorwissen bis zur minutiös erhobenen Stichprobe – so zu kombinieren, dass die Schlüsse ein Maximum an Wahrscheinlichkeit gewinnen. Das ist besonders dort von Vorteil, wo die Information spärlich ist; nicht zuletzt in den Human- und Sozialwissenschaften, deren Objekte ja Menschen sind, mit denen man nicht beliebig experimentieren kann.

Dieses Buch soll das Anwenden der Bayes-Statistik erleichtern. Es bereitet den Gegenstand, ausgehend von seinen erkenntnistheoretischen Grundlagen, so auf, dass am Ende einfache Formeln stehen, mit denen sich viele typische Fragen speziell (aber nicht nur) der Human- und Sozialwissenschaften behandeln lassen.

Wien
November 2017

Wolfgang Tschirk

Inhaltsverzeichnis

Teil I

Einführung

Statistik in den Human- und Sozialwissenschaften 1

Zusammenfassung

In den Human- und Sozialwissenschaften sind quantitative Untersuchungen oft statistische Untersuchungen. Dabei werden fast ausschließlich Elemente der klassischen Statistik eingesetzt: klassische Punktschätzungen, Konfidenzintervalle und Signifikanztests. Deren Ergebnisse sind jedoch zum Teil wenig aussagekräftig und anfällig für Fehlinterpretationen. Die Bayes-Statistik würde sich für viele Fragen besser eignen. Was ihr zum breiten Einsatz fehlt, ist eine anwenderfreundliche Aufbereitung.

1.1 Warum Statistik?

Die Wissenschaft vom Menschen als Individuum und als Mitglied der Gesellschaft kennt keine Naturgesetze. Wie schwer Elektronen sind, das wissen wir auf ein Hunderttausendstel Prozent genau; wie schwer neugeborene Kinder sind, nicht. Auf den ersten Blick scheint es viel einfacher, das Geburtsgewicht von Kindern zu bestimmen als die Masse von Elektronen, doch in Wahrheit ist es viel komplizierter. Denn erstens sind alle Elektronen gleich schwer, nicht aber alle Neugeborenen; wir könnten also gar nicht *das* Gewicht angeben, sondern bestenfalls einen typischen Wert. Und zweitens hängt das Gewicht jedes einzelnen Kindes von unzähligen Faktoren ab, so dass unklar ist, wofür ein typischer Wert überhaupt typisch wäre. Während wir es in der Physik meist mit gesicherten Zusammenhängen zwischen exakt definierten Größen zu tun haben, die ihren Ausdruck in Gleichungen finden, können wir in den Human- und Sozialwissenschaften die relevanten Begriffe und die Beziehungen zwischen ihnen nur erahnen. Ein Physikbuch ist daher voll mit Formeln; ein Psychologiebuch enthält keine einzige.

„Solange ein Wissenszweig Überfluss an Problemen bietet, ist er lebenskräftig", sagte der Mathematiker David Hilbert im Jahr 1900. Die Human- und Sozialwissenschaften sind besonders lebenskräftig – hier gibt es noch eine Menge zu entdecken. Und da

© Springer-Verlag GmbH Deutschland, ein Teil von Springer Nature 2019
W. Tschirk, *Bayes-Statistik für Human- und Sozialwissenschaften*, Springer-Lehrbuch,
https://doi.org/10.1007/978-3-662-56782-1_1

sie nicht nur schwierigere Fragen stellen als die Naturwissenschaften, sondern auch viel jünger sind als diese, liegt die Vermutung nahe, dass alle noch am Anfang ihrer Entwicklung stehen: Psychologie und Soziologie, Kunst-, Kultur-, Politik- und Bildungswissenschaft, Volks- und Betriebswirtschaftslehre, Anthropologie und Ethnologie, Humanbiologie, Ernährungs- und Pflegewissenschaft, Medizin. Ihre Methoden ähneln jenen, die der Philosoph Francis Bacon im 16. Jahrhundert zum Studium der Natur vorgeschlagen hat: Daten sammeln und vergleichen, also Statistik. Daher enthalten viele Arbeiten auch eine statistische Untersuchung ihres Gegenstands, und manche beschränken sich sogar darauf. Verwendet werden fast ausschließlich Elemente der *klassischen Statistik*: klassische Punktschätzungen und Konfidenzintervalle zum Schätzen von Größen, Signifikanztests zum Prüfen von Hypothesen [1, 7, 30, 49]; denn in den Statistikvorlesungen für Human- und Sozialwissenschaftler wird kaum etwas anderes gelehrt. Die *Bayes-Statistik*, präsent in Naturwissenschaft und Technik [5, 36, 53], kommt so gut wie nicht vor; nicht einmal dort, wo sie bessere Antworten liefern könnte als die klassische.

1.2 Typische Fragestellungen

Das mittlere Gewicht von Neugeborenen könnte man feststellen, indem man alle wiegt und den Mittelwert bestimmt. Durchführen lässt sich dieser Plan freilich nicht: Man wird niemals alle Werte kennen, sondern immer nur einen Ausschnitt davon, eine Stichprobe. Im Fall des Geburtsgewichts kann diese Stichprobe groß sein, denn in den meisten Ländern werden Kinder (zumindest, wenn sie im Krankenhaus zur Welt kommen) gewogen und die Werte protokolliert. Schwieriger wird es hingegen sein, das Atemzugvolumen von Neugeborenen zu finden; dieses wird nicht routinemäßig erhoben, sondern nur, wenn ein medizinischer Grund besteht oder eine Studie es verlangt. Mag nun die Stichprobe groß sein oder klein – die Aufgabe der *schließenden Statistik* ist in beiden Fällen die gleiche: aus der Stichprobe auf die Gesamtheit schließen. Wir wollen ja nicht nur etwas über die Babys erfahren, deren Daten wir haben, sondern etwas über *alle* einer bestimmten Gesamtheit: eines Landes, eines Geschlechts oder eines Jahrgangs. Der Schluss von der Stichprobe auf die Gesamtheit ist aber mit Unsicherheit behaftet. Wir werden nicht sagen können, das mittlere Geburtsgewicht sei so oder so groß, sondern nur, es sei *vermutlich* so oder so groß oder es liege vermutlich in diesem und jenem Bereich. Neben dem Mittelwert können uns andere Dinge interessieren: Wie stark variiert das Geburtsgewicht? Wie hat es sich im Lauf der Zeit verändert? Sind Mädchen oder Buben schwerer? Wie hängen Gewicht und Atemzugvolumen zusammen?

Die typischen Fragen lassen sich nach mehreren Gesichtspunkten ordnen: Erstens unterscheiden wir, ob es um eine einzige Größe geht (Wie hoch ist der Augendruck beim Menschen? Welcher Anteil der 16-Jährigen hat einen Berufswunsch? Wie viele Verkehrstote gibt es pro Wochenende?) oder um die Beziehung zwischen zwei oder mehr Größen (Wie hängen Ausbildungsdauer und Einkommen zusammen?). Zweitens können wir eine einzige Gesamtheit betrachten (Wie viele Obdachlose hat Wien?) oder mehrere vergleichen (Hat Wien mehr Obdachlose als Berlin?). Drittens können wir eine Größe schätzen (Welcher Anteil der Schulkinder sind Linkshänder?) oder eine Hypothese (*12 % der Schulkinder sind Linkshänder*) testen. Alle diese Fragen beziehen sich auf Kennwerte von Gesamtheiten. Man kann die Statistik aber auch dazu verwenden, Aussagen über Einzelwerte zu treffen: Wie viele Badegäste werden morgen kommen? Doch da in den Human- und Sozialwissenschaften die Vorhersage einzelner Werte vergleichsweise wenig beachtet wird [1, 7, 49, 51], gehen auch wir darauf nicht weiter ein.

1.3 Typische Methoden

Man kann also eine statistische Größe unter mehreren Blickwinkeln sehen. Da es zudem endlos viele verschiedenartige Größen gibt, gibt es auch endlos viele Verfahren, zu schätzen oder Hypothesen zu testen: von Verfahren, die man in allen Wissenschaften findet [1, 7, 51] bis zu solchen, die typisch sind für einzelne, beispielsweise für die Medizin [30]. Wir werden nun die gemeinsamen Merkmale jener Verfahren, die der klassischen Statistik zuzurechnen sind und somit in den Human- und Sozialwissenschaften dominieren, beschreiben.

1.3.1 Klassisches Schätzen

Eine Größe kann man auf zwei Arten schätzen: Entweder durch einen *Wert*, der dem wahren Wert nahekommen soll – dann spricht man von einer *Punktschätzung*; oder durch einen *Bereich*, in dem der wahre Wert vermutlich liegt – dann handelt es sich um eine *Intervallschätzung*. Schätzungen können sich auf einzelne Größen beziehen, auf Differenzen, Verhältnisse oder andere Kombinationen zweier oder mehrerer Größen oder auf Kennzahlen, die den Zusammenhang zweier oder mehrerer Größen beschreiben.

Zur Punktschätzung gibt es eine Reihe von Verfahren, die eines gemeinsam haben: Sie verwenden kein Vorwissen über den wahren Wert, sondern orientieren sich nur an der Stichprobe [22, 62]. Die einfachste Methode, einen Parameter der Gesamtheit zu schätzen, besteht darin, den entsprechenden Parameter der Stichprobe zu berechnen und diesen als Schätzung zu verwenden (*Stichprobenparametermethode*): Die Schätzung für den Mittelwert der Gesamtheit ist der Mittelwert der Stichprobe, die Schätzung für den Maximalwert der Gesamtheit ist der Maximalwert der Stichprobe usw. In vielen Fällen erhält man dieselben Werte, die auch anspruchsvollere Verfahren liefern. Einer ähnlichen Idee folgt die *Momentenmethode*. Die *Kleinste-Quadrate-Methode* verlangt, dass Schätzwerte so wenig wie möglich von den Stichprobendaten abweichen, genauer: dass die Summe der Abweichungsquadrate minimal wird. Die *Maximum-Likelihood-Methode* nimmt als Schätzung für einen Parameter jenen Wert des Parameters, bei dem die Beobachtung, die man an der Stichprobe gemacht hat, a priori so wahrscheinlich wie möglich wird.

Da die klassischen Schätzungen nur die Stichprobe verwenden und auf den wahren Wert der zu schätzenden Größe keinen Bezug nehmen, kann man fragen, warum der Schätzwert überhaupt etwas mit dem wahren Wert zu tun haben sollte. Die Antwort ist: Weil man annimmt, dass die Stichprobe mit dem wahren Wert zu tun hat. Diese Annahme kann aber zu erheblichen Fehlern führen, und es kann sogar geschehen, dass man als Schätzung ein Wert erhält, der gar nicht stimmen *kann*: Schätzt man beispielsweise das Maximum einer Gesamtheit mit der Momentenmethode, so kann ein Wert herauskommen, der kleiner ist als ein Stichprobenwert und damit sicher falsch.

Eine Punktschätzung sagt nicht, wie nahe der Schätzwert dem wahren Wert kommt. Sicheres lässt sich auch gar nicht sagen; man kann aber Bereiche angeben, die den wahren Wert mit einer gewissen Wahrscheinlichkeit, beispielsweise 95 %, enthalten: die *Konfidenzintervalle*, festgelegt jeweils durch eine untere und eine obere Grenze. Zählt man in einer Stichprobe von 1000 Schulkindern 130 Linkshänder, so erhält man als Grenzen eines 95 %-Konfidenzintervalls die Werte 0,109 und 0,151. Man ist nun versucht zu sagen, dass mit einer Wahrscheinlichkeit von 0,95 zwischen 10,9 % und 15,1 % der Schulkinder linkshändig sind. Doch so einfach ist die Sache nicht. Denn die klassische Statistik schreibt einem Ereignis, dessen Eintreten feststeht, keine Wahrscheinlichkeit zu; und ob der Linkshänderanteil in der Gesamtheit zwischen 10,9 % und 15,1 % liegt, steht fest und ist lediglich unbekannt. Daher wird ein 95 %-Konfidenzintervall meist wie folgt interpretiert: Vor dem Ermitteln (d. h. vor dem Ziehen der Stichprobe) kann man sagen, dass mit Wahrscheinlichkeit 0,95 ein Intervall herauskommen wird, das den wahren Anteil enthält; denn die Stichprobendaten hängen vom Zufall ab. Sind die Konfidenzgrenzen aber bestimmt, dann steht fest, ob sie den wahren Anteil einschließen oder nicht, und es hätte keinen Sinn, von Wahrscheinlichkeit zu reden. Also sagt ein Konfidenzintervall, sobald es berechnet ist, *buchstäblich nichts* über die zu schätzende Größe. (Dass dieser Standpunkt zwar der vorherrschende, aber nicht der einzige ist, wird in [8, 62] diskutiert.)

1.3.2 Klassisches Testen

Eine Hypothese über die Gesamtheit testet man, indem man das, was man an einer Stichprobe beobachtet, mit dem vergleicht, was man zu beobachten erwartet, wenn die Hypothese stimmt. Je besser die Stichprobe zur Hypothese passt, umso eher vertraut man der Hypothese. Gegenstand von Hypothesen können alle Größen sein, die auch Gegenstand des Schätzens sein können.

Nehmen wir die Hypothese, 12 % der Schulkinder seien Linkshänder. Wir bezeichnen sie, wie in der klassischen Statistik üblich, als *Nullhypothese* H_0. Wenn man in einer Stichprobe von 1000 Schulkindern 120 Linkshänder findet, passt das perfekt zur Nullhypothese und wird das Vertrauen in sie stärken. Findet man hingegen in der Stichprobe nur 50 Linkshänder, dann wird man an der Richtigkeit der Nullhypothese zweifeln; ebenso, wenn man 500 findet. Denn eine Stichprobe mit so wenigen oder so vielen Linkshändern ist unwahrscheinlich, wenn der Anteil in der Gesamtheit 12 % beträgt (eine solche Beobachtung würde man als *signifikant* bezeichnen). Es stellt sich die Frage, wie viele Linkshänder die Stichprobe enthalten muss, damit man der Nullhypothese vertraut (sie *annimmt, beibehält, nicht ablehnt, nicht verwirft* – es gibt hier mehrere Ausdrücke). Die Grenzen zwischen Annehmen und Ablehnen wählt man so, dass die Wahrscheinlichkeit für das Ablehnen der Nullhypothese, falls sie stimmt, einen festgelegten Wert nicht überschreitet. Dieser Wert heißt *Signifikanzniveau* α und beträgt per Konvention meist 0,05 oder 0,01, gelegentlich auch 0,001. Bei einem Signifikanzniveau von 0,05 ergibt sich für unser Beispiel folgende Strategie: Findet man in der Stichprobe 100 bis 140 Linkshänder, wird man die Hypothese annehmen, andernfalls ablehnen. Dabei nimmt man in Kauf, dass die Hypothese, wenn sie stimmt, mit Wahrscheinlichkeit 0,05 abgelehnt wird, weil die Stichprobe durch Zufall zu wenige oder zu viele Linkshänder enthält. Man kann diese Wahrscheinlichkeit verringern, indem man α senkt. Dabei erhöht man aber die Wahrscheinlichkeit für den anderen Fehler: den Fehler, eine falsche Nullhypothese anzunehmen; denn es kann ja auch geschehen, dass es in der Gesamtheit weniger als 12 % oder mehr als 12 % Linkshänder gibt und die Stichprobe trotzdem 100 bis 140 Linkshänder enthält.

Ob die Hypothese stimmt, kann ein statistischer Test nicht sagen. Findet man 100 bis 140 Linkshänder, so kann das Zufall sein – zufällig passt die Stichprobe gut zur Hypothese, obwohl diese falsch ist. Findet man weniger als 100 oder mehr als 140, so kann auch das Zufall sein – zufällig passt die Stichprobe schlecht zur Hypothese, obwohl diese richtig ist. Ein klassischer statistischer Test sagt auch nicht, wie wahrscheinlich es ist, dass eine Hypothese stimmt. Aus klassischer Sicht gibt es dafür gar keine Wahrscheinlichkeit; denn ob die Hypothese stimmt, steht fest und ist lediglich unbekannt. Doch auch, wenn man der Hypothese eine Wahrscheinlichkeit zugesteht, liefert der Test keinen Wert dafür. Man erfährt lediglich, wie gut Hypothese und Stichprobe zusammenpassen, und passen sie ausreichend gut zusammen, nimmt man die Hypothese an. Dabei müssten viele Hypothesen schon aus logischen Gründen verworfen werden: Dass der Linkshänderanteil in einer großen Gesamtheit, etwa einem Land, *genau* 12 % beträgt (nicht ein einziges Kind mehr oder weniger), ist so gut wie sicher falsch. Dennoch testen viele etablierte Verfahren nichts anderes als solche Hypothesen: So testen die Varianzanalysen, die Rangtests und die χ^2-Tests ausschließlich Hypothesen, die besagen, dass gewisse Größen *genau* diese oder jene Werte haben. Und dabei werden falsche Nullhypothesen mit Wahrscheinlichkeiten von bis zu $1 - \alpha$ (also beim Signifikanzniveau 0,001 mit Wahrscheinlichkeiten bis zu 0,999) *nicht verworfen*. Letzteres bleibt auch so, wenn man Hypothesen testet, die eine Chance haben, wahr zu sein (*Mindestens 12 % der Schulkinder sind Linkshänder*). Daher sagt ein klassischer Test nichts über die Glaubwürdigkeit der getesteten Hypothese [8, 18, 62].

Die Ergebnisse klassischer Tests werden oft missverstanden. So glaubten 1986 in einer Umfrage 68 von 70 graduierten Psychologen, ein Signifikanztest liefere die Wahrscheinlichkeit für die Richtigkeit der Nullhypothese [18], und noch in einem aktuellen Lehrbuch steht: „Signifikanzniveaus beschreiben die Wahrscheinlichkeit, mit der eine zuvor formulierte Hypothese zutrifft oder nicht“. Zudem werden signifikante Ergebnisse für bedeutsam gehalten, wohl aufgrund einer Fehlauslegung des Wortes: denn signifikant ist eine

Beobachtung ganz einfach dann, wenn sie bei richtiger Nullhypothese unwahrscheinlich ist; mit Bedeutsamkeit hat das nichts zu tun.

Trotz ihrer Schwächen und obwohl sie selbst unter Anwendern umstritten sind, beherrschen Signifikanztests die human- und sozialwissenschaftliche Forschung, die Studienpläne und die Lehrbücher [1, 7, 8, 18, 22, 30, 42, 49, 51]. Gründe dafür sind ihre einfache Durchführbarkeit und die breite Unterstützung durch Statistiksoftware. Diese Vorzüge teilen sie mit den klassischen Schätzverfahren.

1.4 Warum Bayes-Statistik?

Wie Abschn. 1.3 zeigt, haben die klassischen Methoden folgende Schwächen:

1. Klassische Schätzungen sagen wenig über die zu schätzende Größe aus: Punktschätzungen können unmögliche Werte liefern, und von Konfidenzintervallen kann man nach klassischer Auffassung nicht sagen, dass sie den wahren Wert mit einer bestimmten Wahrscheinlichkeit enthalten.
2. Signifikanztests sagen wenig über die zu testende Hypothese aus; es wird nur ermittelt, wie gut die Stichprobe zu ihr passt – das ist aber nebensächlich, da sich die Hypothese nicht auf die Stichprobe, sondern auf die Gesamtheit bezieht. Falsche Hypothesen werden zum Teil mit hohen Wahrscheinlichkeiten nicht verworfen; das gilt sogar für Hypothesen, die aus logischen Gründen falsch sein müssen.
3. Die Resultate der klassischen Statistik sind eine Quelle von Missverständnissen.

Keines dieser Probleme tritt in der Bayes-Statistik auf. Deren bestimmendes Merkmal ist, dass sie beim Schätzen und Testen nicht nur die Information aus der Stichprobe verwendet, sondern das gesamte Wissen über den zu beurteilenden Fall, und daraus Wahrscheinlichkeiten für Schätzwerte oder Schätzintervalle und für Hypothesen ableitet. Dadurch kann es nicht zu Schätzungen oder zum In-Betracht-Ziehen von Hypothesen kommen, von denen man weiß, dass sie falsch sind, und über die anderen erhält man die bestmögliche Information: Weiß man im Vorhinein nichts über den Anteil der Linkshänder und zählt in einer Stichprobe von 1000 Schulkindern 130 von ihnen, dann liegt der Linkshänderanteil in der Gesamtheit mit einer Wahrscheinlichkeit von 0,95 zwischen 11,0 % und 15,1 %, und die Hypothese, mindestens 12 % der Schulkinder seien Linkshänder, ist mit Wahrscheinlichkeit 0,837 richtig. Hat man Vorwissen über den Anteil, vielleicht aus vorangegangenen Studien, so mag man zu anderen Zahlen kommen, doch die Form der Aussagen wird dieselbe sein. Damit steht die relevante Information über die zu schätzende Größe oder die zu testende Hypothese bereit, und die Interpretation der Ergebnisse ist klar.

Angesichts dieses Vergleichs stellt sich die Frage, warum die Bayes-Statistik nicht schon längst auch in den Human- und Sozialwissenschaften Fuß gefasst hat, gehört sie doch in Naturwissenschaft und Technik seit Jahrzehnten zum Standard. *Ein* Grund ist vermutlich, dass sie für das Anwenden schlechter aufbereitet ist als die klassische Statistik. Deren Prozeduren sind großteils in einfachen Formeln dargelegt und können mit einem Taschenrechner in wenigen Schritten bewältigt werden. Die Bayes-Statistik ist hier viel sperriger. Ihre Berechnungen sind umfangreicher, oft gelangt man zu einem Ergebnis erst über eine Computersimulation. Hier soll dieses Buch Abhilfe schaffen, indem es die bayesschen Lösungen wichtiger human- und sozialwissenschaftlicher Problemstellungen in leicht anwendbaren Formeln präsentiert. Den Weg zu diesen Formeln weist Teil II des Buches: von der bayesschen Wahrscheinlichkeitstheorie über die Wissensrepräsentation durch Verteilungen bis hin zum Schätzen und Testen. Wer sich nur für das Anwenden der Bayes-Statistik interessiert und mit grundlegenden statistischen Begriffen vertraut ist, kann sich auf Teil III beschränken und findet dort ausführliche Rezepte und Beispiele zu allen behandelten Schätz- und Testverfahren.

1.5 Zum Stil der Präsentation

Dieses Buch ist kein Mathematikbuch. Wir verwenden nur so viel Mathematik, wie zum gründlichen Verstehen des eigentlichen Inhalts nötig ist, und tun das im Stil des Anwenders, der stillschweigend voraussetzt, dass seine Bezeichnungen dem Bezeichneten entsprechen und dass die in seinen Formeln vorkommenden Rechenoperationen durchführbar sind. Wir setzen also beispielsweise voraus, dass Konstante oder Variable, die für Anzahlen stehen, als natürliche Zahlen aufzufassen sind und dass unsere Grenzwerte, Ableitungen, Summen, Integrale usw. existieren (was in allen relevanten Fällen auch zutrifft). Anstatt eigens auf solches hinzuweisen, vertrauen wir auf die *mathematische Höflichkeit* [36]: „For a courteous reader, the fact that a writer differentiates $f(x)$ twice already implies that he considers it twice differentiable.“ Wenn wir die Richtigkeit einer Behauptung *zeigen*, dann führen wir auch nicht einen lückenlosen mathematischen Beweis, sondern stellen die wesentlichen logischen Schritte dar, die zu ihr führen.

Beinahe die Hälfte des Buches besteht aus durchgerechneten Beispielen sowie Aufgaben mit vollständigen Lösungen. In den Beispielen werden überwiegend reale human- und sozialwissenschaftliche Probleme besprochen. Daher handelt es sich nicht um kurze schematische Rechenaufgaben, sondern um Themen, denen jeweils ein ganzer Abschnitt gewidmet ist. Auch die Aufgaben sind großteils aus der Wirklichkeit gegriffen. Die Ergebnisse runden wir in der Regel auf ganze Zahlen, mindestens aber auf drei signifikante Stellen, außer bei sehr ungenauen Daten, wo wir uns mit zwei Stellen begnügen; Zwischenresultate behalten wir gelegentlich genauer.

Griechische Buchstaben verwenden wir so, wie es in der Bayes-Statistik üblich ist. Als Lesehilfe möge das Alphabet in Anhang C dienen.

1.6 Was dieses Buch nicht enthält

1. Zu jedem klassischen Verfahren ein bayessches Gegenstück. Das vorliegende Buch beschränkt sich auf Grundlegendes, mit dessen Hilfe aber ein beträchtlicher Teil der heutigen human- und sozialwissenschaftlichen Fragen behandelt werden können.
2. Klassische Tests in bayesscher Verkleidung. Manche Autoren übernehmen vom klassischen Testen Nullhypothese und Signifikanzniveau und kombinieren sie mit Elementen der Bayes-Statistik [6, 49, 52]. Da man mit diesem Vorgehen nichts gewinnt, aber die Schwächen der klassischen Tests importiert, verzichten wir darauf.
3. Bayes-Faktoren. Beim Vergleich der Wahrscheinlichkeiten zweier Hypothesen gibt der Bayes-Faktor einer Beobachtung an, in welchem Maß die Beobachtung das Verhältnis dieser Wahrscheinlichkeiten ändert. Wir brauchen das nicht, da wir als Ergebnis eines bayesschen Tests stets die Wahrscheinlichkeit der getesteten Hypothese angesichts der gesamten Information (Vorwissen und Beobachtungen) erhalten.
4. Bayessche Algorithmen aus Naturwissenschaft und Technik, wie bayessche Netze, Markovmodelle oder Kalmanfilter, da diese in den Human- und Sozialwissenschaften bislang kaum eine Rolle spielen.
5. Numerische Näherungsverfahren. Wir präsentieren alle Schätzungen und Tests in geschlossenen Formeln und nehmen dafür fallweise geringfügige Abweichungen von den exakten Werten in Kauf.
6. Entscheidungstheorie. Die Bayes-Statistik ist eng mit der Entscheidungstheorie verknüpft [52]; denn da sie Hypothesen Wahrscheinlichkeiten zuschreibt, macht sie es möglich, die erwarteten Folgen einer Entscheidung für oder gegen eine Hypothese zu quantifizieren und so eine nach gewissen Kriterien optimale Entscheidung zu treffen. Wir klären aber nur, wie man zur Wahrscheinlichkeit einer Hypothese kommt, und überlassen alles Weitere den Spezialisten.

Teil II
Theorie des bayesschen Schätzens und Testens

Wahrscheinlichkeit

2

Zusammenfassung

Behauptungen über eine Gesamtheit, von der man nur eine Stichprobe kennt, sind im Allgemeinen nicht sicher, sondern nur mehr oder weniger plausibel. Wie plausibel eine Behauptung ist, hängt davon ab, in welcher Beziehung sie zu anderen Behauptungen steht, deren Plausibilität man kennt. Ein Plausibilitätsmaß, das diesem Grundsatz folgt, ist die *Wahrscheinlichkeit*, wie sie in der Bayes-Statistik verwendet wird.

2.1 Aussagen

Eine *Aussage* ist ein Satz, der entweder wahr oder falsch ist: *Es schneit.* Ein solcher Satz ist auch dann eine Aussage, wenn man nicht entscheiden kann, ob er wahr oder falsch ist (vielleicht, weil man nicht genug weiß); notwendig ist lediglich, dass sein Wahrheitswert (*wahr* w oder *falsch* f) feststeht. Fragen, Bitten, Befehle oder unvollständige Äußerungen sind keine Aussagen [70].

Wenn eine Aussage A (*Es schneit*) wahr ist, dann ist ihr Gegenteil $\overline{A}$ (*Es schneit nicht*) falsch, und umgekehrt. Das gilt unabhängig vom Inhalt von A. Ebenso gilt für zwei Aussagen A und B ungeachtet ihres Inhalts, dass die Aussage $A\ und\ B$ (wir schreiben sie als AB: *Es schneit und es taut*) genau dann wahr ist, wenn beide wahr sind, und die Aussage $A\ oder\ B$ (wir schreiben $A + B$: *Es schneit oder es taut*) genau dann, wenn mindestens eine wahr ist. Tab. 2.1 stellt diese Zusammenhänge dar.

© Springer-Verlag GmbH Deutschland, ein Teil von Springer Nature 2019

W. Tschirk, *Bayes-Statistik für Human- und Sozialwissenschaften*, Springer-Lehrbuch,
https://doi.org/10.1007/978-3-662-56782-1_2

Tab. 2.1 Wahrheitstabelle der Aussagenlogik: Negation $\overline{A}$, Konjunktion AB und Disjunktion $A + B$

A	B	$\overline{A}$	AB	$A+B$
w	w	f	w	w
w	f	f	f	w
f	w	w	f	w
f	f	w	f	f

Mit Bezug auf Tab. 2.1 bezeichnen wir A und B als elementare Aussagen und die *Negation* $\overline{A}$, die *Konjunktion* AB und die *Disjunktion* $A + B$ als zusammengesetzte. Der Wahrheitswert einer zusammengesetzten Aussage hängt im Allgemeinen von den Wahrheitswerten der elementaren Aussagen ab, aus denen sie sich zusammensetzt. Es kann jedoch vorkommen, dass eine zusammengesetzte Aussage stets denselben Wahrheitswert hat. Eine stets falsche Aussage heißt *Kontradiktion*, eine stets wahre heißt *Tautologie*. So ist $A\overline{A}$ (*Es schneit und es schneit nicht*) eine Kontradiktion, $A + \overline{A}$ (*Es schneit oder es schneit nicht*) eine Tautologie. Inhaltlich ist das klar, denn eine Aussage und ihr Gegenteil können nicht beide wahr sein (Aristoteles' Satz vom ausgeschlossenen Widerspruch), eines davon muss aber wahr sein (Aristoteles' Satz vom ausgeschlossenen Dritten). Es lässt sich auch formal zeigen, denn gemäß den Regeln von Tab. 2.1 gelten die Wahrheitswerte in Tab. 2.2.

Tab. 2.2 Satz vom ausgeschlossenen Widerspruch ($A\overline{A}$ ist immer falsch) und Satz vom ausgeschlossenen Dritten ($A + \overline{A}$ ist immer wahr)

A	$\overline{A}$	$A\overline{A}$	$A+\overline{A}$
w	f	f	w
f	w	f	w

Haben zwei Aussagen stets übereinstimmende Wahrheitswerte, nennt man sie *äquivalent*. So sind $\overline{\overline{A}}$ und A äquivalent ($\overline{\overline{A}} \leftrightarrow A$), denn das Gegenteil des Gegenteils einer Aussage hat immer den gleichen Wahrheitswert wie die Aussage selbst. Wichtige aussagenlogische Äquivalenzen sind:

$$\overline{\overline{A}} \leftrightarrow A\,, \tag{2.1}$$

$$AA \leftrightarrow A\,, \tag{2.2}$$

$$A + A \leftrightarrow A\,, \tag{2.3}$$

$$AB \leftrightarrow BA\,, \tag{2.4}$$

$$A + B \leftrightarrow B + A\,, \tag{2.5}$$

$$(AB)C \leftrightarrow A(BC)\,, \tag{2.6}$$

$$(A + B) + C \leftrightarrow A + (B + C)\,, \tag{2.7}$$

$$A(B + C) \leftrightarrow (AB) + (AC)\,, \tag{2.8}$$

$$A + (BC) \leftrightarrow (A + B)(A + C)\,, \tag{2.9}$$

$$\overline{AB} \leftrightarrow \overline{A} + \overline{B}, \quad (2.10)$$

$$\overline{A + B} \leftrightarrow \overline{A}\,\overline{B}. \quad (2.11)$$

Ob zwei Aussagen äquivalent sind, lässt sich anhand ihrer Wahrheitstabellen prüfen. Wir zeigen auf diese Weise (Tab. 2.3) das erste Gesetz von De Morgan (2.10).

Tab. 2.3 Erstes Gesetz von De Morgan: $\overline{AB}$ und $\overline{A} + \overline{B}$ stimmen stets überein

A	B	AB	$\overline{AB}$	$\overline{A}$	$\overline{B}$	$\overline{A} + \overline{B}$
w	w	w	f	f	f	f
w	f	f	w	f	w	w
f	w	f	w	w	f	w
f	f	f	w	w	w	w

Zusammengesetzte Aussagen können auch anders entstehen als durch Negation, Konjunktion und Disjunktion, aber alle aussagenlogischen Zusammensetzungen lassen sich auf diese drei zurückführen (es würden sogar die Negation und eine der beiden anderen genügen, nur wären dann manche Ausdrücke komplizierter). Unter den zusammengesetzten Aussagen nehmen Kontradiktion und Tautologie eine Sonderstellung ein; denn wie wir bald sehen werden, schreibt man einer sicher falschen Aussage die kleinstmögliche Wahrscheinlichkeit zu, einer sicher wahren die größtmögliche. Die Bedeutung von Äquivalenzen wiederum liegt darin, dass man äquivalenten Aussagen gleiche Wahrscheinlichkeiten attestiert.

Mit Negation, Konjunktion, Disjunktion, Kontradiktion, Tautologie und Äquivalenz haben wir alle Elemente der Aussagenlogik besprochen, die wir als Grundlage der Wahrscheinlichkeitsrechnung brauchen. Doch ehe wir zu dieser kommen, müssen wir noch ein Hindernis beseitigen.

2.2 Behauptungen

Unter einer *Behauptung* verstehen wir einen Satz, der wahr oder falsch ist oder sich in Zukunft als zutreffend oder unzutreffend erweisen wird. Behauptungen sind also entweder Aussagen im Sinn des vorigen Abschnitts oder *Prognosen*. Der Satz *Kandidat X wird die Wahl gewinnen* ist eine Prognose. Ob man von ihm sagen kann, er sei wahr oder falsch, ist unklar. Er wird sich zwar im Nachhinein als zutreffend oder unzutreffend herausstellen, und man könnte deshalb meinen, er wäre immer schon wahr oder falsch gewesen, nur hätte man es erst zu gegebener Zeit erfahren. Doch wenn die Behauptung eines Ereignisses, das morgen eintreten soll, schon heute wahr oder falsch ist, dann ist die Zukunft festgelegt; denn ist die Behauptung wahr, muss das Ereignis eintreten, ist sie falsch, muss es ausbleiben. Diese Konsequenz hat schon Aristoteles erschreckt, und deshalb hat er Prognosen nicht zu den Aussagen gezählt. Dabei ist es bis heute geblieben. Für uns bedeutet das, dass wir die im vorigen Abschnitt beschriebenen Regeln der Aussagenlogik auf viele Fragen der Statistik nicht unbesehen anwenden können. Beispielsweise sollen klinische Studien die Wirkung von Therapien klären, und hier erwartet man Resultate, die sich auf künftige Fälle beziehen. Daher suchen wir Regeln, die auch auf Prognosen anwendbar sind.

Eine dreiwertige Logik mit den Wahrheitswerten *wahr, falsch* und *unbestimmt*, die die Gesetze der zweiwertigen Logik bewahrt [26], hilft uns hier nicht. Sie führt nämlich auf einen Widerspruch: Ist A unbestimmt, dann ist auch $\overline{A}$ unbestimmt, und sind A und B unbestimmt, dann ist auch $A + B$ unbestimmt, soviel ist klar. Daraus folgt aber, dass mit A auch $A + \overline{A}$ unbestimmt ist, und das kann nicht sein, weil $A + \overline{A}$ eine Tautologie ist: Es ist sicher wahr, dass Kandidat X die Wahl gewinnt oder nicht.

Dem Widerspruch entgeht man, wenn man auf Wahrheitswerte überhaupt verzichtet, und die braucht man in der Wahrscheinlichkeitsrechnung ohnehin nicht. Wir müssen von Behauptungen lediglich verlangen: dass ihre Negation, Konjunktion und Disjunktion wieder eine Behauptung ergebe; dass $A\overline{A}$ stets unmöglich sei und $A + \overline{A}$ stets sicher; dass aussagenlogische Äquivalenzen auch behauptungslogische Äquivalenzen seien, wobei A und B *äquivalent* heißen, wenn A aus B folgt und B aus A; und dass äquivalente Behauptungen gleich plausibel seien. Das sind aber Regeln des plausiblen Schließens, auf dem die Bayes-Statistik ruht.

2.3 Plausibles Schließen

Die moderne bayessche Wahrscheinlichkeitstheorie verdankt ihr Entstehen drei Physikern: Harold Jeffreys und Richard Cox stellten um 1940 die Wahrscheinlichkeit einer Behauptung als Resultat logischer Beziehungen zwischen ihr und anderen Behauptungen dar [20, 37], und mit diesen Arbeiten als Richtschnur entwarf Edwin Jaynes in den 1950er-Jahren eine Lehre vom plausiblen Schließen aus gegebenem Wissen [35, 36]. Wir folgen nun Jaynes' Gedankengang von den Anforderungen, die er an plausibles Schließen stellt, bis zu den daraus entstehenden Schlussregeln. Danach zeigen wir, dass diese Regeln die Axiome von Kolmogorow [41] enthalten und darüber hinaus alles, was man in den meisten Statistikvorlesungen für Human- und Sozialwissenschaftler über Wahrscheinlichkeit lernt.

2.3.1 Merkmale des plausiblen Schließens

Unter einem Schluss verstehen wir das Ermitteln der *Plausibilität einer Behauptung* im Licht anderer Behauptungen. Folgende Merkmale sollte plausibles Schließen haben:

(I) Plausibilitätsgrade werden durch relle Zahlen repräsentiert.

(II) Jeder Schluss ist mit dem gesunden Menschenverstand vereinbar.

(IIIa) Führen mehrere Wege zu einem Schluss, stimmen die Ergebnisse überein.

(IIIb) Jeder Schluss basiert auf dem gesamten Wissen.

(IIIc) Äquivalentes Wissen führt zu gleichen Plausibilitäten.

Die Forderung (I) zusammen mit der Konvention, dass der höheren Plausibilität die größere Zahl entspricht, garantiert, dass man von zwei Behauptungen A und B stets sagen kann, A sei plausibler als B oder B plausibler als A oder beide seien gleich plausibel. (IIIa)–(IIIc) werden als Konsistenzbedingungen verstanden. (IIIc) verlangt, dass Plausibilitätsgrade nur vom Wissen abhängen und nicht von der schließenden Person selbst.

Der Behauptung *Morgen kommen mehr als 1000 Badegäste* wird man eine höhere Plausibilität zuschreiben, wenn man sicher ist, dass morgen Badewetter herrscht, als wenn man Regen erwartet. Die Plausibilität einer Behauptung wird also von anderen Behauptungen abhängen. Wir schreiben $A|C$ für die *Plausibilität von A angesichts C* (auch: *unter der Bedingung C* oder *gegeben C*). Nun skizzieren wir Jaynes' Ableitung der Schlussregeln.

2.3.2 Schlussregeln

Wir beginnen mit der Plausibilität der Behauptung AB, gegeben C. Um zu schließen, dass AB zutrifft, kann man schließen, dass A zutrifft und, bei gegebenem A, auch B; also hängt $AB|C$ von $A|C$ und $B|AC$ ab. Wie Jaynes zeigt, gilt die Produktregel

$$w(AB|C) = w(A|C)\,w(B|AC)$$

für eine nichtnegative, stetige, streng monotone (steigende oder fallende) und ansonsten noch unbestimmte Funktion w.

Nehmen wir nun an, B sei sicher, gegeben C. Dann sind, wenn C gilt, A und AB gleich plausibel: $A|C = AB|C$. Weiters ist $B|AC = B|C$; denn wenn B unter der Bedingung C sicher ist, dann ist B auch sicher, wenn zu C eine Information, zum Beispiel A, dazukommt. Damit wird die Produktregel zu $w(A|C) = w(A|C)\,w(B|C)$. Da das unabhängig vom Wert von $w(A|C)$ gilt, ist

$$w(B|C) = 1$$

für eine unter der Bedingung C sichere Behauptung B.

Nehmen wir nun an, B sei unmöglich, gegeben C. Dann ist, wenn C gilt, AB ebenso unmöglich: $AB|C = B|C$. Außerdem bleibt B unmöglich, wenn zu C noch eine Information, beispielsweise A, dazukommt: $B|AC = B|C$. Die Produktregel wird zu $w(B|C) = w(A|C)\,w(B|C)$, und zwar unabhängig davon, welchen Wert $w(A|C)$ hat. Daraus folgt

$$w(B|C) = 0$$

für eine unter der Bedingung C unmögliche Behauptung B. Da w der Sicherheit einen höheren Wert zuordnet als der Unmöglichkeit, ist nun auch festgelegt, dass w streng monoton *steigt*.

Nun suchen wir einen Zusammenhang zwischen der Plausibilität einer Behauptung A und der ihres Gegenteils $\overline{A}$, gegeben C. Jaynes zeigt, dass mit der vorhin eingeführten

Funktion w für eine positive Zahl m

$$w^m(A|C) + w^m(\overline{A}|C) = 1$$

ist. Nun gilt für jedes positive m die Produktregel auch in der Form

$$w^m(AB|C) = w^m(A|C)\, w^m(B|AC)\,.$$

Nennt man die Funktion w^m kurz p, so folgen aus dem Bisherigen fünf Schlussregeln:

$$p \text{ ist nichtnegativ, stetig und streng monoton steigend.} \tag{2.12}$$

$$\text{Ist } A \text{ angesichts } C \text{ sicher, gilt: } p(A|C) = 1\,. \tag{2.13}$$

$$\text{Ist } A \text{ angesichts } C \text{ unmöglich, gilt: } p(A|C) = 0\,. \tag{2.14}$$

$$\text{Für beliebige } A, B \text{ und } C \text{ gilt: } p(AB|C) = p(A|C)\, p(B|AC)\,. \tag{2.15}$$

$$\text{Für beliebige } A \text{ und } C \text{ gilt: } p(A|C) + p(\overline{A}|C) = 1\,. \tag{2.16}$$

Zuletzt betrachten wir eine sechste Schlussregel, die Jaynes unter Berufung auf (IIIc) beweist, das *Indifferenzprinzip*. Dazu bezeichnen wir eine Gesamtheit von Behauptungen $A_1, \ldots, A_n, C$ als *Basis der Länge* n, wenn unter der Bedingung C die A_i einander ausschließen, aber eine der A_i zutreffen muss. Liefert C keinen Grund, eine der A_i für plausibler zu halten als eine andere, sprechen wir von einer *Laplace-Basis*.

$$\text{In einer Laplace-Basis der Länge } n \text{ gilt für alle } i: \; p(A_i|C) = \frac{1}{n}\,. \tag{2.17}$$

2.4 Wahrscheinlichkeit

2.4.1 Die Kolmogorow-Axiome

Wir haben im vorigen Abschnitt weder den Plausibilitäten Werte zugeschrieben noch die Funktion w oder den Exponenten m genau spezifiziert. Nun zeigt sich, dass das gar nicht notwendig ist; denn die Regeln (2.12) bis (2.16) legen p fest, und zwar in einer Weise, die es rechtfertigt, ab nun $p(A|C)$ als *Wahrscheinlichkeit von A angesichts C* (auch: *unter der Bedingung C* oder *gegeben C*) zu bezeichnen.

Wir können nämlich, wie wir sogleich zeigen werden, aus (2.12) bis (2.16) jene drei Gesetze ableiten, die Andrej Kolmogorow 1933 der axiomatischen klassischen Wahrscheinlichkeitsrechnung zugrunde gelegt hat [41]:

1. Für jedes Ereignis A ist die Wahrscheinlichkeit $p(A) \geq 0$.
2. Für ein sicheres Ereignis S ist $p(S) = 1$.
3. Für einander ausschließende Ereignisse A und B ist $p(A + B) = p(A) + p(B)$.

Vergleichen wir Kolmogorows Axiome mit den Schlussregeln nach Jaynes, fällt zweierlei auf: Erstens sprechen die Axiome von Ereignissen, die Schlussregeln von Behauptungen. Das ist aber nur eine Ausdrucksvariante, denn unter der Wahrscheinlichkeit einer Behauptung versteht man die Wahrscheinlichkeit dafür, dass die Behauptung zutrifft, dass also das behauptete Ereignis eingetreten ist (oder eintritt oder eintreten wird): Die Wahrscheinlichkeit der Behauptung *Es schneit* ist dasselbe wie die Wahrscheinlichkeit dafür, dass es schneit, und wir verwenden im Folgenden beide Sprechweisen. Zweitens beschreiben die Kolmogorow-Axiome die Wahrscheinlichkeit eines Ereignisses an sich, die Schlussregeln hingegen die Wahrscheinlichkeit einer Behauptung angesichts anderer Behauptungen. Doch auch Kolmogorow setzt für die Anwendung seiner Theorie jeweils einen Satz von Bedingungen voraus, nur verschweigt die klassische Wahrscheinlichkeitsrechnung diese, wenn angenommen wird, dass sie erfüllt sind: Sagt man beispielsweise, die Wahrscheinlichkeit für Zahl beim Münzwurf sei $1/2$, so behauptet man stillschweigend mit, dass die Münze fair sei, der Werfer keinen Trick anwende oder es zumindest keinen Grund gebe, Münze oder Werfer für unfair zu halten, und dass man nicht schon aus dem Flug der Münze auf das Resultat schließen könne. Werden die Bedingungen ausdrücklich erwähnt oder gar in die Rechnung einbezogen, spricht auch die klassische Theorie von *bedingter Wahrscheinlichkeit*.

Wir übernehmen ab nun die kurze Schreibweise und lassen in den Formeln Bedingungen, die dort für jede Wahrscheinlichkeit gelten, weg. Dann lautet (2.13) so: „Ist A sicher, gilt $p(A) = 1$", und (2.15) wird zu: „Für beliebige A und B gilt: $p(AB) = p(A)\, p(B|A)$". Das ist leichter lesbar und trägt nicht weniger Information als der ausführliche Text; denn dass man sich eine gemeinsame Bedingung C dazudenken muss, halten wir ein für alle Mal fest.

Der wichtigste Unterschied zwischen den beiden Wahrscheinlichkeitsbegriffen ist aber jener: Die klassische Theorie schreibt Wahrscheinlichkeiten nur solchen Ereignissen zu, die Ausgang eines Zufallsexperiments sein können; in der bayesschen gibt es Wahrscheinlichkeiten für *jede* Behauptung, auch wenn schon feststeht, ob sie stimmt, und $p(A|C)$ beschreibt das in C enthaltene Wissen über A. Daher hat nur die Bayes-Statistik Wahrscheinlichkeiten für feststehende, aber unbekannte Werte statistischer Größen und für Hypothesen, von denen ebenfalls feststeht und lediglich unbekannt ist, ob sie stimmen. Eine Analyse der Wahrscheinlichkeitsbegriffe findet sich in [62].

Sehen wir nun, wie sich Kolmogorows Axiome aus den Schlussregeln ergeben. Das erste, $p(A) \geq 0$, folgt aus (2.12); das zweite, $p(S) = 1$, entspricht (2.13). Das dritte erhält man, indem man zunächst mit (2.11), (2.15) und (2.16) für beliebige Behauptungen A und B feststellt:

$$\begin{aligned} p(A+B) &= 1 - p(\overline{A+B}) = 1 - p(\overline{A}\,\overline{B}) = 1 - p(\overline{A})\, p(\overline{B}|\overline{A}) \\ &= 1 - p(\overline{A})\,(1 - p(B|\overline{A})) = 1 - p(\overline{A}) + p(\overline{A}B) \\ &= p(A) + p(B)\, p(\overline{A}|B) = p(A) + p(B)\,(1 - p(A|B)) \\ &= p(A) + p(B) - p(AB)\,. \end{aligned}$$

Wenn nun A und B einander ausschließen, ist AB unmöglich, und damit folgt nach (2.14): $p(A+B) = p(A) + p(B)$.

2.4.2 Die Regel von Laplace

Pierre Simon de Laplace hat 1812 die Wahrscheinlichkeit eines Ereignisses A *definiert* als Verhältnis zwischen der Anzahl der für A günstigen Fälle und der endlichen Anzahl der möglichen Fälle, wenn die möglichen Fälle einander ausschließen und es keinen Grund gibt anzunehmen, dass einer von ihnen eher eintritt als ein anderer. (Obwohl Jakob Bernoulli das schon um 1700 bemerkt hat, nennt man heute eine so ausgedrückte Wahrscheinlichkeit *Laplace-Wahrscheinlichkeit*.) Ein für A günstiger Fall ist dabei ein Fall, aus dem A folgt. Beispielsweise sind $1, 2, 3, 4, 5, 6$ die möglichen Fälle (der Augenzahl) beim Würfeln, und für das Ereignis, eine gerade Zahl zu würfeln, sind $2, 4, 6$ die günstigen.

Wir zeigen nun, dass die *Regel von Laplace* aus den Schlussregeln folgt. Erst stellen wir fest, dass für einander ausschließende Behauptungen $A_1, \ldots, A_n$ gilt:

$$p(A_1 + \ldots + A_n) = p(A_1) + \ldots + p(A_n)\,. \tag{2.18}$$

Nachweisen kann man das durch vollständige Induktion: Für $n = 2$ stimmt die Beziehung nach dem dritten Kolmogorow-Axiom; und stimmt sie für ein $n \geq 2$, dann auch für $n + 1$, denn mit (2.7) und dem dritten Axiom ist

$$\begin{aligned} p(A_1 + \ldots + A_{n+1}) &= p((A_1 + \ldots + A_n) + A_{n+1}) = p(A_1 + \ldots + A_n) + p(A_{n+1}) \\ &= p(A_1) + \ldots + p(A_{n+1})\,. \end{aligned}$$

Beschreiben $A_1, \ldots, A_n$ alle möglichen Fälle und gibt es keinen Grund, eine der A_i für plausibler zu halten als eine andere, bilden sie eine Laplace-Basis. Für eine Behauptung A mit den günstigen Fällen $A_{i_1}, \ldots, A_{i_m}$ folgt dann mit (2.17) und (2.18):

$$p(A) = p(A_{i_1} + \ldots + A_{i_m}) = p(A_{i_1}) + \ldots + p(A_{i_m}) = \frac{m}{n}\,.$$

2.4.3 Die Kettenregel

Für beliebige Behauptungen $A_1, \ldots, A_n$ gilt die *Kettenregel*:

$$p(A_1 \ldots A_n) = p(A_1)\, p(A_2|A_1)\, \ldots\, p(A_n|A_1 \ldots A_{n-1})\,.$$

Wir zeigen das wieder durch vollständige Induktion. Für $n = 2$ stimmt die Beziehung nach (2.15), und stimmt sie für ein $n \geq 2$, dann auch für $n + 1$, denn mit (2.6) und (2.15) ist

$$\begin{aligned} p(A_1 \ldots A_{n+1}) &= p((A_1 \ldots A_n)\, A_{n+1}) = p(A_1 \ldots A_n)\, p(A_{n+1}|A_1 \ldots A_n) \\ &= p(A_1)\, p(A_2|A_1)\, \ldots\, p(A_{n+1}|A_1 \ldots A_n)\,. \end{aligned}$$

2.4.4 Der Satz von Bayes

In Abschn. 2.3.2 sind wir zur Beziehung $p(AB) = p(A)\,p(B|A)$ gelangt. Ausgangspunkt war die Überlegung, dass man auf AB schließen kann, indem man auf A schließt und, bei gegebenem A, auf B. Man kann aber die Reihenfolge auch ändern: auf B schließen und, bei gegebenem B, auf A, woraus sich $p(AB) = p(B)\,p(A|B)$ ergibt. Nun können wir die beiden Ausdrücke für $p(AB)$ gleichsetzen:

$$p(A)\,p(B|A) = p(B)\,p(A|B)\,.$$

Ist $p(B) = 0$, dann sind beide Seiten der Gleichung 0. Andernfalls dividieren wir durch $p(B)$ und erhalten den *Satz von Bayes* (Thomas Bayes 1750):

$$\text{Ist } p(B) \neq 0, \text{ gilt: } p(A|B) = \frac{p(B|A)\,p(A)}{p(B)}\,.$$

Dieser Satz ist die Grundlage der Bayes-Statistik. Aus ihm werden wir in Kap. 7 ableiten, wie man Wahrscheinlichkeiten aus Vorwissen und Stichproben zu kombinieren hat, um eine Wahrscheinlichkeit zu erhalten, die der *gesamten* Information gerecht wird.

2.4.5 Die Unabhängigkeit von Behauptungen

Man nennt A unabhängig von B, wenn $p(B) = 0$ ist oder das Zutreffen von B die Wahrscheinlichkeit von A nicht ändert, so dass gilt:

$$p(A|B) = p(A)\,.$$

Wenn A unabhängig von B ist, ist B unabhängig von A. Denn ist $p(A) = 0$, so ist jede Behauptung von A unabhängig, und für $p(A) \neq 0$ ist nach dem Satz von Bayes

$$p(B|A) = \frac{p(A|B)\,p(B)}{p(A)} = \frac{p(A)\,p(B)}{p(A)} = p(B)\,.$$

Man kann also einfach sagen, A und B seien *voneinander unabhängig*. (Statistische Abhängigkeit und Unabhängigkeit sind keine Ursache-Wirkungs-Zusammenhänge, sondern nur Beziehungen zwischen Wahrscheinlichkeiten.) Sind A und B voneinander unabhängig, gilt also $p(B|A) = p(B)$, dann folgt nach (2.15):

$$p(AB) = p(A)\,p(B)\,.$$

Diese Beziehung ist äquivalent unserer Definition der Unabhängigkeit von A und B und kann daher selbst als Definition verwendet werden.

Man nennt $A_1, \ldots, A_n$ voneinander unabhängig, wenn das Zutreffen beliebig vieler von ihnen die Wahrscheinlichkeiten für die anderen nicht ändert. Für solche A_i folgt (siehe Aufg. 2.4):

$$p(A_1 \ldots A_n) = p(A_1) \ldots p(A_n) .$$

Das kann man wiederum als Definition der Unabhängigkeit von $A_1, \ldots, A_n$ verwenden.

2.4.6 Die totale Wahrscheinlichkeit

Ermittelt man $p(B)$ unter Zuhilfenahme einer Basis aus Bedingungen A_i , spricht man von der *totalen Wahrscheinlichkeit* von B. Mit (2.4), (2.8), (2.15) und (2.18) gilt:

$$\begin{aligned} p(B) &= p((A_1 + \ldots + A_n)B) = p(A_1 B + \ldots + A_n B) = p(A_1 B) + \ldots + p(A_n B) \\ &= p(B|A_1)\, p(A_1) + \ldots + p(B|A_n)\, p(A_n) . \end{aligned}$$

Sei nun B eine beliebige sichere Behauptung. Dann gilt $p(B) = 1$ und $p(B|A_i) = 1$ für alle i . Also folgt aus der totalen Wahrscheinlichkeit eine Verallgemeinerung von (2.16):

$$p(A_1) + \ldots + p(A_n) = 1 .$$

Die Ergebnisse dieses Abschnitts gelten sinngemäß auch für unendlich lange Basen.

2.4.7 Bemerkungen zum Indifferenzprinzip

Das Indifferenzprinzip (2.17) lautet in einem Satz: *Schließen unter der Bedingung C die Behauptungen $A_1, \ldots, A_n$ einander aus, wobei eine von ihnen zutreffen muss, und liefert C keinen Grund, eine der A_i für plausibler zu halten als eine andere, dann haben angesichts C alle die gleiche Wahrscheinlichkeit $p(A_i|C) = 1/n$*. Zu Zeiten von Bernoulli und Laplace sprach man vom „Prinzip des unzureichenden Grundes"; der Ökonom und Mathematiker John Maynard Keynes gab der Regel 1921 den Namen „Principle of Indifference" [40]. Keynes meldete zugleich Bedenken an, ob das Prinzip überhaupt brauchbar sei, und fand Gegenbeispiele, die es als widersprüchlich und damit unbrauchbar erweisen sollten. Andere Autoren griffen diese Beispiele auf und fügten eigene hinzu, und mit der Zeit wurde das Indifferenzprinzip beinahe einhellig abgelehnt [3, 17, 31, 52, 64]. In [63] wird aber gezeigt, dass die vermeintlichen Gegenbeispiele auf einem gemeinsamen Irrtum beruhen und das Prinzip *nicht* widerlegen. Und da es noch dazu in Jaynes' Theorie ein bewiesener Satz ist, betrachten wir es als gültig.

2.4.8 Behauptungen mit Wahrscheinlichkeit 1 oder 0

Eine sichere Behauptung hat die Wahrscheinlichkeit 1, das Gegenteil einer sicheren Behauptung ist eine unmögliche und hat die Wahrscheinlichkeit 0. Die Umkehrung gilt aber nicht: Eine Behauptung mit Wahrscheinlichkeit 1 muss nicht sicher sein und eine mit Wahrscheinlichkeit 0 nicht unmöglich. Das erkennt man wie folgt: Wenn es unendlich viele mögliche und einander ausschließende Behauptungen gibt und keinen Grund, eine davon für plausibler zu halten als eine andere, dann hat jede die Wahrscheinlichkeit 0 (das folgt aus dem Indifferenzprinzip fur $n \to \infty$). Wir wissen beispielsweise nicht, wann der nächste Unfall geschehen wird. Es kann unendlich viele Zeitpunkte geben, von denen jeder gleichermaßen in Frage kommt. Für jeden dieser Zeitpunkte hat die Behauptung, der Unfall werde gerade dann geschehen, die Wahrscheinlichkeit 0. Wenn er aber geschieht, hat die Behauptung, es werde genau dieser Zeitpunkt sein, a priori die Wahrscheinlichkeit 0 gehabt und sich dennoch als richtig erwiesen. Es gibt also Behauptungen mit Wahrscheinlichkeit 0, die nicht unmöglich sind, und das Gegenteil einer solchen Behauptung hat die Wahrscheinlichkeit 1 und ist nicht sicher.

Freilich kann man bei einer Behauptung mit Wahrscheinlichkeit 0 nicht damit rechnen, dass sie sich als richtig herausstellen wird; sie ist zwar nicht unmöglich, aber, praktisch betrachtet, so gut wie unmöglich, und ebenso ist eine Behauptung mit Wahrscheinlichkeit 1 zwar nicht sicher, aber so gut wie sicher. Man spricht in solchen Fällen auch von *fast unmöglich* und *fast sicher* [51].

2.5 Überblick: Wahrscheinlichkeit

Wir fassen das Bisherige zusammen. Für Summen verwenden wir das Zeichen $\sum$ und für Produkte das Zeichen $\prod$, wenn das die Notation vereinfacht. Weiters schreiben wir „v.u." für „voneinander unabhängig".

Wertebereich und spezielle Werte

$$\text{Für eine beliebige Behauptung } A \text{ gilt: } 0 \leq p(A) \leq 1 . \tag{2.19}$$

$$\text{Ist } A \text{ sicher, gilt: } p(A) = 1 . \tag{2.20}$$

$$\text{Ist } A \text{ unmöglich, gilt: } p(A) = 0 . \tag{2.21}$$

$$\text{Sind } A \text{ und } B \text{ gleich plausibel, gilt: } p(A) = p(B) . \tag{2.22}$$

$$\text{Sind } A \text{ und } B \text{ äquivalent, gilt: } p(A) = p(B) . \tag{2.23}$$

Beliebige Behauptungen

$$\text{Für beliebiges } A \text{ gilt: } p(A) + p(\overline{A}) = 1\,. \tag{2.24}$$

$$\text{Für beliebige } A \text{ und } B \text{ gilt: } p(AB) = p(A)\,p(B|A)\,. \tag{2.25}$$

$$\text{Für beliebige } A_1, \ldots, A_n \text{ gilt: } p(A_1 \ldots A_n) = \prod_{i=1}^{n} p(A_i|A_1 \ldots A_{i-1})\,. \tag{2.26}$$

$$\text{Für beliebige } A \text{ und } B \text{ gilt: } p(A+B) = p(A) + p(B) - p(AB)\,. \tag{2.27}$$

Einander ausschließende Behauptungen

$$\text{Schließen } A \text{ und } B \text{ einander aus, gilt: } p(AB) = 0\,. \tag{2.28}$$

$$\text{Schließen } A \text{ und } B \text{ einander aus, gilt: } p(A+B) = p(A) + p(B)\,. \tag{2.29}$$

$$\text{Schließen } A_1, \ldots, A_n \text{ einander aus, gilt: } p(A_1 + \ldots + A_n) = \sum_{i=1}^{n} p(A_i)\,. \tag{2.30}$$

Voneinander unabhängige Behauptungen

$$A \text{ und } B \text{ sind v.u.} \quad \longleftrightarrow \quad p(B) = 0 \text{ oder } p(A|B) = p(A)\,. \tag{2.31}$$

$$A \text{ und } B \text{ sind v.u.} \quad \longleftrightarrow \quad p(AB) = p(A)\,p(B)\,. \tag{2.32}$$

$$A_1, \ldots, A_n \text{ sind v.u.} \quad \longleftrightarrow \quad p(A_1 \ldots A_n) = \prod_{i=1}^{n} p(A_i)\,. \tag{2.33}$$

Basen

Eine Basis sei eine Menge von Behauptungen A_i , die einander ausschließen, von denen aber eine zutreffen muss. Gibt es keinen Grund, eine der A_i für plausibler zu halten als eine andere, sprechen wir von einer Laplace-Basis. Die Anzahl der A_i nennen wir Länge der Basis.

$$\text{In einer (endlich oder unendlich langen) Basis gilt: } \sum_{i} p(A_i) = 1\,. \tag{2.34}$$

$$\text{In einer Laplace-Basis der Länge } n \text{ gilt für alle } i: \; p(A_i) = \frac{1}{n}\,. \tag{2.35}$$

$$\text{In einer Laplace-Basis der Länge } n \text{ gilt: } p(A_{i_1} + \ldots + A_{i_m}) = \frac{m}{n}\,. \tag{2.36}$$

$$\text{Mit einer Basis } \{A_i\} \text{ gilt für beliebiges } B\text{: } p(B) = \sum_{i} p(B|A_i)\,p(A_i)\,. \tag{2.37}$$

Satz von Bayes

$$\text{Für beliebige } A \text{ und } B \text{ mit } p(B) \neq 0 \text{ gilt: } p(A|B) = \frac{p(B|A)\,p(A)}{p(B)}\,. \tag{2.38}$$

2.6 Beispiele zur Wahrscheinlichkeit

2.6.1 Wahrscheinlichkeit vor Gericht

Im Jahr 1964 sprach ein kalifornisches Gericht Janet und Malcom Collins des räuberischen Diebstahls schuldig. Als einziger Hinweis lag eine Zeugenaussage vor: Dieser zufolge war die Täterin eine blonde Frau mit Pferdeschwanz, ihr Komplize ein dunkelhäutiger Mann mit Bart und Schnurrbart, und geflohen waren die beiden in einem gelben Wagen. Die Beschreibung passte auf das Ehepaar Collins; ansonsten gab es nichts, was sie mit der Tat in Verbindung gebracht hätte. Der Ankläger behauptete, dies genüge, um andere Personen mit an Sicherheit grenzender Wahrscheinlichkeit als Täter auszuschließen. Sein Ziel – eine Verurteilung – erreichte er, indem er falsch machte, was man falsch machen konnte: Er schätzte die Wahrscheinlichkeiten der einzelnen Merkmale falsch, verband sie mit einer falschen Berechnung zu einer angeblichen Wahrscheinlichkeit für die Gesamterscheinung und interpretierte diese fälschlich als (verschwindend geringe) Wahrscheinlichkeit für die Unschuld von Janet und Malcom Collins. Es dauerte mehr als drei Jahre, bis ein Berufungsgericht die haarsträubenden Fehler erkannte und das Urteil aufhob [19].

In diesem Abschnitt untersuchen wir die drei Elemente der verhängnisvollen Berechnung: das Schätzen von Wahrscheinlichkeiten aus relativen Häufigkeiten, das Multiplizieren von Wahrscheinlichkeiten und den Zusammenhang zwischen der Wahrscheinlichkeit von Indizien und jener von Schuld und Unschuld.

Wahrscheinlichkeit und relative Häufigkeit

Im ersten Schritt schätzte der Ankläger die Wahrscheinlichkeiten der einzelnen Merkmale und kam zu folgendem Ergebnis:

A dunkelhäutiger Mann mit Bart: $p(A) = 1/10$,

B Mann mit Schnurrbart: $p(B) = 1/4$,

C blonde Frau: $p(C) = 1/3$,

D Frau mit Pferdeschwanz: $p(D) = 1/10$,

E gemischtrassiges Paar in einem Wagen: $p(E) = 1/1000$,

F gelber Wagen: $p(F) = 1/10$.

Soweit wir wissen, beruhen diese Zahlen auf geschätzten relativen Häufigkeiten. Betrachten wir die Aussage $p(A) = 1/10$, die besagt: Wählt man aus der relevanten Bevölkerung (den Menschen, die zur Tatzeit am Tatort hätten sein können) einen Mann so, dass jeder mit gleicher Wahrscheinlichkeit gewählt wird, dann ist die Wahrscheinlichkeit dafür, dass der gewählte Mann dunkelhäutig ist und Bart trägt, gleich 1/10. Diese Wahrscheinlichkeit ergibt sich aus der Regel von Laplace (2.36); die n möglichen Fälle sind die Männer in der relevanten Bevölkerung, und unter ihnen sind die m günstigen die dunkelhäutigen mit Bart. Mit (2.36) gilt also:

$$p(A) = \frac{m}{n} = \frac{1}{10}.$$

Das gilt allgemein als direkte Folge der Regel von Laplace: Wählt man ein Objekt aus einer Gesamtheit so, dass jedes Objekt mit gleicher Wahrscheinlichkeit gewählt wird, dann ist der Anteil der Objekte in der Gesamtheit, die ein bestimmtes Merkmal tragen, gleich der Wahrscheinlichkeit dafür, ein merkmalstragendes Objekt zu wählen. Diese zahlenmäßige Übereinstimmung von Anteil und Wahrscheinlichkeit werden wir im Folgenden oft stillschweigend verwenden.

Für den Ankläger bedeutet das: Um auf Basis der relativen Häufigkeit $p(A) = 1/10$ behaupten zu können, hätte er ermitteln müssen, dass die relative Häufigkeit der dunkelhäutigen Männer mit Bart in der relevanten Bevölkerung gleich 1/10 ist. Dass er das unterlassen hat und auch für kein anderes der sechs Merkmale seine Schätzung begründen konnte, war eines der Motive für die spätere Revision des Urteils.

Multiplizieren von Wahrscheinlichkeiten

Im zweiten Schritt kombinierte der Ankläger die einzelnen Wahrscheinlichkeiten zu dem, was er für die Wahrscheinlichkeit der Gesamterscheinung ausgab. Dazu holte er sich einen Wahrscheinlichkeitstheoretiker als Sachverständigen, forderte ihn auf, die Zahlen zu multiplizieren, und präsentierte der Jury das Ergebnis

$$\frac{1}{10} \cdot \frac{1}{4} \cdot \frac{1}{3} \cdot \frac{1}{10} \cdot \frac{1}{1000} \cdot \frac{1}{10} = \frac{1}{12\,000\,000}$$

als Wahrscheinlichkeit dafür, dass ein bestimmtes Paar in Los Angeles alle Merkmale aufweisen würde.

Nun ist das Multiplizieren entsprechend (2.33) nur gerechtfertigt, wenn $A, \ldots, F$ voneinander unabhängig sind. Dass sie das nicht sind, war zumindest in einem Punkt klar: Da es kaum Bartträger ohne Schnurrbart gab, war $p(B|A) \approx 1 > p(B)$, womit A und B voneinander abhingen. Andere Abhängigkeiten konnte man vermuten: Blonde Frauen trugen vielleicht eher einen Pferdeschwanz als nichtblonde; und ein Verteidiger der Collins argumentierte sinngemäß, dass blonde Frauen eher als andere zu gemischtrassigen Partnerschaften neigen und dunkelhäutige Männer gern gelbe Wagen fahren. Insgesamt kann man annehmen, dass das Multiplizieren der einzelnen Wahrscheinlichkeiten zu einem viel zu niedrigen Wert für die Gesamtwahrscheinlichkeit geführt hat; falsch war es in jedem Fall.

Wie hätte man also rechnen müssen? Mit der Kettenregel (2.26), denn diese ist das Multiplikationsgesetz für beliebige Wahrscheinlichkeiten:

$$p(ABCDEF) = p(A)\, p(B|A)\, p(C|AB)\, p(D|ABC)\, p(E|ABCD)\, p(F|ABCDE).$$

Wir hätten $A, \dots, F$ auch in anderer Reihenfolge anführen können und dann eine andere Formel erhalten, was aber am Zahlenwert für $p(ABCDEF)$ nichts geändert hätte. Jedenfalls sind die vom Ankläger geschätzten Wahrscheinlichkeiten beinahe irrelevant, weil in der korrekten Berechnung nur eine einzige von ihnen – hier $p(A)$ – vorkommt.

Der Trugschluss des Anklägers

Den entscheidenden Fehler beging der Ankläger, indem er behauptete: Die Wahrscheinlichkeit dafür, dass jemand anders als die Angeklagten die Tat begangen hätte, liegt aufgrund der Berechnungen bei 1 zu 12 Millionen. Denn abgesehen davon, wie hoch die Wahrscheinlichkeit für das Zusammentreffen aller Merkmale bei einem Paar in Los Angeles tatsächlich ist – mit der Wahrscheinlichkeit für die Unschuld des Ehepaars Collins hat sie wenig zu tun.

Um das zu zeigen, bezeichnen wir die Behauptung, die Angeklagten seien unschuldig, mit U, und die Behauptung, bestimmte Indizien liegen vor, mit I. Wir interessieren uns für $p(U\,|\,I)$: für die Wahrscheinlichkeit der Unschuld, gegeben die Indizien. Nach dem Satz von Bayes (2.38) erhalten wir

$$p(U\,|\,I) = \frac{p(I\,|\,U)\,p(U)}{p(I)},$$

und mit der totalen Wahrscheinlichkeit $p(I)$ nach (2.37),

$$p(I) = p(I\,|\,U)\,p(U) + p(I\,|\,\overline{U})\,p(\overline{U}),$$

ergibt sich

$$p(U\,|\,I) = \frac{p(I\,|\,U)\,p(U)}{p(I\,|\,U)\,p(U) + p(I\,|\,\overline{U})\,p(\overline{U})}.$$

Der Irrtum, um den es in diesem Abschnitt geht, ist bekannt als *Trugschluss des Anklägers*: das Verwechseln von $p(I\,|\,U)$ mit $p(U\,|\,I)$. Denn die Wahrscheinlichkeit der Indizien, wenn die Angeklagten unschuldig sind (angeblich 1 zu 12 Millionen im Fall Collins) ist nicht dasselbe wie die Wahrscheinlichkeit der Unschuld, wenn die Indizien vorliegen. Was man in Rechnung stellen muss, ist die Wahrscheinlichkeit $p(U)$ der Unschuld im Vorhinein (a priori), also ohne die Indizien; und die war im Fall Collins hoch, denn Janet und Malcolm wären ohne ihr Aussehen und den gelben Wagen nicht verdächtiger gewesen als jedes andere Paar im Raum Los Angeles. Nimmt man eine Million dort lebende Paare an und erklärt man alle für a priori gleich verdächtig, so gilt nach (2.36):

$$p(U) = \frac{1\,000\,000 - 1}{1\,000\,000} = 0{,}999999.$$

Damit und mit

$$p(I\,|\,U) = \frac{1}{12\,000\,000} = 0{,}0000000833$$

sowie

$$p(I\,|\,\overline{U}) = 1$$

(da das Räuberpaar die Merkmale der Collins gehabt haben muss, wenn es die Collins waren) folgt mit (2.24):

$$p(U\,|\,I) = \frac{0{,}0000000833 \cdot 0{,}999999}{0{,}0000000833 \cdot 0{,}999999 + 1 \cdot (1 - 0{,}999999)} = 0{,}077\,.$$

Das ist eine beträchtlich höhere Wahrscheinlichkeit für die Unschuld als die vom Ankläger genannte. Erinnert man sich noch dazu, dass $p(I\,|\,U)$ vermutlich viel zu niedrig geschätzt war, und nimmt man stattdessen einen Wert von 1 zu 1 Million an:

$$p(I\,|\,U) = \frac{1}{1\,000\,000} = 0{,}000001\,,$$

erhält man gar:

$$p(U\,|\,I) = \frac{0{,}000001 \cdot 0{,}999999}{0{,}000001 \cdot 0{,}999999 + 1 \cdot (1 - 0{,}999999)} = 0{,}5\,.$$

Ob nun 0,077 oder 0,5 oder was auch immer der beste Wert sein mag – dass die Wahrscheinlichkeit $p(U\,|\,I)$ für die Unschuld, gegeben die Indizien, so hoch ist, liegt in erster Linie daran, dass die Wahrscheinlichkeit $p(U)$ für die Unschuld im Vorhinein, also ohne Berücksichtigung der Indizien, hoch war. Das Ergebnis kann man auch so ausdrücken: Zwar ist die Wahrscheinlichkeit dafür, dass *ein bestimmtes Paar* alle beobachteten Merkmale aufweist, sehr klein; da aber so viele Paare im Raum Los Angeles leben, ist die Wahrscheinlichkeit dafür, dass *irgendeines* diese Merkmale trägt, groß genug, Zweifel an der Schuld von Janet und Malcom Collins aufkommen zu lassen. Konkret berechnete der Verteidiger, dass die Beschreibung mit mehr als 40 % Wahrscheinlichkeit auf ein weiteres Paar in der Gegend passt.

Ganz anders ist die Lage, wenn von vornherein nur wenige als Täter in Frage kommen. Gibt es nur 10 mögliche und a priori gleich wahrscheinliche Verdächtige, dann ist

$$p(U) = \frac{10 - 1}{10} = 0{,}9$$

und (mit ansonsten gleichen Werten wie soeben)

$$p(U\,|\,I) = \frac{0{,}000001 \cdot 0{,}9}{0{,}000001 \cdot 0{,}9 + 1 \cdot (1 - 0{,}9)} = 0{,}000009\,.$$

Ein- und dieselben Indizien können also einen Verdächtigen entscheidend belasten, während sie über die Schuld eines Unverdächtigen wenig oder gar nichts sagen.

2.6.2 Alkohol am Steuer

„Ein Drittel aller tödlichen Verkehrsunfälle sind auf Alkohol zurückzuführen.“ Schlagzeilen wie diese sollen die Gefährlichkeit des Alkohols aufzeigen. Allerdings sind zwei Drittel aller tödlichen Verkehrsunfälle *nicht* auf Alkohol zurückzuführen – ist es da nicht noch gefährlicher, nüchtern zu sein? Nein; denn ausschlaggebend ist nicht die Wahrscheinlichkeit dafür, dass der Lenker alkoholisiert ist (A) oder nicht ($\overline{A}$), wenn ein tödlicher Unfall geschieht (T):

$$p(A|T) = \frac{1}{3}\,,$$
$$p(\overline{A}|T) = \frac{2}{3}\,,$$

sondern, dass die Wahrscheinlichkeit für einen tödlichen Unfall *mit* Alkohol größer ist als *ohne*:

$$P(T\,|\,A) > p(T\,|\,\overline{A})\,.$$

Um wie viel größer und wie man das ermittelt, wollen wir nun untersuchen. Die notwendigen Zahlen liefert uns ein Bericht der US-amerikanischen Highway Traffic Safety Administration von 2007 [43]: Alkoholisiert (mindestens 0,08 Gramm Alkohol pro Deziliter Blut, entsprechend etwa 0,75 Promille) war der jeweilige Fahrer bei 32 % aller tödlichen Verkehrsunfälle:

$$p(A|T) = 0{,}32$$

und bei 2,2 % aller Fahrten:

$$p(A) = 0{,}022\,.$$

Damit berechnen wir das Verhältnis zwischen $p(T\,|\,A)$ und $p(T\,|\,\overline{A})$. Nach dem Satz von Bayes gilt

$$p(T\,|\,A) = \frac{p(A|T)\,p(T)}{p(A)}$$

und

$$p(T\,|\,\overline{A}) = \frac{p(\overline{A}|T)\,p(T)}{p(\overline{A})}\,.$$

Dividieren wir den ersten Ausdruck durch den zweiten, fällt $p(T)$ aus der Gleichung und wir erhalten mit (2.24):

$$\frac{p(T\,|\,A)}{p(T\,|\,\overline{A})} = \frac{p(A|T)}{p(A)}\,\frac{p(\overline{A})}{p(\overline{A}|T)} = \frac{p(A|T)}{p(A)}\,\frac{1-p(A)}{1-p(A|T)} = \frac{0{,}32}{0{,}022}\,\frac{1-0{,}022}{1-0{,}32} \approx 21\,.$$

Die Wahrscheinlichkeit eines tödlichen Verkehrsunfalls ist also mit dem genannten Alkoholspiegel 21-mal so groß wie ohne ihn.

2.6.3 Analyse von Überlebenszeiten: Die Kaplan-Meier-Kurve

Spricht man von der 5-Jahres-Überlebensrate für eine Krankheit, so steckt dahinter eine statistische Untersuchung: die Feststellung, welcher Anteil der Patienten 5 Jahre nach einem definierten Ereignis (z. B. Diagnose oder Operation) noch leben. Das kann man natürlich auch für andere Zeitspannen machen, und die jeweilige Überlebens*rate* ist nach der Regel von Laplace zugleich die Überlebens*wahrscheinlichkeit* für den einzelnen Patienten aus der beobachteten Gruppe.

Die Sache scheint einfach: Wenn nach der Zeit t noch x von n Patienten leben, ist die Wahrscheinlichkeit dafür, dass die Überlebenszeit T eines zufällig aus der beobachteten Gruppe gewählten Patienten größer ist als t, gegeben durch

$$p(T > t) = \frac{x}{n}\,.$$

Dieser Wert ist zugleich eine Schätzung für die Überlebenswahrscheinlichkeit eines Patienten aus der Gesamtheit aller, die durch die beobachtete Gruppe repräsentiert werden.

Erschwert wird die Berechnung, wenn Patienten aus der beobachteten Gruppe ausscheiden, weil sie den Wohnort wechseln oder aus anderen Gründen nicht mehr zur Verfügung stehen. Einen Patienten, dessen Beobachtung solcherart vorzeitig endet, nennt man *zensiert*. Nun könnte man die Überlebenswahrscheinlichkeiten einfach auf Basis jener Patienten ermitteln, die bis zur fraglichen Zeit nicht zensiert sind. Dabei ginge aber die Information verloren, die in den Zensuren steckt. Um das zu verhindern, entwickelten Edward Kaplan und Paul Meier 1958 ein nach ihnen benanntes Schätzverfahren, dessen grafische Aufbereitung *Kaplan-Meier-Kurve* heißt [38]. Dieses Verfahren leiten wir nun ab.

Die Schätzung nach Kaplan und Meier

Zu bestimmen ist für einen zufällig aus der beobachteten Gruppe gewählten Patienten und eine Zeitspanne t die Überlebenswahrscheinlichkeit $p(T > t)$. Wir denken uns eine Folge von Zeitspannen $t_0, \dots, t_m$ mit $0 = t_0 < \dots < t_m \leq t$. Dann gilt

$$p(T > t) = p((T > t_0)\dots(T > t_m)(T > t))\,,$$

denn wenn $T > t$ ist, dann ist $T > t_i$ für alle i. Die rechte Seite formen wir nach der Kettenregel (2.26) um und bedenken dabei, dass mit $T > t_i$ auch $T > t_j$ für alle $j < i$ ist:

$$p(T > t) = p(T > t_0)\,p(T > t_1 \mid T > t_0)\,p(T > t_2 \mid T > t_1)\dots p(T > t \mid T > t_m)\,.$$

Das gilt für jede Folge von Zeitspannen mit $0 = t_0 < \ldots < t_m \leq t$, denn mehr haben wir nicht vorausgesetzt. Innerhalb dieser Bedingungen sind die t_i frei wählbar. Wir wählen sie so, dass das Produkt auf der rechten Seite der letzten Gleichung aus möglichst wenigen und leicht bestimmbaren Faktoren besteht. Das erreichen wir, indem wir für t_1 jene Zeitspanne einsetzen, nach der der erste Todesfall eintritt, für t_2 jene mit dem zweiten usw. Nun ermitteln wir unter dieser Voraussetzung die einzelnen Faktoren. Für jedes $i > 0$ gilt:

$$p(T > t_i \mid T > t_{i-1}) = \frac{n_i - 1}{n_i} ,$$

wo n_i die Anzahl der länger als t_{i-1} lebenden und bis t_i nicht zensierten Patienten ist; denn wenn von n_i solchen Patienten einer nach t_i stirbt, überleben $n_i - 1$ diese Zeit. Berücksichtigt man, dass mehrere Patienten die gleiche beobachtete Überlebenszeit haben können, erhält man

$$p(T > t_i \mid T > t_{i-1}) = \frac{n_i - d_i}{n_i} ,$$

wo d_i die Anzahl der Patienten mit beobachteter Überlebenszeit t_i ist. Nun brauchen wir noch den ersten und den letzten Faktor des Produkts. Da $t_0 = 0$ ist, gilt für den ersten:

$$p(T > t_0) = 1 .$$

Für den letzten erinnern wir uns daran, dass t_m die größte nicht über t liegende beobachtete Überlebenszeit ist. Daher gilt, sofern vor Ablauf der Zeitspanne t nicht schon alle, die länger als t_m überlebt haben, zensiert sind:

$$p(T > t \mid T > t_m) = 1 .$$

Sind alle zensiert, dann lässt sich $p(T > t \mid T > t_m)$ nicht bestimmen. Andernfalls haben wir nun die Faktoren beisammen; ihr Produkt ergibt die Überlebenswahrscheinlichkeit $p(T > t)$ eines zufällig aus der beobachteten Gruppe gewählten Patienten, die zugleich eine Schätzung darstellt für die Überlebenswahrscheinlichkeit eines Patienten aus der Gesamtheit aller, die durch die beobachtete Gruppe repräsentiert werden.

Fassen wir zusammen: Es seien $t_0 = 0$ und $t_1, \ldots, t_m$ alle beobachteten Überlebenszeiten mit $0 < t_1 < \ldots < t_m \leq t$, ferner n_i die Anzahlen der länger als t_{i-1} lebenden und bis t_i nicht zensierten Patienten und d_i die Anzahlen der Patienten mit beobachteter Überlebenszeit t_i . Sind vor Ablauf der Zeitspanne t nicht schon alle, die länger als t_m überlebt haben, zensiert, dann schätzt man die Überlebenswahrscheinlichkeit für t durch

$$\hat{p}(T > t) = \prod_{i=1}^{m} \frac{n_i - d_i}{n_i} .$$

Das ist die Schätzung nach Kaplan und Meier.

Ein Zahlenbeispiel

Stellen wir uns 15 Patienten vor, die ab ihren Diagnosen unter Beobachtung stehen. Nach 12, 31, 38 und 68 Monaten stirbt jeweils einer; nach 20, 52 und 58 Monaten wird jeweils einer zensiert, und die Aufzeichnungen enden nach 6 Jahren. Die Schätzungen, die aus diesen Angaben folgen, sind in Tab. 2.4 und Abb. 2.1 dargestellt.

Tab. 2.4 Kaplan-Meier-Schätzung (Zeit in Monaten). Von anfänglich 15 Patienten stirbt jeweils einer nach 12, 31, 38 und 68 Monaten und wird jeweils einer nach 20, 52 und 58 Monaten zensiert

i	t_i	n_i	d_i	$\frac{n_i - d_i}{n_i}$	$\hat{p}(T > t_i)$
0	0	–	–	–	1,000
1	12	15	1	0,933	0,933
2	31	13	1	0,923	0,862
3	38	12	1	0,917	0,790
4	68	9	1	0,889	0,702

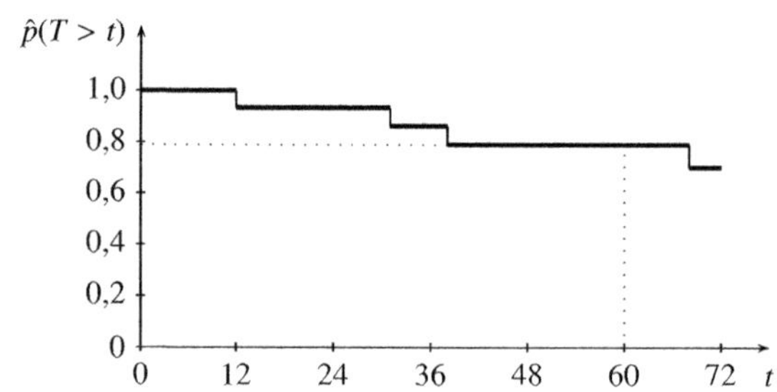

Abb. 2.1 Kaplan-Meier-Kurve gemäß Tab. 2.4 (Zeit in Monaten). Die 5-Jahres-Überlebensrate wird auf 0,790 geschätzt (*punktiert*). Nach 72 Monaten enden die Beobachtungen und damit auch die Schätzungen

2.6.4 Hempels Rabe

Das letzte Beispiel handelt von einem Paradoxon, das der Philosoph Carl Hempel 1945 diskutiert hat [29]. Es wirft Zweifel auf, ob Erfahrungswissenschaften überhaupt möglich sind: ob es möglich ist, aus Einzelbeobachtungen auf allgemeine Gesetze zu schließen.

Schlüsse von Einzelfällen auf allgemeine Gesetze (oder auf andere Einzelfälle) nennt man *induktive* Schlüsse [16]. Für die Erfahrungswissenschaften haben sie zentrale Bedeutung, denn dort ist die einzelne Beobachtung das Fundament allen Wissens. Dieses wäre mit einem Schlag brüchig, wenn sich herausstellen sollte, dass Hypothesen durch Beobachtungen an Einzelfällen nicht an Plausibilität gewinnen oder verlieren können.

Das Paradoxon

Dass alle Raben schwarz sind, glauben wir aus Erfahrung: Jeder bis dato beobachtete Rabe war schwarz (nehmen wir das an). Zwar können wir nie sicher sein, dass *alle* Raben schwarz sind, aber jede Beobachtung macht die Hypothese plausibler.

Wenn alle Raben schwarz sind, kann ein nichtschwarzes Objekt kein Rabe sein; und wenn jedes nichtschwarze Objekt ein Nichtrabe ist, dann sind alle Raben schwarz. Die Behauptungen *Alle Raben sind schwarz* und *Alle nichtschwarzen Objekte sind Nichtraben* drücken also ein- und dieselbe Hypothese aus. Eine Beobachtung, die die eine Behauptung plausibler macht, macht im selben Maß auch die andere plausibler. Die zweite Behauptung, alle nichtschwarzen Objekte seien Nichtraben, wird immer dann plausibler, wenn ein nichtschwarzes Objekt gesichtet wird und sich herausstellt, dass es kein Rabe ist. Ein grünes Objekt, das sich als Gurke erweist, und ein weißes, das sich als Schneeflocke entpuppt: beide erhöhen das Vertrauen in die Behauptung, alle nichtschwarzen Objekte seien Nichtraben – und stützen damit die Hypothese, dass alle Raben schwarz sind.

Diese Konsequenz erscheint vielen unannehmbar. Doch wer bestreitet, dass der Anblick einer grünen Gurke die Hypothese, alle Raben seien schwarz, plausibler macht, der muss auch bestreiten, dass der Anblick eines schwarzen Raben dies tut; denn logisch ist hier kein Unterschied. Das ist Hempels Paradoxon.

Die bayessche Lösung

Das Paradoxon verschwindet, wenn man ihm mit der Wahrscheinlichkeitsrechnung zu Leibe rückt. Wir haben Plausibilitätsgrade durch Wahrscheinlichkeiten ausgedrückt; nun berechnen wir, welchen Einfluss es auf die Wahrscheinlichkeit (und damit auf die Plausibilität) der Hypothese $H :=$ *Alle Raben sind schwarz* hat, wenn man a) einen schwarzen Raben und b) einen nichtschwarzen Nichtraben sieht. Ist $p(H) = 0$ oder $p(H) = 1$, dann ändert eine Beobachtung nichts. Andernfalls schließen wir wie folgt.

a) Wir sehen einen Raben. Die Feststellung, dass er schwarz ist, bezeichnen wir mit S und fragen, welche Auswirkung sie auf die Wahrscheinlichkeit der Hypothese hat. Nach (2.24), (2.37) und (2.38) gilt:

$$p(H|S) = \frac{p(S|H)\,p(H)}{p(S|H)\,p(H)+p(S|\overline{H})\,p(\overline{H})} = \frac{p(S|H)\,p(H)}{p(S|H)\,p(H)+p(S|\overline{H})\,(1-p(H))}\,.$$

Wenn H stimmt, muss der Rabe schwarz sein, andernfalls nicht. Also ist $p(S|H) = 1$ und $p(S|\overline{H}) < 1$. Daraus folgt:

$$p(H|S) = f_S\,p(H)$$

mit

$$f_S = \frac{1}{p(H) + p(S|\overline{H})\,(1 - p(H))} > 1\,.$$

Die Wahrscheinlichkeit der Hypothese hat sich also durch den Anblick eines schwarzen Raben um den Faktor f_S erhöht.

b) Wir sehen ein nichtschwarzes Objekt. Die Feststellung, dass es kein Rabe ist, bezeichnen wir mit $\overline{R}$ und fragen, welche Auswirkung sie auf die Wahrscheinlichkeit der Hypothese hat. Nach (2.24), (2.37) und (2.38) gilt:

$$p(H|\overline{R}) = \frac{p(\overline{R}|H)\,p(H)}{p(\overline{R}|H)\,p(H)+p(\overline{R}|\overline{H})\,p(\overline{H})} = \frac{p(\overline{R}|H)\,p(H)}{p(\overline{R}|H)\,p(H)+p(\overline{R}|\overline{H})\,(1-p(H))}\,.$$

Wenn H stimmt, muss das nichtschwarze Objekt ein Nichtrabe sein, andernfalls nicht. Also ist $p(\overline{R}|H) = 1$ und $p(\overline{R}|\overline{H}) < 1$. Daraus folgt:

$$p(H|\overline{R}) = f_{\overline{R}}\,p(H)$$

mit

$$f_{\overline{R}} = \frac{1}{p(H) + p(\overline{R}|\overline{H})\,(1 - p(H))} > 1\,.$$

Die Wahrscheinlichkeit der Hypothese hat sich also durch den Anblick eines nichtschwarzen Nichtraben um den Faktor $f_{\overline{R}}$ erhöht.

Nun schätzen wir, wie groß f_S und $f_{\overline{R}}$ sind. Dazu sei n_R die Anzahl aller Raben und n_N die Anzahl aller nichtschwarzen Objekte. Wenn H falsch ist, gibt es $k > 0$ nichtschwarze Raben. Wir schreiben jedem Raben die gleiche Wahrscheinlichkeit zu, beobachtet zu werden, und ebenso jedem nichtschwarzen Objekt (das vereinfacht die Rechnung, ohne das Resultat wesentlich zu ändern). Dann gilt nach Laplace (2.36):

$$p(S|\overline{H}) = \frac{n_R - k}{n_R} = 1 - \frac{k}{n_R}\,,$$

$$p(\overline{R}|\overline{H}) = \frac{n_N - k}{n_N} = 1 - \frac{k}{n_N}\,.$$

Setzen wir das in die Ausdrücke für f_S und $f_{\overline{R}}$ ein, folgt:

$$f_S = \frac{1}{p(H) + \left(1 - \dfrac{k}{n_R}\right)(1 - p(H))} = \frac{1}{1 - \dfrac{k}{n_R}\,(1 - p(H))}\,,$$

$$f_{\overline{R}} = \frac{1}{p(H) + \left(1 - \dfrac{k}{n_N}\right)(1 - p(H))} = \frac{1}{1 - \dfrac{k}{n_N}\,(1 - p(H))}\,.$$

Ziemlich sicher gibt es viel weniger nichtschwarze Raben als Raben insgesamt ($k \ll n_R$) und viel weniger nichtschwarze Raben als nichtschwarze Objekte insgesamt ($k \ll n_N$);

also sind $\frac{k}{n_R}(1-p(H))$ und $\frac{k}{n_N}(1-p(H))$ viel kleiner als 1. Da für $x \ll 1$ die Näherung $\frac{1}{1-x} \approx 1 + x$ gilt, erhalten wir zunächst:

$$f_S \approx 1 + \frac{k}{n_R}(1-p(H)),$$
$$f_{\overline{R}} \approx 1 + \frac{k}{n_N}(1-p(H)).$$

Für $x \ll 1$ und $ax \ll 1$ gilt weiters $1 + ax \approx (1+x)^a$; damit ergibt sich:

$$f_S \approx 1 + \frac{n_N}{n_R}\frac{k}{n_N}(1-p(H)) \approx \left(1 + \frac{k}{n_N}(1-p(H))\right)^{\frac{n_N}{n_R}} \approx f_{\overline{R}}^{\frac{n_N}{n_R}}.$$

Das bedeutet: Etwa n_N/n_R Beobachtungen nichtschwarzer Nichtraben machen die Hypothese, alle Raben seien schwarz, in gleichem Maß plausibler wie die Beobachtung *eines* schwarzen Raben. n_N/n_R ist eine unvorstellbar große Zahl; und damit ist die Erhöhung der Plausibilität durch den Anblick einer einzigen grünen Gurke unvorstellbar klein. Aber: *Sie ist nicht null.*

Gegen diesen Schluss wird heftig Einspruch erhoben von Menschen, deren Intuition er widerspricht; ihnen erscheint selbst eine noch so geringe Bestätigung „abwegig“ [56]. Das liegt aber nur an der unzureichenden Intuition: So geringe Änderungen einer Wahrscheinlichkeit kann sich ein Mensch einfach nicht vorstellen; und darum ist das intuitive Urteil, sie würden nicht existieren, irrelevant. Dazu haben wir ja die Wissenschaft: um auch das zu erhellen, was der Lichtkegel der Intuition nicht erreicht.

Hempel, der Erfinder des Problems, hatte natürlich erkannt, dass gar kein Paradoxon vorliegt, sondern nur eine (in seinen Worten) „psychologische Illusion“: Die Hypothese, alle Raben seien schwarz, scheint nur etwas über Raben auszusagen und daher durch Beobachtung eines anderen Objekts an Plausibilität weder gewinnen noch verlieren zu können. In Wirklichkeit sagt sie aber, dass *jedes* Objekt entweder schwarz sei oder kein Rabe oder beides – und daher kann jede Beobachtung ihre Plausibilität ändern.

2.7 Aufgaben zur Wahrscheinlichkeit

Aufg. 2.1 Man nennt einen Würfel „fair“, wenn man keinen Grund hat anzunehmen, dass er auf eine bestimmte Zahl häufiger fallen würde als auf eine andere. Ein fairer Würfel werde einmal geworfen. Mit welcher Wahrscheinlichkeit fällt er a) auf eine bestimmte Zahl, b) auf eine gerade Zahl?

Aufg. 2.2 Ein fairer Würfel werde zweimal geworfen. Nennen wir die Augenzahl des ersten Wurfs A_1 und die des zweiten A_2. Die Behauptung $(A_1, A_2) = (5, 3)$ sagt dann, dass im ersten Wurf 5 fällt und im zweiten 3. a) Erstellen Sie eine Liste der möglichen Zahlenpaare. Wie viele sind es? b) Zeigen Sie, dass jedes mögliche Paar mit gleicher Wahrscheinlichkeit fällt.

Aufg. 2.3 Ein fairer Würfel werde zweimal geworfen. Die Augenzahl des ersten Wurfs heiße A_1 und die des zweiten A_2. Wie groß sind a) $p(A_1 = A_2)$, b) $p(A_1 + A_2 < 4)$, c) $p(A_1 A_2 > 20 \,|\, A_1 < 6)$, d) $p(A_1 \neq A_2 \,|\, A_1 + A_2 > 11)$?

Aufg. 2.4 Zeigen Sie: Sind die Behauptungen A, B und C voneinander unabhängig, dann ist $p(ABC) = p(A)p(B)p(C)$. (Anmerkung: Daraus ergibt sich mit vollständiger Induktion, dass Analoges für beliebig viele Aussagen gilt.)

Aufg. 2.5 Zeigen Sie: Wenn B aus A folgt, ist $p(B) \geq p(A)$.

Aufg. 2.6 Sind A und B äquivalent, dann folgen A aus B und B aus A. Verwenden Sie das und Aufg. 2.5, um zu zeigen, dass äquivalente Behauptungen gleich wahrscheinlich sind.

3 Univariate Verteilungen

Zusammenfassung
Dass eine Größe mehrere mögliche Werte hat, kann zweierlei bedeuten: Entweder ist es eine veränderliche Größe, die tatsächlich verschiedene Werte annimmt, wie der täglich gemessene Blutdruck eines Menschen; oder eine Größe mit festem, aber unbekanntem Wert, wie der gegenwärtige Anteil der Linkshänder unter den Schulkindern. Die möglichen Werte sind jeweils die aus Sicht des Wissens in Frage kommenden. Die vollständige Angabe, mit welchen Wahrscheinlichkeiten sie angenommen werden, heißt *Verteilung*. Kann eine Größe nur isolierte (zum Beispiel ganzzahlige) Werte annehmen, heißen sie und ihre Verteilung *diskret*; kann sie beliebige Zwischenwerte annehmen, heißen sie und ihre Verteilung *stetig*. Die Verteilung eines Skalars nennt man *univariat*, die eines Vektors *multivariat*; das vorliegende Kapitel handelt von univariaten Verteilungen.

3.1 Univariate diskrete Verteilungen

Eine diskrete Größe X habe endlich oder unendlich viele mögliche Werte $x_1, x_2, \ldots$ (wie in der Bayes-Statistik üblich, schreiben wir Größen in Großbuchstaben, ihre Werte in Kleinbuchstaben). Zu jedem möglichen Wert x_i kann man sich eine Wahrscheinlichkeit dafür denken, dass X genau diesen Wert annimmt:

$$p(X = x_i)\,.$$

Für Werte, die X nicht annehmen kann, ist $p(X = x) = 0$. Dass X einen der möglichen Werte annimmt, ist sicher, und die möglichen Werte schließen einander aus, da X nicht zugleich zwei verschiedene annehmen kann. Also bilden die Behauptungen

© Springer-Verlag GmbH Deutschland, ein Teil von Springer Nature 2019

W. Tschirk, *Bayes-Statistik für Human- und Sozialwissenschaften*, Springer-Lehrbuch,
https://doi.org/10.1007/978-3-662-56782-1_3

$X = x_1,\ X = x_2,\ \ldots$ eine Basis, so dass nach (2.34) gilt:

$$\sum_i p(X = x_i) = 1\,.$$

Die Verteilung der gesamten Wahrscheinlichkeit 1 lässt sich beschreiben durch die *Wahrscheinlichkeitsfunktion*

$$f_X(x) := p(X = x) \tag{3.1}$$

oder die *Verteilungsfunktion*

$$F_X(x) := p(X \leq x)\,. \tag{3.2}$$

Zu jedem Wert x gibt $f_X(x)$ die Wahrscheinlichkeit dafür an, dass X *genau gleich* x ist, und $F_X(x)$ die Wahrscheinlichkeit dafür, dass X *höchstens gleich* x ist.

Unter den Parametern, die eine diskrete Verteilung kennzeichnen, sind für uns wichtig der Erwartungswert oder Mittelwert, die Varianz und die Standardabweichung. Als *Erwartungswert* von X, $E(X)$, auch *Mittelwert* μ_X der Verteilung von X, bezeichnet man den Wert

$$\mu_X := \sum_i x_i\, f_X(x_i)\,. \tag{3.3}$$

Maße für die Unsicherheit über X sind die *Varianz*

$$\sigma_X^2 := \sum_i (x_i - \mu_X)^2\, f_X(x_i) \tag{3.4}$$

und die *Standardabweichung*

$$\sigma_X := \sqrt{\sigma_X^2}\,. \tag{3.5}$$

3.2 Univariate stetige Verteilungen

Auch stetige Größen haben eine Verteilungsfunktion

$$F_X(x) := p(X \leq x)\,, \tag{3.6}$$

die zu jedem Wert x die Wahrscheinlichkeit dafür angibt, dass X höchstens gleich x ist. Die Wahrscheinlichkeit dafür, dass eine stetige Größe *genau* einen bestimmten Wert annimmt, ist 0 [42]. (Wenn wir sagen, x sei ein plausibler Wert für X, so ist daher plausibel nicht, dass X genau gleich, sondern dass X ungefähr gleich x ist.) Das hat zwei Folgen: Erstens gibt $F_X(x)$ zugleich die Wahrscheinlichkeit dafür an, dass X *kleiner als* x ist:

$$F_X(x) := p(X \leq x) = p(X < x) + p(X = x) = p(X < x) + 0 = p(X < x)\,.$$

Zweitens hätte eine Wahrscheinlichkeitsfunktion wie im Diskreten keinen Nutzen – sie wäre identisch 0. Man kann sich aber zu jedem Wert x die Wahrscheinlichkeit dafür denken, dass X einen Wert in einem Intervall bei x annimmt. Bezieht man diese Wahrscheinlichkeit auf die Breite Δx des Intervalls, gelangt man zur *Wahrscheinlichkeitsdichte* oder kurz *Dichte*

$$f_X(x) := \lim_{\Delta x \to 0} \frac{p(x \leq X \leq x + \Delta x)}{\Delta x}\,. \tag{3.7}$$

Aus dieser Definition ergibt sich, dass Dichten nie negativ sind und dass

$$\begin{aligned} f_X(x) &= \lim_{\Delta x \to 0} \frac{p(X \leq x + \Delta x) - p(X < x)}{\Delta x} = \lim_{\Delta x \to 0} \frac{F_X(x + \Delta x) - F_X(x)}{\Delta x} \\ &= \frac{dF_X(x)}{dx}\,. \end{aligned}$$

Die Dichte ist also die Ableitung der Verteilungsfunktion, und damit ist nach dem Hauptsatz der Differential- und Integralrechnung die Verteilungsfunktion eine Stammfunktion der Dichte:

$$f_X(x) = \frac{dF_X(x)}{dx} \quad \text{und} \quad F_X(x) = \int_{-\infty}^{x} f_X(t)\,dt\,. \tag{3.8}$$

Die Wahrscheinlichkeit dafür, dass X in einem bestimmten Wertebereich liegt, erhält man, indem man die Dichte über diesen Bereich integriert, denn mit (3.6) und (3.8) ist

$$\begin{aligned} p(x_1 \leq X \leq x_2) &= p(X \leq x_2) - p(X < x_1) = F_X(x_2) - F_X(x_1) \\ &= \int_{-\infty}^{x_2} f_X(x)\,dx - \int_{-\infty}^{x_1} f_X(x)\,dx = \int_{x_1}^{x_2} f_X(x)\,dx\,. \end{aligned}$$

Da X sicher *irgendeinen* Wert annimmt, gilt

$$\int_{-\infty}^{\infty} f_X(x)\,dx = 1\,.$$

Erwartungswert (Verteilungsmittelwert), Varianz und Standardabweichung sind bei einer stetigen Größe definiert durch:

$$\mu_X := \int_{-\infty}^{\infty} x\, f_X(x)\, dx\,, \tag{3.9}$$

$$\sigma_X^2 := \int_{-\infty}^{\infty} (x-\mu_X)^2\, f_X(x)\, dx\,, \tag{3.10}$$

$$\sigma_X := \sqrt{\sigma_X^2}\,. \tag{3.11}$$

Die folgenden beiden Parameter, Median und Modus, sind auch für diskrete Verteilungen definiert. Wir begegnen ihnen aber nur im Zusammenhang mit stetigen und beschränken uns daher auf diesen Fall. Ein *Median* $\tilde{x}$ ist ein Wert, unter bzw. über dem X mit gleicher Wahrscheinlichkeit, also mit Wahrscheinlichkeit 0,5, liegt:

$$F_X(\tilde{x}) = 0{,}5\,. \tag{3.12}$$

Ein *Modus* $\dot{x}$ ist ein Wert größter Dichte:

$$f_X(\dot{x}) \geq f_X(x) \quad \text{für alle } x\,. \tag{3.13}$$

Verteilungen können mehr als einen Median und mehr als einen Modus haben. Wir betrachten die beiden Parameter aber nur in Fällen, wo sie eindeutig sind, und sprechen daher im Folgenden stets von „dem“ Median und „dem“ Modus.

3.3 Spezielle Verteilungen

Nun besprechen wir jene Eigenschaften spezieller Verteilungen, die wir später brauchen. Ausführliche Darstellungen dieser Verteilungen finden sich in [51].

3.3.1 Binomialverteilung

Betrachten wir einen Vorgang, bestehend aus n Versuchen, von denen jeder zwei mögliche Ergebnisse hat (wir nennen sie Erfolg und Misserfolg), wobei die Wahrscheinlichkeit für einen Erfolg in jedem Versuch denselben Wert p hat. Die Anzahl der Erfolge heiße X. Dann ist die Wahrscheinlichkeit dafür, dass genau x Erfolge eintreten, gegeben durch

$$p(X = x) = \binom{n}{x} p^x\, (1-p)^{n-x}\,. \tag{3.14}$$

Dabei steht $\binom{n}{x}$ (gesprochen: „n über x") für den Ausdruck $\frac{n!}{x!\,(n-x)!}$, wobei $n!$ („n Faktorielle" oder „n Fakultät") definiert ist als $1 \cdot 2 \cdot \ldots \cdot n$, sofern $n > 0$ ist, und $0! := 1$. Man sagt hier, X folge einer *Binomialverteilung* mit n und p, und schreibt $X \sim Bin(n\,;\,p)$. Mittelwert und Varianz der Verteilung sind:

$$\mu_X = np\,,$$
$$\sigma_X^2 = np(1-p)\,.$$

Der Schlagzeile des Beispiels „Alkohol am Steuer" (Abschn. 2.6.2) zufolge sind ein Drittel aller tödlichen Verkehrsunfälle Alkoholunfälle. Angesichts dieses Wissens ist bei einem tödlichen Unfall die Wahrscheinlichkeit dafür, dass es sich um einen Alkoholunfall handelt, 1/3. Geschehen 10 Unfälle, dann hat die Anzahl X der Alkoholunfälle die möglichen Werte $0, 1, 2, \ldots, 10$ mit den Wahrscheinlichkeiten gemäß (3.14):

$$p(X=0) = \binom{10}{0} \cdot \left(\frac{1}{3}\right)^0 \cdot \left(\frac{2}{3}\right)^{10} = 0{,}017\,,$$
$$p(X=1) = \binom{10}{1} \cdot \left(\frac{1}{3}\right)^1 \cdot \left(\frac{2}{3}\right)^{9} = 0{,}087$$

usw. So erhalten wir die Werte der Wahrscheinlichkeitsfunktion für die möglichen Werte von X. Für alle x, die X nicht annehmen kann, ist $f_X(x) = 0$ (Abb. 3.1).

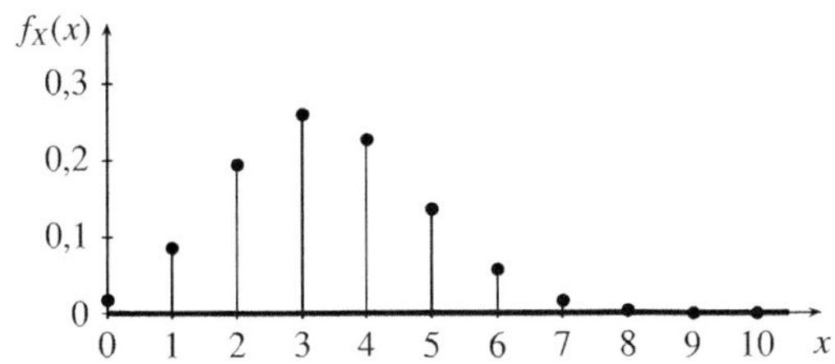

Abb. 3.1 Wahrscheinlichkeitsfunktion der Binomialverteilung mit $n = 10$ und $p = 1/3$

3.3.2 Poissonverteilung

Ist unter den Bedingungen des vorigen Abschnitts die Anzahl der Versuche groß und die Erfolgswahrscheinlichkeit im einzelnen Versuch klein, dann gehorcht die Anzahl der Erfolge näherungsweise einer *Poissonverteilung*. Diese ist der Grenzfall der Binomialverteilung mit $n \to \infty$ und $p \to 0$ bei gegebenem Produkt $np = \lambda > 0$, welches zugleich Mittelwert und Varianz ist. Für poissonverteiltes X, also $X \sim Poi(\lambda)$, gilt:

$$p(X = x) = \frac{\lambda^x\, e^{-\lambda}}{x!}\,. \qquad (3.15)$$

Die Anzahlen der Druckfehler auf einer Buchseite oder der Autounfälle an einem Tag sind poissonverteilt. Denn eine Buchseite hat viele Schriftzeichen und die Wahrscheinlichkeit eines Druckfehlers für das einzelne Zeichen ist klein; ebenso gibt es täglich viele Autofahrten und die Wahrscheinlichkeit eines Unfalls für die einzelne Fahrt ist klein. Geschehen in einer Stadt im Durchschnitt 1,7 Unfälle pro Tag, folgen aus (3.15) die Wahrscheinlichkeiten für $0, 1, 2, \ldots$ Unfälle pro Tag (Abb. 3.2):

$$p(X = 0) = \frac{1{,}7^0 \cdot e^{-1{,}7}}{0!} = 0{,}183\,,$$
$$p(X = 1) = \frac{1{,}7^1 \cdot e^{-1{,}7}}{1!} = 0{,}311$$

usw. Dies führt zur Wahrscheinlichkeitsfunktion in Abb. 3.2.

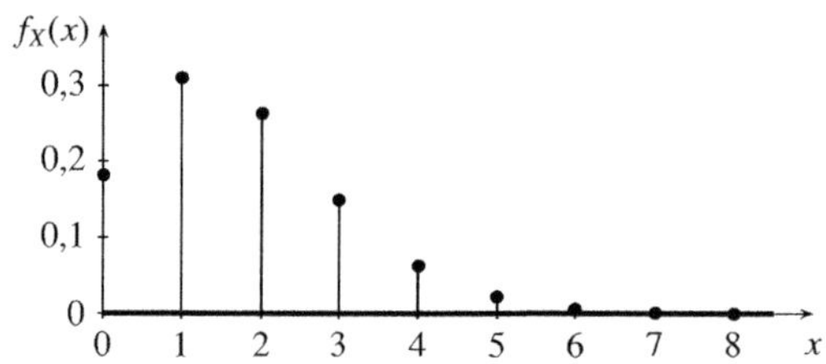

Abb. 3.2 Wahrscheinlichkeitsfunktion der Poissonverteilung mit $\lambda = 1{,}7$

3.3.3 Gleichverteilung

Eine stetige Größe heißt *gleichverteilt* (*uniform*) von a bis b, kurz $X \sim Uni(a\,;b)$, wenn ihre Dichte in diesem Intervall konstant

$$f_X(x) = \frac{1}{b-a} \tag{3.16}$$

und sonst 0 ist (Abb. 3.3). Dabei können die Grenzen a und b zum Intervall gehören oder nicht. Wir schreiben $[a, b]$ für ein Intervall, das a und b enthält; $[a, b)$ enthält nur a, $(a, b]$ nur b und (a, b) weder a noch b.

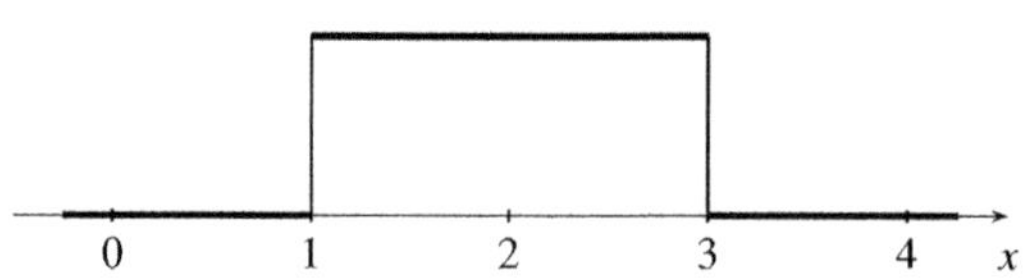

Abb. 3.3 Dichte der im Intervall $(1, 3)$ uniformen Verteilung

3.3.4 Exponentialverteilung

Ist zu jedem Zeitpunkt die Wahrscheinlichkeit dafür, dass ein bestimmtes Ereignis in der nächsten Zeiteinheit eintreten wird, die gleiche, dann folgt die Zeit bis zum Eintreten einer stetigen *Exponentialverteilung*: $X \sim Exp(\lambda)$ mit $\lambda > 0$. Diese hat für nichtnegative Werte x die Dichte

$$f_X(x) = \lambda\, e^{-\lambda x}\,, \tag{3.17}$$

für negative x ist die Dichte 0 (Abb. 3.4). Mittelwert und Median sind

$$\mu_X = \frac{1}{\lambda}\,,$$
$$\tilde{x} = \frac{\ln 2}{\lambda}\,.$$

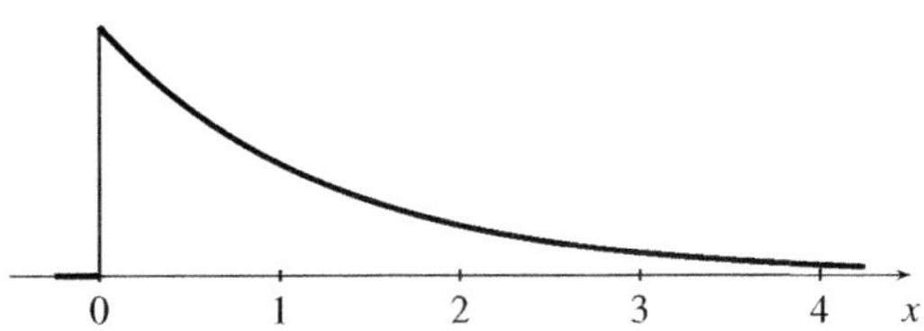

Abb. 3.4 Dichte der Exponentialverteilung mit $\lambda = 0{,}8$

3.3.5 Normalverteilung

Die *Normalverteilung* oder *Gaußverteilung* wurde 1733 von Abraham de Moivre entdeckt; benannt ist sie nach Carl Friedrich Gauß, der sie 1809 als Verteilung von Messfehlern unter häufig eintretenden Bedingungen fand und im *gaußschen Fehlergesetz* beschrieb. Sagt man von einer realen (z. B. physikalischen, biologischen, wirtschaftlichen) Größe, sie sei normalverteilt, so ist das nur eine Näherung; denn die Normalverteilung würde jeden Wert von $-\infty$ bis $+\infty$ erlauben, also auch Werte, die eine reale Größe niemals annehmen kann. Viele Verteilungen sind aber einer Normalverteilung ähnlich oder streben zumindest mit steigenden Parameterwerten einer Normalverteilung zu, so dass man sie ohne großen Fehler durch eine solche annähern kann.

Die Verteilung ist durch ihren Mittelwert μ, der zugleich ihr Median und ihr Modus ist, und ihre Varianz σ^2 festgelegt. Sie hat die Dichte

$$f_X(x) = \frac{1}{\sigma\sqrt{2\pi}}\, e^{-\frac{1}{2}\left(\frac{x-\mu}{\sigma}\right)^2}\,. \tag{3.18}$$

Diese Dichte hat keine elementare Stammfunktion, und daher sind die Werte der Verteilungsfunktion schwer zu berechnen. Man kann sich die Berechnung aber meist ersparen, weil es geeignete Tabellen gibt: Ist nämlich X normalverteilt mit Mittelwert μ und Varianz σ^2, $X \sim N(\mu\,;\sigma^2)$, dann ist die Differenz zwischen X und dem Verteilungsmittelwert, gemessen in Standardabweichungen, also

$$Z := \frac{X-\mu}{\sigma},$$

ebenfalls normalverteilt, und zwar mit Mittelwert 0 und Varianz 1 (wir werden das in Abschn. 3.6.2 zeigen). Diese Verteilung heißt *Standardnormalverteilung*; die Tabelle in Anhang B enthält die Werte ihrer Verteilungsfunktion Φ:

$$\Phi\left(\frac{x-\mu}{\sigma}\right) = p\left(Z \le \frac{x-\mu}{\sigma}\right) = p(X \le x)\,.$$

Intelligenztests werden oft so skaliert, dass das Ergebnis, der *Intelligenzquotient IQ*, in einer Referenzgruppe normalverteilt ist mit $\mu = 100$ und $\sigma^2 = 15^2$. Personen ab einem IQ von 130 gelten, relativ zur Referenzgruppe, als *hochbegabt* [47]. Wir ermitteln nun den Anteil der Hochbegabten in einer Gruppe mit $IQ \sim N(100\,;15^2)$. Gemäß der Regel von Laplace ist dieser Anteil gleich der Wahrscheinlichkeit dafür, dass eine zufällig aus der Gruppe gewählte Person hochbegabt ist, also $p(IQ \ge 130)$:

$$p(IQ \ge 130) = 1 - p(IQ < 130) = 1 - \Phi\left(\frac{130-100}{15}\right) = 1 - \Phi(2{,}00)\,.$$

In der Tabelle von Anhang B finden wir: $\Phi(2{,}00) = 0{,}9772$, und so ergibt sich:

$$p(IQ \ge 130) = 1 - 0{,}9772 = 0{,}0228\,.$$

2,28 % jeder Gruppe sind also, relativ zu dieser Gruppe, hochbegabt (Abb. 3.5).

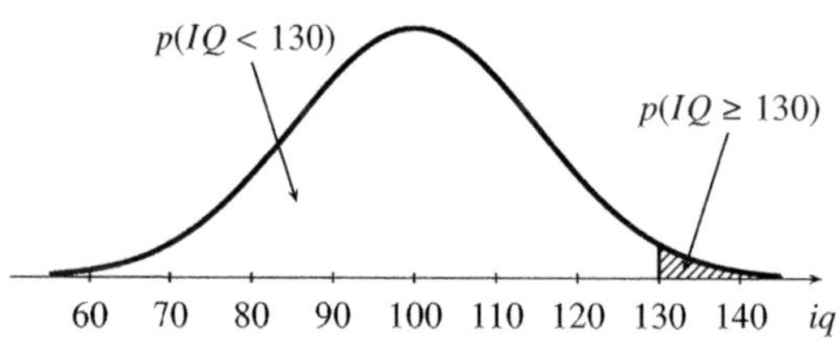

Abb. 3.5 Dichte der Normalverteilung mit $\mu = 100$ und $\sigma = 15$ (also $\sigma^2 = 15^2$). Die Wahrscheinlichkeit $p(IQ < 130)$ ist durch die weiße, die Wahrscheinlichkeit $p(IQ \ge 130)$ durch die schraffierte Fläche unter dem Graphen ausgedrückt

Ab welchem IQ-Wert x gehört man zum höchstbegabten Prozent? Aus

$$p(IQ \ge x) = 0{,}01$$

folgt:

$$p(IQ < x) = \Phi\left(\frac{x-100}{15}\right) = 0{,}99\,.$$

Durch Auflösen nach x und mit der Tabelle in Anhang B ergibt sich:

$$x = 100 + \Phi^{-1}(0{,}99) \cdot 15 = 100 + 2{,}33 \cdot 15 = 135\,.$$

Wir haben hier den IQ, der eigentlich ganzzahlig und damit diskret ist, als normalverteilt betrachtet, was nur für eine stetige Größe stimmen könnte. Der resultierende Fehler ist aber klein, weil die möglichen Wert nahe beisammen liegen. Häufig betrachtet man solche – eigentlich diskreten – Größen näherungsweise als stetig, wenn das die Rechnung vereinfacht.

3.3.6 Betaverteilung

Die *Betaverteilung*: $X \sim Beta(a\,; b)$ ist durch zwei Parameter $a, b > 0$ festgelegt:

$$f_X(x) = \frac{1}{\mathrm{B}(a,b)}\, x^{a-1}(1-x)^{b-1} \tag{3.19}$$

für $0 < x < 1$, undefiniert für $x \in \{0, 1\}$ und sonst 0. Der griechische Großbuchstabe B (Beta) bezeichnet die Betafunktion: $\mathrm{B}(a,b) := \int_0^1 t^{a-1}\,(1-t)^{b-1}\,dt$. Mittelwert, Varianz und für $a, b \geq 1$ und $a + b > 2$ der Modus sind gegeben durch:

$$\mu_X = \frac{a}{a+b}\,,$$
$$\sigma_X^2 = \frac{ab}{(a+b)^2(a+b+1)}\,,$$
$$\dot{x} = \frac{a-1}{a+b-2}\,.$$

Für zunehmende a und b geht die Betaverteilung in eine Normalverteilung mit demselben Mittelwert und derselben Varianz über (Abb. 3.6). Nähert man sie durch eine Normalverteilung an, erhält man für die meisten Zwecke brauchbare Ergebnisse, wenn $a, b \geq 20$ sind. Wir werden die Betaverteilung zur Untersuchung von Anteilen verwenden und dabei a und b mit Hilfe von Stichprobendaten festlegen. Wenn der untersuchte Anteil nicht 0 oder 1 ist, gibt es immer hinreichend große Stichproben, so dass $a, b \geq 20$ sind.

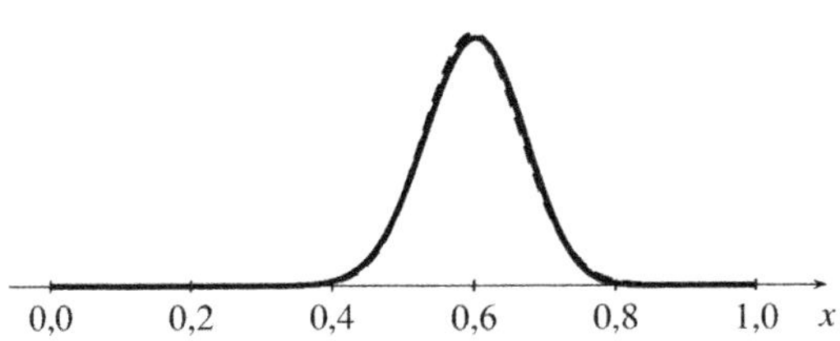

Abb. 3.6 Dichten der Betaverteilung mit $a = 30$, $b = 20$ (*durchgezogen*) und der Normalverteilung mit $\mu = 30/(30+20)$, $\sigma^2 = 30 \cdot 20/((30+20)^2 \cdot (30+20+1))$ (*strichliert*)

3.3.7 Gammaverteilung

Die *Gammaverteilung*: $X \sim Gamma(a\,;b)$ hat zwei Parameter $a, b > 0$:

$$f_X(x) = \frac{b^a}{\Gamma(a)}\, x^{a-1}\, e^{-bx} \tag{3.20}$$

für $x > 0$, undefiniert für $x = 0$ und sonst 0. Hier ist $\Gamma(a) := \int_0^\infty t^{a-1}\, e^{-t}\, dt$ die Gammafunktion. Mittelwert, Varianz und für $a \geq 1$ der Modus sind:

$$\mu_X = \frac{a}{b}\,,$$
$$\sigma_X^2 = \frac{a}{b^2}\,,$$
$$\dot{x} = \frac{a-1}{b}\,.$$

Für zunehmende a geht die Gammaverteilung in eine Normalverteilung mit demselben Mittelwert und derselben Varianz über (Abb. 3.7). Nähert man sie durch eine Normalverteilung an, erhält man für die meisten Zwecke brauchbare Ergebnisse, wenn $a \geq 50$ ist. Wo die Gammaverteilung unter anderem das Ergebnis einer Stichprobe ist, wird a durch deren Umfang mitbestimmt, und dann gibt es in allen für uns relevanten Fällen hinreichend große Stichproben, so dass $a \geq 50$ ist.

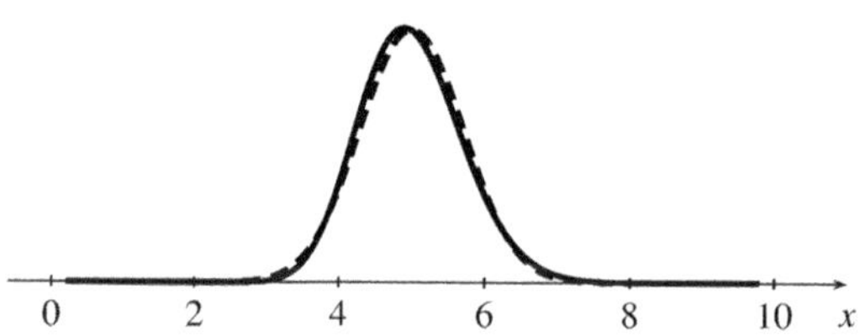

Abb. 3.7 Dichten der Gammaverteilung mit $a = 50$, $b = 10$ (*durchgezogen*) und der Normalverteilung mit $\mu = 50/10$, $\sigma^2 = 50/10^2$ (*strichliert*)

3.3.8 t-Verteilung

Die *t-Verteilung* $X \sim t\,(f)$ ist durch einen Parameter $f > 0$ bestimmt:

$$f_X(x) = \frac{\Gamma\left(\frac{f+1}{2}\right)}{\sqrt{f\pi}\;\Gamma\left(\frac{f}{2}\right)} \left(1 + \frac{x^2}{f}\right)^{-\frac{f+1}{2}} \tag{3.21}$$

für beliebiges x. Mit zunehmendem f nähert sich die Verteilung der Standardnormalverteilung (Abb. 3.8). Wo die t-Verteilung unter anderem das Ergebnis einer Stichprobe ist, wird f durch deren Umfang mitbestimmt, und dann kann man für die meisten Zwecke ab einem Stichprobenumfang von etwa 30 ausreichend genau mit der Standardnormalverteilung anstelle der t-Verteilung rechnen.

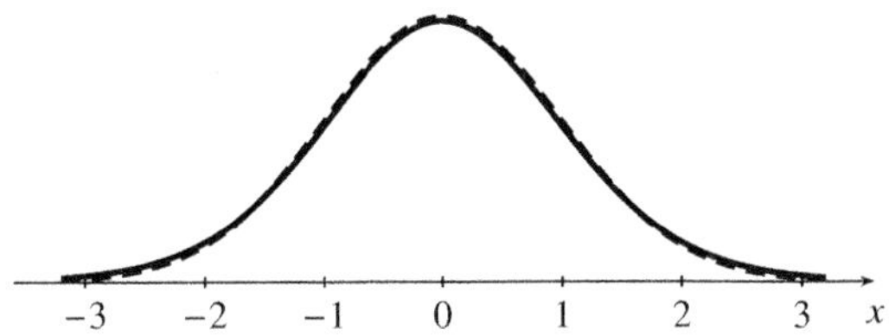

Abb. 3.8 Dichten der t-Verteilung mit $f = 15$ (*durchgezogen*) und $f = 100$ (*strichliert*); die Verteilung mit $f = 100$ könnte man im Bild nicht von einer Standardnormalverteilung unterscheiden

3.4 Funktionen einer Größe

Aus der Verteilung einer Größe X lassen sich Aussagen über andere Größen, die Funktionen von X sind, ableiten. Wir beschränken uns hier, wo nicht anders vermerkt, auf Funktionen stetiger X.

Betrachten wir zunächst eine Größe

$$Y = g(X) .$$

Wenn g streng monoton steigt, sind die Behauptungen $X \leq x$ und $g(X) \leq g(x)$ äquivalent, und mit $y := g(x)$ können wir die zweite Behauptung als $Y \leq y$ schreiben. Da äquivalente Behauptungen gleich wahrscheinlich sind (2.23), ist $p(Y \leq y) = p(X \leq x)$, also

$$F_Y(y) = F_X(x) .$$

Wir leiten beide Seiten nach y ab:

$$\frac{dF_Y(y)}{dy} = \frac{dF_X(x)}{dx}\,\frac{dx}{dy} .$$

Wegen (3.8) bedeutet das:

$$f_Y(y) = f_X(x)\,\frac{dx}{dy} . \tag{3.22}$$

Da g streng monoton steigt, ist $dx/dy \geq 0$. Für eine streng monoton fallende Funktion folgt auf analogem Weg

$$f_Y(y) = -\,f_X(x)\,\frac{dx}{dy} ,$$

wobei hier $dx/dy \leq 0$ ist. Nimmt man beide Ergebnisse zusammen und beachtet, dass $x = g^{-1}(y)$ ist, ergibt sich die *Dichtetransformation*: Für jede streng monotone (steigende oder fallende) Funktion g ist

$$f_Y(y) = f_X(g^{-1}(y)) \left| \frac{d}{dy} g^{-1}(y) \right| . \tag{3.23}$$

Trennen wir in (3.22) die Variablen, erhalten wir:

$$f_Y(y)\, dy = f_X(x)\, dx .$$

Daraus und aus (3.9) folgt der Erwartungswert von Y:

$$E(Y) = \int_{-\infty}^{\infty} y\, f_Y(y)\, dy = \int_{-\infty}^{\infty} g(x)\, f_X(x)\, dx .$$

Diese Beziehung gilt auch für nichtmonotone Funktionen [42], und so ergibt sich für jede Funktion g der Erwartungswert

$$E(g(X)) = \int_{-\infty}^{\infty} g(x)\, f_X(x)\, dx . \tag{3.24}$$

Speziell ist

$$E(aX) = \int_{-\infty}^{\infty} ax\, f_X(x)\, dx = a \int_{-\infty}^{\infty} x\, f_X(x)\, dx = aE(X) .$$

Für diskrete X folgt $E(aX) = aE(x)$ aus (3.1) und (3.3).

Ist beispielsweise X im Intervall $[0, 2]$ gleichverteilt, also $f_X(x) = 1/2$ für $0 \leq x \leq 2$, dann gilt nach (3.23) für $Y = X^2$ im Intervall $[0, 4]$:

$$f_Y(y) = \frac{1}{2} \cdot \left| \frac{d}{dy} \sqrt{y} \right| = \frac{1}{2} \cdot \frac{1}{2\sqrt{y}} = \frac{1}{4\sqrt{y}} .$$

Beide Dichten sind in Abb. 3.9 dargestellt.

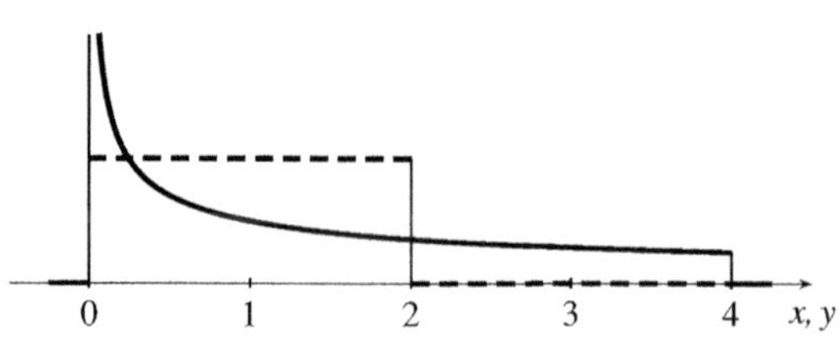

Abb. 3.9 Dichten von $X \sim Uni(0\,; 2)$ (*strichliert*) und von $Y = X^2$ (*durchgezogen*)

Den Erwartungswert von X erhalten wir nach (3.9) als

$$E(X) = \int_0^2 x \cdot \frac{1}{2}\, dx = \frac{x^2}{4}\Big|_0^2 = 1$$

und den Erwartungswert von X^2 nach (3.24) als

$$E(X^2) = \int_0^2 x^2 \cdot \frac{1}{2}\, dx = \frac{x^3}{6}\Big|_0^2 = \frac{4}{3}\,.$$

3.5 Überblick: Univariate Verteilungen

Wir fassen zusammen. Dabei sind $\mathbb{N}$ die natürlichen Zahlen mit 0 und $\mathbb{R}$ die reellen. $\mathbb{N}^+$ und $\mathbb{R}^+$ sind die natürlichen bzw. die reellen Zahlen größer als 0. Für Wertebereiche von Größen, die (z. B. physikalische) Einheiten haben können, schreiben wir $(-\infty, \infty)$ statt $\mathbb{R}$ etc. Wahrscheinlichkeitsfunktion und Dichte sind, wo nicht angegeben, gleich 0.

Mehrfach verwenden wir Beta- oder Gammafunktion:

$$\text{Betafunktion: } \mathrm{B}(a,b) := \int_0^1 t^{a-1}\,(1-t)^{b-1}\, dt\,. \tag{3.25}$$

$$\text{Gammafunktion: } \Gamma(a) := \int_0^\infty t^{a-1}\, e^{-t}\, dt\,. \tag{3.26}$$

Univariate diskrete Verteilungen: $X \in \{x_1, x_2, \ldots\}$

$$\text{Wahrscheinlichkeitsfunktion: } f_X(x) := p(X = x)\,. \tag{3.27}$$

$$\text{Verteilungsfunktion: } F_X(x) := p(X \le x)\,. \tag{3.28}$$

$$\text{Erwartungswert } E(X)\text{, auch Mittelwert: } \mu_X := \sum_i x_i\, f_X(x_i)\,. \tag{3.29}$$

$$\text{Varianz: } \sigma_X^2 := \sum_i (x_i - \mu_X)^2\, f_X(x_i)\,. \tag{3.30}$$

$$\text{Standardabweichung: } \sigma_X := \sqrt{\sigma_X^2}\,. \tag{3.31}$$

Univariate stetige Verteilungen: $X \in (-\infty, \infty)$

$$\text{Dichte: } f_X(x) := \lim_{\Delta x \to 0} \frac{p(x \le X \le x + \Delta x)}{\Delta x}. \tag{3.32}$$

$$\text{Verteilungsfunktion: } F_X(x) := p(X \le x) = p(X < x). \tag{3.33}$$

$$f_X(x) = \frac{dF_X(x)}{dx} \quad \text{und} \quad F_X(x) = \int_{-\infty}^{x} f_X(t)\, dt. \tag{3.34}$$

$$\text{Für } x_1 \le x_2 \text{ ist } p(x_1 \le X \le x_2) = \int_{x_1}^{x_2} f_X(x)\, dx. \tag{3.35}$$

$$\int_{-\infty}^{\infty} f_X(x)\, dx = 1. \tag{3.36}$$

$$\text{Erwartungswert } E(X)\text{, auch Mittelwert: } \mu_X := \int_{-\infty}^{\infty} x\, f_X(x)\, dx. \tag{3.37}$$

$$\text{Varianz: } \sigma_X^2 := \int_{-\infty}^{\infty} (x - \mu_X)^2\, f_X(x)\, dx. \tag{3.38}$$

$$\text{Standardabweichung: } \sigma_X := \sqrt{\sigma_X^2}. \tag{3.39}$$

$$\text{Median } \tilde{x}: \; F_X(\tilde{x}) = 0{,}5. \tag{3.40}$$

$$\text{Modus } \dot{x}: \; f_X(\dot{x}) \ge f_X(x) \text{ für alle } x. \tag{3.41}$$

Binomialverteilung: $X \sim Bin(n\,;p)$, $n \in \mathbb{N}^+$, $p \in (0,1)$

$$\text{Für } x \in \{0, \ldots, n\} \text{ ist } f_X(x) = \binom{n}{x} p^x (1-p)^{n-x}. \tag{3.42}$$

$$\mu_X = np. \tag{3.43}$$

$$\sigma_X^2 = np(1-p). \tag{3.44}$$

Poissonverteilung: $X \sim Poi(\lambda)$, $\lambda \in \mathbb{R}^+$

$$\text{Für } x \in \mathbb{N} \text{ ist } f_X(x) = \frac{\lambda^x e^{-\lambda}}{x!}. \tag{3.45}$$

$$\mu_X = \lambda. \tag{3.46}$$

$$\sigma_X^2 = \lambda. \tag{3.47}$$

Gleichverteilung: $X \sim Uni(a\,;b)$, $a, b \in (-\infty, \infty)$, $a < b$

$$\text{Für } x \in I \in \{[a,b], [a,b), (a,b], (a,b)\} \text{ ist } f_X(x) = \frac{1}{b-a}. \tag{3.48}$$

Exponentialverteilung: $X \sim Exp(\lambda),\ \lambda \in (0, \infty)$

$$\text{Für } x \in [0, \infty) \text{ ist } f_X(x) = \lambda\, e^{-\lambda x}\,. \tag{3.49}$$

$$\mu_X = \frac{1}{\lambda}\,. \tag{3.50}$$

$$\tilde{x} = \frac{\ln 2}{\lambda}\,. \tag{3.51}$$

Normalverteilung: $X \sim N(\mu\,; \sigma^2),\ \mu \in (-\infty, \infty),\ \sigma^2 \in (0, \infty)$

$$\text{Für } x \in (-\infty, \infty) \text{ ist } f_X(x) = \frac{1}{\sigma\sqrt{2\pi}}\, e^{-\frac{1}{2}\left(\frac{x-\mu}{\sigma}\right)^2}\,. \tag{3.52}$$

$$\mu_X = \tilde{x} = \dot{x} = \mu\,. \tag{3.53}$$

$$\sigma_X^2 = \sigma^2\,. \tag{3.54}$$

$$\frac{X - \mu}{\sigma} \sim N(0\,; 1)\,. \tag{3.55}$$

Betaverteilung: $X \sim Beta(a\,; b),\ a, b \in \mathbb{R}^+$

$$\text{Für } x \in (0, 1) \text{ ist } f_X(x) = \frac{1}{\mathrm{B}(a, b)}\, x^{a-1}(1 - x)^{b-1}\,. \tag{3.56}$$

$$f_X(0) \text{ und } f_X(1) \text{ sind nicht definiert.} \tag{3.57}$$

$$\mu_X = \frac{a}{a + b}\,. \tag{3.58}$$

$$\sigma_X^2 = \frac{ab}{(a + b)^2(a + b + 1)}\,. \tag{3.59}$$

$$\text{Für } a, b \geq 1 \text{ und } a + b > 2 \text{ ist } \dot{x} = \frac{a - 1}{a + b - 2}\,. \tag{3.60}$$

Gammaverteilung: $X \sim Gamma(a\,; b),\ a \in \mathbb{R}^+,\ b \in (0, \infty)$

$$\text{Für } x \in (0, \infty) \text{ ist } f_X(x) = \frac{b^a}{\Gamma(a)}\, x^{a-1}\, e^{-bx}\,. \tag{3.61}$$

$$f_X(0) \text{ ist nicht definiert.} \tag{3.62}$$

$$\mu_X = \frac{a}{b}\,. \tag{3.63}$$

$$\sigma_X^2 = \frac{a}{b^2}\,. \tag{3.64}$$

$$\text{Für } a \geq 1 \text{ ist } \dot{x} = \frac{a - 1}{b}\,. \tag{3.65}$$

t-Verteilung: $X \sim t\,(f),\ f \in \mathbb{R}^+$

$$\text{Für } x \in \mathbb{R} \text{ ist } f_X(x) = \frac{\Gamma\left(\frac{f+1}{2}\right)}{\sqrt{f\pi}\,\Gamma\left(\frac{f}{2}\right)}\left(1+\frac{x^2}{f}\right)^{-\frac{f+1}{2}}. \tag{3.66}$$

Normalverteilung als Näherung

$$Beta(a\,;b) \xrightarrow{a,b\to\infty} N\left(\frac{a}{a+b}\,;\frac{ab}{(a+b)^2(a+b+1)}\right). \tag{3.67}$$

$$Gamma(a\,;b) \xrightarrow{a\to\infty} N\left(\frac{a}{b}\,;\frac{a}{b^2}\right). \tag{3.68}$$

$$t\,(f) \xrightarrow{f\to\infty} N(0\,;1)\,. \tag{3.69}$$

Funktionen einer Größe

$$\text{Für } Y = g(X) \text{ mit streng monotonem } g \text{ ist } f_Y(y) = f_X(g^{-1}(y))\left|\frac{d}{dy}\,g^{-1}(y)\right|. \tag{3.70}$$

$$\text{Für beliebige Funktionen } g \text{ ist } E(g(X)) = \int_{-\infty}^{\infty} g(x)\, f_X(x)\, dx\,. \tag{3.71}$$

$$\text{Für beliebiges } a \text{ und diskretes oder stetiges } X \text{ ist } E(aX) = a\,E(X)\,. \tag{3.72}$$

3.6 Beispiele zu den univariaten Verteilungen

3.6.1 Radioaktiver Zerfall

Wir unternehmen nun einen Abstecher in die Physik, weil sie uns eine besonders interessante Anwendung der Wahrscheinlichkeitsrechnung liefert.

Ein Stoff heißt *radioaktiv*, wenn seine Atomkerne nicht stabil sind, sondern mit der Zeit zerfallen und dabei Strahlung aussenden. *Wann* ein Kern zerfallen wird, lässt sich nicht vorhersagen; man kann nur die Wahrscheinlichkeit angeben, mit der er innerhalb einer gegebenen Zeitspanne zerfällt: Beispielsweise zerfällt ein Kern des Kohlenstoffisotops ^{14}C mit einer Wahrscheinlichkeit von 0,114 innerhalb eines Jahrtausends, ein Cäsium-Kern ^{137}Cs mit 0,206 innerhalb eines Jahrzehnts, ein Iod-Kern ^{131}I mit 0,083 innerhalb eines Tages. Das Alter des Kerns spielt dabei keine Rolle. Aus diesen Voraussetzungen leiten wir die Verteilung der Lebensdauer radioaktiver Kerne und das Zerfallsgesetz ab.

Die Verteilung der Lebensdauer radioaktiver Kerne

Wir bezeichnen die Lebensdauer mit T und berechnen zunächst $p(T > t)$: die Wahrscheinlichkeit dafür, dass ein bestimmter Kern länger als t lebt. Teilt man t in n Abschnitte der Länge

$$\Delta t = \frac{t}{n},$$

so muss ein Kern, der länger als t lebt, n aufeinander folgende Abschnitte Δt überleben. Da die Zerfallswahrscheinlichkeit nicht vom Alter des Kerns abhängt, ist die Überlebenswahrscheinlichkeit für jeden Abschnitt gleich: $p(T > \Delta t)$. Daraus folgt:

$$p(T > t) = (p(T > \Delta t))^n = (p(T > \Delta t))^{\frac{t}{\Delta t}} = e^{\frac{t}{\Delta t} \ln p(T > \Delta t)}.$$

Die linke Seite der Gleichung hängt nicht von Δt ab; also kann auch die rechte nicht von Δt abhängen, und daher ist der Ausdruck

$$-\frac{\ln p(T > \Delta t)}{\Delta t}$$

für jeden Kern eine Konstante, die Zerfallskonstante λ. Mit dieser ist

$$p(T > t) = e^{-\lambda t}.$$

Daraus ergeben sich die Verteilungsfunktion von T:

$$F_T(t) = p(T \le t) = 1 - p(T > t) = 1 - e^{-\lambda t},$$

und als deren Ableitung die Dichte

$$f_T(t) = \lambda\, e^{-\lambda t}.$$

Da die Lebensdauer nicht negativ sein kann, gilt $f_T(t) = 0$ für $t < 0$. Wir haben also eine Exponentialverteilung (3.49) erhalten.

Das Zerfallsgesetz

Nun fragen wir, wie sich die Anzahl N der Kerne mit der Zeit verändert. Wenn es zu einem Anfangszeitpunkt $N(0)$ Kerne gibt – wie viele davon sind nach Ablauf von t noch nicht zerfallen, wie groß ist also $N(t)$?

Wir haben die Lebensdauerverteilung aus der Voraussetzung abgeleitet, dass das Alter eines Kerns die Wahrscheinlichkeit für sein Zerfallen nicht beeinflusst. Diese Eigenschaft zeigt sich daher auch im Resultat: Die Wahrscheinlichkeit dafür, dass ein Kern die Zeitspanne t überlebt, ist unabhängig von seinem Alter a zu Beginn dieser Zeitspanne, denn nach (2.25) ist

$$p(T > a + t \mid T > a) = \frac{p(T > a + t)}{p(T > a)} = \frac{e^{-\lambda(a+t)}}{e^{-\lambda a}} = e^{-\lambda t}.$$

Da nun jeder Kern, ungeachtet seines Alters, die Zeit t mit derselben Wahrscheinlichkeit $e^{-\lambda t}$ überlebt, ist $N(t)$ binomialverteilt: $N(t) \sim Bin(N(0)\,; e^{-\lambda t})$. Darum ist der Erwartungswert von $N(t)$ nach (3.43) gleich

$$E(N(t)) = N(0)\, e^{-\lambda t}\,.$$

In den Physikbüchern steht das Zerfallsgesetz in der Form

$$N(t) = N(0)\, e^{-\lambda t}\,;$$

es beschreibt dort nicht den Erwartungswert der Anzahl, sondern die Anzahl selbst. Wie hängen die beiden Formeln zusammen? Um das zu klären, überlegen wir uns, dass bereits geringe Mengen eines Stoffs ungeheuer viele Kerne enthalten. Ein ^{14}C-Atom wiegt $2{,}3 \cdot 10^{-23}$ Gramm; daher enthält ein Milligramm radioaktiven Kohlenstoffs $10^{-3}/2{,}3 \cdot 10^{-23} = 4{,}3 \cdot 10^{19}$ Kerne. Nehmen wir diese Menge als Anfangswert: $N(0) = 4{,}3 \cdot 10^{19}$, und sehen wir, was sich daraus ergibt. Ein ^{14}C-Kern zerfällt mit einer Wahrscheinlichkeit von 0,114 innerhalb eines Jahrtausends (JT); daraus folgt die Zerfallskonstante:

$$\lambda = -\frac{\ln p(T > 1\,\mathrm{JT})}{1\,\mathrm{JT}} = -\frac{\ln(1 - 0{,}114)}{1\,\mathrm{JT}} = 0{,}121/\mathrm{JT}\,.$$

Nach Ablauf von 10 000 Jahren kann man

$$E(N(10)) = 4{,}3 \cdot 10^{19} \cdot e^{-0{,}121 \cdot 10} = 1{,}28 \cdot 10^{19}$$

noch vorhandene Kerne erwarten. Die Unsicherheit über die Anzahl erfahren wir durch die Standardabweichung der Verteilung; nach (3.44) beträgt sie

$$\sqrt{4{,}3 \cdot 10^{19} \cdot e^{-0{,}121 \cdot 10} \cdot (1 - e^{-0{,}121 \cdot 10})} = 3 \cdot 10^{9}\,.$$

Die Standardabweichung ist also um 10 Größenordnungen kleiner als der Erwartungswert, und damit ist die Unsicherheit über N viel kleiner als N selbst: Pro Milliarde Kerne liegt sie bei etwa plus/minus einem einzigen Kern. Grund dafür ist der große Erwartungswert, wie man auch allgemein sieht: Bei jeder Binomialverteilung ist

$$\sigma_X = \sqrt{np(1-p)} < \sqrt{np} = \sqrt{\mu_X}\,.$$

Daher kann man, sofern man sehr viele Kerne erwartet, an die Stelle des Erwartungswerts die Anzahl selbst setzen und so das vertraute Zerfallsgesetz herstellen. Das exakte Gesetz ist also jenes für den Erwartungswert; das andere ist eine Näherung, deren Fehler man für große Erwartungswerte vernachlässigen kann.

Die deterministische Ableitung des Zerfallsgesetzes

Wir haben bisher allein auf Basis der Zerfallswahrscheinlichkeit gerechnet und dabei ein Gesetz für den Erwartungswert der Kernanzahl erhalten. Ersetzt man in diesem den Erwartungswert durch die Kernanzahl selbst (was, wie gezeigt, bei großem Erwartungswert näherungsweise stimmt), gelangt man zu der Formel, die in Physikbüchern steht.

Die Physiker gehen meist anders vor, indem sie das Gesetz von Anfang an deterministisch formulieren: *Die Anzahl dN der in der Zeit dt zerfallenden Kerne ist proportional der Anzahl N der vorhandenen Kerne und der Zeit* [25]. Das ist zwar nicht *ganz* genau, aber wegen des typisch großen Erwartungswerts von *N ziemlich* genau; in vielen Fällen so genau, dass man den Fehler gar nicht messen kann. Tatsächlich wurde das Zerfallsgesetz dadurch entdeckt, dass Ernest Rutherford im Jahr 1900 aus seinen Messungen den oben formulierten Schluss zog [9]:

$$dN = -\lambda N dt ;$$

denn diese Differentialgleichung hat als einzige Lösung gerade die Beziehung:

$$N(t) = N(0)\, e^{-\lambda t} .$$

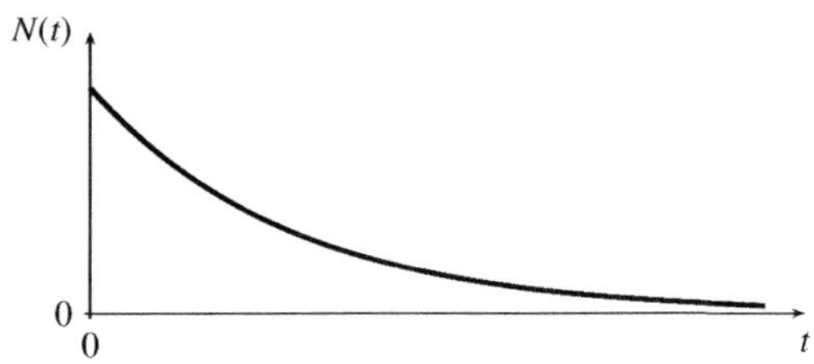

Abb. 3.10 Gesetz des radioaktiven Zerfalls: Anzahl N der Kerne als Funktion der Zeit t

Die Physik war bis ins späte 19. Jahrhundert deterministisch. Einer der ersten Physiker, die mit Wahrscheinlichkeiten rechneten, war James Clerk Maxwell, der Vollender der klassischen Elektrodynamik. Er hat den Satz „Die wahre Logik dieser Welt ist die Wahrscheinlichkeitsrechnung" geprägt. Auf Maxwells Arbeit aufbauend, führte Ludwig Boltzmann die Erscheinungen der Wärme auf die Bewegung von Teilchen zurück und insbesondere die Entropie eines Zustands auf dessen Wahrscheinlichkeit. Fünfzig Jahre danach war die Quantenphysik in den Grundzügen entwickelt und mit ihr die Ansicht, *alle* Naturgesetze seien statistische Gesetze [61].

3.6.2 Beispiele zur Normalverteilung

In Abschn. 3.3 haben wir erwähnt, dass viele Verteilungen durch Normalverteilungen angenähert werden können, speziell Beta-, Gamma- und t-Verteilungen. Diese Näherungen werden für uns besondere Bedeutung erlangen; denn jedes Schätz- oder Testproblem in diesem Buch kann so formuliert werden, dass die jeweils interessierende Größe annähernd normalverteilt ist. Deshalb nun einige Beispiele zur Normalverteilung.

Die Standardnormalverteilung

Zunächst zeigen wir jene Eigenschaft der Normalverteilung, die es gestattet, fast alle Aufgaben durch Nachschlagen in einer Tabelle zu lösen: Ist X normalverteilt mit Mittelwert μ und Varianz σ^2, dann ist

$$Z := \frac{X - \mu}{\sigma}$$

standardnormalverteilt, das heißt normalverteilt mit Mittelwert 0 und Varianz 1. (Die Verteilungsfunktion Φ von Z ist in Anhang B tabelliert.)

Entsprechend (3.52) und (3.55) müssen wir also zeigen: Aus

$$f_X(x) = \frac{1}{\sigma\sqrt{2\pi}}\, e^{-\frac{1}{2}\left(\frac{x-\mu}{\sigma}\right)^2}$$

folgt:

$$f_Z(z) = \frac{1}{\sqrt{2\pi}}\, e^{-\frac{z^2}{2}} .$$

Da Z und X streng monoton zusammenhängen, können wir die Dichtetransformation (3.70) verwenden. Mit

$$g(x) = \frac{x - \mu}{\sigma},$$
$$g^{-1}(z) = \mu + z\sigma$$

folgt das gewünschte Resultat:

$$f_Z(z) = \frac{1}{\sigma\sqrt{2\pi}}\, e^{-\frac{1}{2}\left(\frac{\mu+z\sigma-\mu}{\sigma}\right)^2} \left|\frac{d}{dz}(\mu + z\sigma)\right| = \frac{1}{\sqrt{2\pi}}\, e^{-\frac{z^2}{2}} .$$

Verteilungen linearer und nichtlinearer Transformationen

Ist X normalverteilt, dann auch das durch *lineare* Transformation erhaltene

$$Y = aX + b$$

mit $a \neq 0$. Wegen der strengen Monotonie der Transformation können wir wieder (3.70) verwenden. Mit

$$g(x) = ax + b ,$$
$$g^{-1}(y) = \frac{y - b}{a}$$

folgt:

$$f_Y(y) = \frac{1}{\sigma\sqrt{2\pi}}\, e^{-\frac{1}{2}\left(\frac{(y-b)/a-\mu}{\sigma}\right)^2} \left|\frac{d}{dy}\,\frac{y-b}{a}\right| = \frac{1}{|a|\sigma\sqrt{2\pi}}\, e^{-\frac{1}{2}\left(\frac{y-(a\mu+b)}{a\sigma}\right)^2}.$$

Somit ist Y normalverteilt mit $\mu_Y = a\,\mu_X + b$ und $\sigma_Y^2 = (a\,\sigma_X)^2$.

Normalverteilte Größen bleiben also normalverteilt, wenn sie in anderen Einheiten gemessen werden, sofern die Einheiten linear zusammenhängen: Ist die Körpergröße in Metern normalverteilt, dann auch in Zentimetern; ist die Temperatur in Grad Celsius normalverteilt, dann auch in Grad Fahrenheit. Dass das nicht selbstverständlich ist, merken wir, sobald wir andere Verteilungen auf diese Eigenschaft untersuchen. So bleiben beta- oder gammaverteilte Größen unter linearen Transformationen keineswegs beta- bzw. gammaverteilt; denn betaverteilte Größen haben Werte zwischen 0 und 1, gammaverteilte sind positiv, und in beiden Fällen führt beispielsweise die Transformation $Y = X - 1$ aus dem Wertebereich hinaus. In Abschn. 4.4.2 werden wir sehen, dass auch Summe und Differenz zweier voneinander unabhängig normalverteilter Größen wieder normalverteilt sind, während andere Verteilungen bei Summen- oder Differenzbildung nicht erhalten bleiben. Nichtlineare Transformationen ändern die Form der Verteilung – aus normalverteilten Größen werden nichtnormalverteilte. Doch gerade deswegen kann man durch geeignete Skalierung aus nichtnormalverteilten Größen normalverteilte machen, sofern die ursprüngliche Dichte im interessierenden Wertebereich nirgends null ist. Darauf beruht unter anderem die in Abschn. 3.3.5 beschriebene Skalierung des Intelligenzquotienten.

Statistik normalverteilter Größen

Stellen Sie sich vor, wir wollten den mittleren Body-Mass-Index (BMI) österreichischer Männer bestimmen. Kennt man den BMI jedes einzelnen Österreichers, kann man den Mittelwert exakt berechnen. Mit unvollständigen Daten hingegen kann man nur Wahrscheinlichkeitsaussagen treffen. Nehmen wir an, unsere Informationen lassen den gesuchten Mittelwert M normalverteilt sein mit $\mu = 26$ und $\sigma = 1{,}5$. Das heißt, nach allem, war wir wissen, scheint uns ein mittlerer BMI um 26 am plausibelsten und höhere oder niedrigere Werte entsprechend weniger plausibel.

Wir wollen aber nicht nur feststellen, dass ein mittlerer BMI um 26 am plausibelsten ist, sondern ausdrücken, *welche Werte wie plausibel* sind. Das kann auf zwei Arten geschehen: 1) Man gibt an, in welchem Bereich M mit gegebener Wahrscheinlichkeit liegt, 2) Man gibt an, mit welcher Wahrscheinlichkeit M in einem gegebenem Bereich liegt.

Wir präzisieren das erste Problem: Der gesuchte Bereich soll M mit Wahrscheinlichkeit 0,95 enthalten. Außerdem soll er so klein wie möglich sein; dazu muss er symmetrisch zum Mittelwert der Verteilung liegen. Für die Bereichsgrenzen m_1 und m_2 gilt dann mit (3.55) und der Tabelle in Anhang B:

$$\Phi\left(\frac{m_1 - 26}{1{,}5}\right) = 0{,}025 \quad \longrightarrow \quad m_1 = 26 + \Phi^{-1}(0{,}025) \cdot 1{,}5 = 26 - 1{,}96 \cdot 1{,}5 = 23{,}1\,,$$

$$\Phi\left(\frac{m_2 - 26}{1{,}5}\right) = 0{,}975 \quad \longrightarrow \quad m_2 = 26 + \Phi^{-1}(0{,}975) \cdot 1{,}5 = 26 + 1{,}96 \cdot 1{,}5 = 28{,}9\,.$$

Die Situation ist in Abb. 3.11 dargestellt.

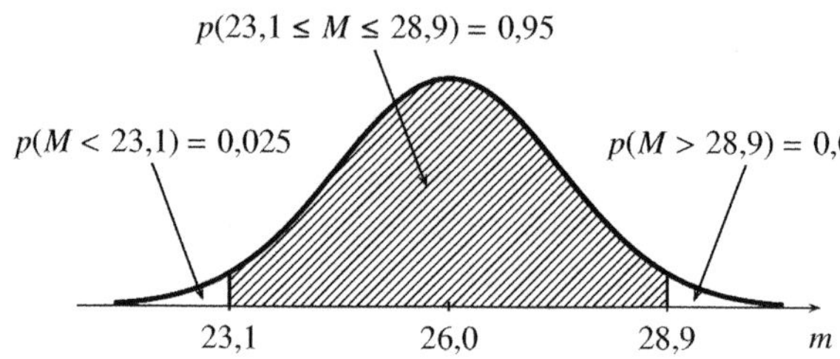

Abb. 3.11 Fiktive Verteilung des mittleren BMI: $M \sim N(26\,; 1{,}5^2)$. Der kleinste Bereich, der M mit einer Wahrscheinlichkeit von 0,95 enthält, ist das Intervall [23,1 , 28,9]

Nun wenden wir uns dem zweiten Problem zu und fragen, wie wahrscheinlich der mittlere BMI in jenem Bereich liegt, den die Weltgesundheitsorganisation WHO als „normal range" bezeichnet, nämlich im Intervall [18,5 , 25,0) [67]. Mit (3.55) und der Tabelle in Anhang B ergibt sich:

$$\begin{aligned} p(18{,}5 \le M < 25{,}0) &= \Phi\left(\frac{25{,}0 - 26}{1{,}5}\right) - \Phi\left(\frac{18{,}5 - 26}{1{,}5}\right) \\ &= \Phi(-0{,}67) - \Phi(-5{,}00) \\ &= 0{,}251\,. \end{aligned}$$

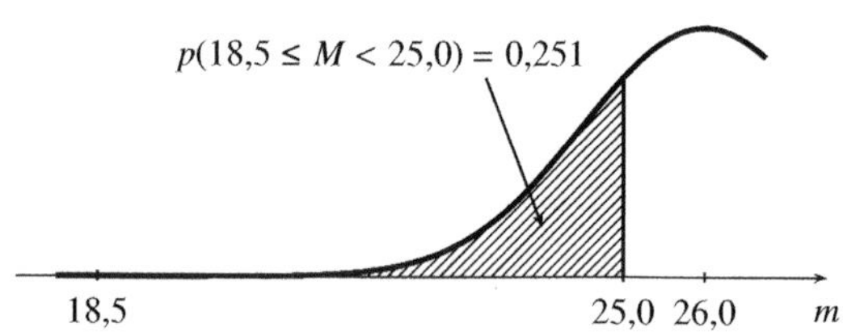

Abb. 3.12 Fiktive Verteilung des mittleren BMI: $M \sim N(26\,; 1{,}5^2)$. Mit einer Wahrscheinlichkeit von 0,251 liegt er im „normal range" der WHO

Die Normalverteilung als Grenzfall der t-Verteilung

Abschließend zeigen wir, dass die t-Verteilung mit zunehmendem Wert ihres Parameters f in eine Standardnormalverteilung übergeht. Die Dichte der t-Verteilung ist durch (3.66) gegeben; die der Standardnormalverteilung erhält man, wenn man in (3.52) $\mu = 0$

und $\sigma = 1$ setzt. Wir müssen also zeigen, dass für alle reellen Zahlen x gilt:

$$\lim_{f\to\infty}\left(\frac{\Gamma\left(\frac{f+1}{2}\right)}{\sqrt{f\pi}\,\Gamma\left(\frac{f}{2}\right)}\left(1+\frac{x^2}{f}\right)^{-\frac{f+1}{2}}\right) = \frac{1}{\sqrt{2\pi}}\,e^{-\frac{x^2}{2}}\,.$$

$$\begin{aligned}
&\lim_{f\to\infty}\left(\frac{\Gamma\left(\frac{f+1}{2}\right)}{\sqrt{f\pi}\,\Gamma\left(\frac{f}{2}\right)}\left(1+\frac{x^2}{f}\right)^{-\frac{f+1}{2}}\right)\\
&=\left(\lim_{f\to\infty}\frac{\Gamma\left(\frac{f+1}{2}\right)}{\sqrt{\frac{f}{2}}\,\Gamma\left(\frac{f}{2}\right)}\right)\frac{1}{\sqrt{2\pi}}\,\frac{\lim_{f\to\infty}\left(1+\frac{x^2}{f}\right)^{-\frac{1}{2}}}{\lim_{f\to\infty}\left(1+\frac{x^2}{f}\right)^{\frac{f}{2}}}\\
&=\left(\lim_{f\to\infty}\frac{\Gamma\left(\frac{f+1}{2}\right)}{\sqrt{\frac{f}{2}}\,\Gamma\left(\frac{f}{2}\right)}\right)\frac{1}{\sqrt{2\pi}}\,\frac{1}{e^{\frac{x^2}{2}}}\\
&=\left(\lim_{f\to\infty}\frac{\Gamma\left(\frac{f+1}{2}\right)}{\sqrt{\frac{f}{2}}\,\Gamma\left(\frac{f}{2}\right)}\right)\frac{1}{\sqrt{2\pi}}\,e^{-\frac{x^2}{2}}\,.
\end{aligned}$$

Es bleibt noch nachzuweisen, dass

$$\lim_{f\to\infty}\frac{\Gamma\left(\frac{f+1}{2}\right)}{\sqrt{\frac{f}{2}}\,\Gamma\left(\frac{f}{2}\right)}$$

existiert und gleich 1 ist. Das folgt aber mit der stirlingschen Formel [33]:

$$\Gamma(x) = \sqrt{2\pi}\,x^{x-\frac{1}{2}}\,e^{h(x)-x} \quad \text{mit } 0 < h(x) < \frac{1}{12x}\,.$$

3.7 Aufgaben zu den univariaten Verteilungen

Aufg. 3.1 Im Jahr 2014 hatten in Österreich 41,5 % aller Familien keine Kinder, 29,6 % ein Kind, 21,0 % zwei, 6,4 % drei und 1,6 % vier oder mehr Kinder [58] (zur Vereinfachung zählen wir Letztere als Familien mit vier Kindern). Greifen wir zufällig eine Familie heraus, so ist deren Kinderanzahl eine diskrete Größe X. Berechnen Sie Wahrscheinlichkeits- und Verteilungsfunktion von X und stellen Sie sie grafisch dar. Wie groß sind Erwartungswert, Varianz und Standardabweichung von X ?

Aufg. 3.2 In Abschn. 3.3.5 haben wir festgestellt, dass eine zufällig gewählte Person mit Wahrscheinlichkeit 0,0228 hochbegabt ist, d. h. einen Intelligenzquotienten von mindestens 130 hat. Der IQ ist dabei so skaliert, dass er in der betrachteten Gruppe normalverteilt ist mit Mittelwert 100 und Standardabweichung 15 [47]. Denken Sie sich einen Hörsaal mit 300 Studenten und einen IQ, der in der Gesamtheit aller Studenten gemäß $N(100\,;15^2)$ verteilt ist. Mit welcher Wahrscheinlichkeit befindet sich in diesem Hörsaal a) kein, b) genau ein, c) mindestens ein hochbegabter Student?

Aufg. 3.3 Die Anzahl X der Hochbegabten in Aufg. 3.2 ist binomialverteilt. Binomialverteilungen mit großem n und kleinem p kann man durch Poissonverteilungen annähern. Berechnen Sie mit einer solchen Näherung und den Daten von Aufg. 3.2 die Wahrscheinlichkeiten für $X = 0$, $X = 1$ und $X \geq 1$.

Aufg. 3.4 Zeigen Sie: Ist X standardnormalverteilt, dann ist e^X nicht standardnormalverteilt. Verwenden Sie dazu a) die Dichtetransformation (3.70), b) den Wertebereich von e^X.

Aufg. 3.5 Von einer stetigen Größe mit Dichte f_X und Verteilungsfunktion F_X wird eine Stichprobe voneinander unabhängiger $X_1, \ldots, X_n$ genommen. Bestimmen Sie Dichte und Verteilungsfunktion des Stichprobenmaximums.

Multivariate Verteilungen

4

Zusammenfassung
Fasst man zwei oder mehr Größen zu einem Vektor zusammen, so nennt man dessen Verteilung *multivariat*. Wir stellen diskrete und stetige Verteilungen vor und unter den stetigen eine spezielle bivariate. Weiters besprechen wir Verteilungen von Summen und Differenzen und die für uns wichtigsten Stichprobenparameter.

4.1 Multivariate diskrete Verteilungen

Denken wir uns diskrete Größen $X_1, \ldots, X_n$ zu einem Vektor $\mathbf{X} := (X_1, \ldots, X_n)$ zusammengefasst. Dann kann man die Wahrscheinlichkeit dafür benennen, dass $X_1 = x_1$ ist, zugleich $X_2 = x_2$ usw., also $p(\mathbf{X} = \mathbf{x})$, wobei auch die Werte x_i als Vektor $\mathbf{x} := (x_1, \ldots, x_n)$ geschrieben sind. Damit lässt sich die *gemeinsame Verteilung* der X_i durch eine *gemeinsame Wahrscheinlichkeitsfunktion*

$$f_{\mathbf{X}}(\mathbf{x}) := p(\mathbf{X} = \mathbf{x}) \tag{4.1}$$

beschreiben und gemäß der Kettenregel (2.26) wie folgt berechnen:

$$\begin{aligned} f_{\mathbf{X}}(\mathbf{x}) &= p((X_1 = x_1) \ldots (X_n = x_n)) \\ &= p(X_1 = x_1)\, p(X_2 = x_2 \mid X_1 = x_1) \ldots p(X_n = x_n \mid (X_1 = x_1) \ldots (X_{n-1} = x_{n-1}))\,. \end{aligned}$$

Wir können diese Beziehung mit Hilfe *bedingter Wahrscheinlichkeitsfunktionen* formulieren. Schreiben wir $p(X_2 = x_2 \mid X_1 = x_1)$ als $f_{X_2}(x_2 \mid x_1)$ usw., ergibt sich:

$$f_{\mathbf{X}}(\mathbf{x}) = f_{X_1}(x_1)\, f_{X_2}(x_2 \mid x_1) \ldots f_{X_n}(x_n \mid x_1 \ldots x_{n-1})\,. \tag{4.2}$$

© Springer-Verlag GmbH Deutschland, ein Teil von Springer Nature 2019

W. Tschirk, *Bayes-Statistik für Human- und Sozialwissenschaften*, Springer-Lehrbuch,
https://doi.org/10.1007/978-3-662-56782-1_4

Sind $X_1, \dots, X_n$ *voneinander unabhängig*, beeinflussen also die Werte irgendwelcher von ihnen nicht die Verteilung der anderen, so folgt aus (2.33):

$$p(\mathbf{X} = \mathbf{x}) = \prod_{i=1}^{n} p(X_i = x_i)\,,$$

und damit ist die gemeinsame Wahrscheinlichkeitsfunktion das Produkt der einzelnen:

$$f_{\mathbf{X}}(\mathbf{x}) = \prod_{i=1}^{n} f_{X_i}(x_i)\,. \tag{4.3}$$

Umgekehrt folgt aus dieser Beziehung die Unabhängigkeit der X_i .

Nun konzentrieren wir uns auf *bivariate* diskrete Verteilungen, also gemeinsame Verteilungen *zweier* diskreter Größen. Statt X_1 und X_2 nennen wir diese X und Y. Die möglichen Werte von X bezeichnen wir mit x_i , jene von Y mit y_j , und die gemeinsame Wahrscheinlichkeitsfunktion mit $f_{(X,Y)}(x, y)$. Aus der gemeinsamen Verteilung lassen sich die Verteilungen der einzelnen Größen ableiten, die *Randverteilungen* (in Abschn. 4.7.1 werden wir sehen, woher dieser Name kommt). Denn es gilt mit (2.25), (2.37) und (3.1):

$$\begin{aligned} f_X(x) &= p(X = x) = \sum_j p(X = x \,|\, Y = y_j)\, p(Y = y_j) = \sum_j p((X = x)(Y = y_j)) \\ &= \sum_j f_{(X,Y)}(x, y_j)\,; \end{aligned}$$

und analog ist

$$f_Y(y) = \sum_i f_{(X,Y)}(x_i, y)\,.$$

4.2 Multivariate stetige Verteilungen

Sind die X_i stetig, so kann man die Wahrscheinlichkeit dafür benennen, dass jedes X_i einen Wert zwischen x_i und $x_i + \Delta x_i$ annimmt, und diese Wahrscheinlichkeit auf die Größe des n-dimensionalen Intervalls $\Delta x_1 \dots \Delta x_n$ beziehen. Mit dem Zeichen $\forall$ für den Ausdruck „für alle" definiert man die *gemeinsame Dichte*

$$f_{\mathbf{X}}(\mathbf{x}) := \lim_{\forall i:\Delta x_i \to 0} \frac{p(\forall i : x_i \le X_i \le x_i + \Delta x_i)}{\prod_{i=1}^{n} \Delta x_i}\,. \tag{4.4}$$

Wiederum ist $\mathbf{X} := (X_1, \dots, X_n)$ und $\mathbf{x} := (x_1, \dots, x_n)$. Analog zum diskreten Fall können wir $f_{\mathbf{X}}(\mathbf{x})$ mit der Kettenregel berechnen. Mit den *bedingten Dichten*

$$f_{X_2}(x_2 \,|\, x_1) := \lim_{\Delta x_1, \Delta x_2 \to 0} \frac{p(x_2 \le X_2 \le x_2 + \Delta x_2 \,|\, x_1 \le X_1 \le x_1 + \Delta x_1)}{\Delta x_2}$$

usw. erhalten wir wieder

$$f_{\mathbf{X}}(\mathbf{x}) = f_{X_1}(x_1)\, f_{X_2}(x_2 \mid x_1) \ldots f_{X_n}(x_n \mid x_1 \ldots x_{n-1})\,. \tag{4.5}$$

Für voneinander unabhängige X_i gilt nach (2.33):

$$p(\forall i : x_i \le X_i \le x_i + \Delta x_i) = \prod_{i=1}^{n} p(x_i \le X_i \le x_i + \Delta x_i)\,.$$

Damit ergibt sich die gemeinsame Dichte als Produkt der einzelnen Dichten, denn

$$\begin{aligned}
\lim_{\forall i : \Delta x_i \to 0} \frac{p(\forall i : x_i \le X_i \le x_i + \Delta x_i)}{\prod_{i=1}^{n} \Delta x_i} &= \lim_{\forall i : \Delta x_i \to 0} \frac{\prod_{i=1}^{n} p(x_i \le X_i \le x_i + \Delta x_i)}{\prod_{i=1}^{n} \Delta x_i} \\
= \lim_{\forall i : \Delta x_i \to 0} \prod_{i=1}^{n} \frac{p(x_i \le X_i \le x_i + \Delta x_i)}{\Delta x_i} &= \prod_{i=1}^{n} \lim_{\Delta x_i \to 0} \frac{p(x_i \le X_i \le x_i + \Delta x_i)}{\Delta x_i}\,,
\end{aligned}$$

also mit (3.32) und (4.4):

$$f_{\mathbf{X}}(\mathbf{x}) = \prod_{i=1}^{n} f_{X_i}(x_i)\,. \tag{4.6}$$

Umgekehrt folgt aus dieser Beziehung die Unabhängigkeit der X_i . Die Wahrscheinlichkeit dafür, dass **X** in einem bestimmten Wertebereich liegt, erhält man wie im univariaten Fall, indem man die Dichte über diesen Bereich integriert:

$$p(\mathbf{X} \in A) = \int_A f_{\mathbf{X}}(\mathbf{x})\, d\mathbf{x}\,. \tag{4.7}$$

Ein Modus $\dot{\mathbf{x}}$ ist ein Vektor größter Dichte:

$$f_{\mathbf{X}}(\dot{\mathbf{x}}) \ge f_{\mathbf{X}}(\mathbf{x}) \quad \text{für alle } \mathbf{x}\,. \tag{4.8}$$

Auch eine multivariate Verteilung kann mehrere Modi haben. Da wir aber nur unimodale Verteilungen verwenden, sprechen wir stets von „dem" Modus.

Zuletzt betrachten wir bivariate stetige Verteilungen. Wie im diskreten Fall lassen sich Randverteilungen finden; die *Randdichten* von X und Y sind

$$f_X(x) = \int_{-\infty}^{\infty} f_{(X,Y)}(x, y)\, dy\,,$$

$$f_Y(y) = \int_{-\infty}^{\infty} f_{(X,Y)}(x, y)\, dx\,.$$

4.3 Normal-Invers-Gammaverteilung

Die bivariate *Normal-Invers-Gammaverteilung* (kurz: *NIG-Verteilung*) ist durch vier Parameter m, λ, a, b mit reellen Zahlenwerten und $\lambda, a, b > 0$ bestimmt. Die Verteilung $(X, Y) \sim NIG(m\,; \lambda\,; a\,; b)$ hat die Dichte

$$f_{(X,Y)}(x, y) = \frac{\sqrt{\lambda}\, b^a}{\sqrt{2\pi}\, \Gamma(a)}\, y^{-\left(a+\frac{3}{2}\right)}\, e^{-\frac{2b+\lambda(x-m)^2}{2y}} \tag{4.9}$$

für beliebige x und positive y ; für $y \leq 0$ ist die Dichte 0 (Abb. 4.1). Der Modus $\begin{pmatrix} \dot{x} \\ \dot{y} \end{pmatrix}$ ist gegeben durch:

$$\dot{x} = m\,,$$
$$\dot{y} = \frac{b}{a + 3/2}\,.$$

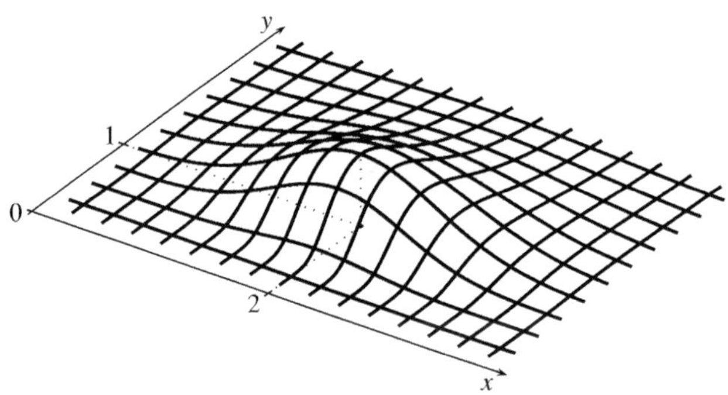

Abb. 4.1 Dichte der NIG-Verteilung mit $m = 2$, $\lambda = 2{,}5$, $a = 4{,}5$ und $b = 6$. Eingezeichnet ist der Modus $\dot{x} = 2$, $\dot{y} = 1$

Die Randverteilung von X hängt mit der t-Verteilung zusammen:

$$\sqrt{\frac{a\lambda}{b}}\,(X - m) \sim t\,(2a)\,.$$

Die Randverteilung von Y ist eine Invers-Gammaverteilung, die wir nicht weiter besprechen.

4.4 Funktionen mehrerer Größen

Wir untersuchen nun die Verteilungen einiger Funktionen mehrerer Größen.

4.4.1 Summe poissonverteilter Größen

Sind X und Y voneinander unabhängig poissonverteilt mit λ_X und λ_Y, dann ist $X + Y \sim Poi(\lambda_X + \lambda_Y)$. Um das zu zeigen, berechnen wir die Wahrscheinlichkeitsfunktion von $X + Y$. Es ist $X + Y = s$, wenn $X \leq s$ ist und $Y = s - X$. Daraus folgt mit (2.32) und (3.45):

$$p(X + Y = s) = \sum_{i=0}^{s} p((X = i)(Y = s - i)) = \sum_{i=0}^{s} p(X = i)\, p(Y = s - i)$$
$$= \sum_{i=0}^{s} \frac{\lambda_X^i\, e^{-\lambda_X}}{i!} \frac{\lambda_Y^{s-i}\, e^{-\lambda_Y}}{(s-i)!} = \frac{e^{-(\lambda_X+\lambda_Y)}}{s!} \sum_{i=0}^{s} \binom{s}{i} \lambda_X^i\, \lambda_Y^{s-i} .$$

Die Summe im letzten Ausdruck ist nach dem binomischen Satz gleich $(\lambda_X + \lambda_Y)^s$. Also ist

$$p(X + Y = s) = \frac{(\lambda_X + \lambda_Y)^s\, e^{-(\lambda_X+\lambda_Y)}}{s!} ,$$

und damit ist nach (3.45) $X + Y \sim Poi(\lambda_X + \lambda_Y)$. Mit vollständiger Induktion folgt, dass auch die Summe von drei oder mehr Größen entsprechend poissonverteilt ist.

Dieser Umstand erleichtert viele Studien: Ist die Anzahl der täglichen Verkehrsunfälle poissonverteilt, dann auch die Anzahl der wöchentlichen, monatlichen usw. Man kann daher für die Untersuchung einen (fast) beliebigen Zeitraum wählen und damit einen, der gerade günstig ist, weil es beispielsweise nur für ihn Daten gibt. Ebenso kann man Neuerkrankungen pro Jahr oder pro Dekade zählen und im Fußball Tore pro Spiel, pro Spieltag oder pro Saison. Man kann auch nach anderen Gesichtspunkten kumulieren: Wirbelstürme pro Land, pro Kontinent oder weltweit, Einbrücke pro Bezirk oder in der ganzen Stadt, Krankmeldungen pro Jahr und Betrieb oder pro Quartal und Berufsgruppe.

4.4.2 Summe und Differenz stetiger Größen

Behauptungen wie *Diese Therapie führt häufiger zur Heilung als jene* oder *Männer schlafen im Durchschnitt länger als Frauen* können als Behauptungen über Differenzen stetiger Größen interpretiert werden: über eine Differenz von Anteilen (der geheilten Patienten) im ersten Fall, über eine Differenz von Mittelwerten (der Schlafdauern) im zweiten. Ebenso gibt es Behauptungen, die sich auf Summen stetiger Größen beziehen (*Union und SPD haben zusammen die Mehrheit*). Daher untersuchen wir nun, was man über solche Summen und Differenzen sagen kann.

Betrachten wir die Summe $S := X + Y$ zweier stetiger Größen X und Y. Die Verteilungsfunktion von S, also $F_S(s) = p(S \leq s)$, erhält man gemäß (4.7), indem man die gemeinsame Dichte von X und Y über jene (x, y) integriert, für die $x + y \leq s$, also $x \leq s - y$ ist:

$$F_S(s) = \iint\limits_{(x,y)\,:\,x+y\leq s} f_{(X,Y)}(x, y)\,dx\,dy = \int_{-\infty}^{\infty}\int_{-\infty}^{s-y} f_{(X,Y)}(x, y)\,dx\,dy\,.$$

Sind X und Y voneinander unabhängig, so ist nach (4.6) die gemeinsame Dichte das Produkt der einzelnen, und dann folgt:

$$F_S(s) = \int_{-\infty}^{\infty}\int_{-\infty}^{s-y} f_X(x)\,f_Y(y)\,dx\,dy = \int_{-\infty}^{\infty} f_Y(y) \int_{-\infty}^{s-y} f_X(x)\,dx\,dy\,.$$

Durch Ableiten dieser Verteilungsfunktion erhalten wir die Dichte

$$f_S(s) = \frac{dF_S(s)}{ds} = \frac{dF_S(s)}{d(s-y)}\,\frac{d(s-y)}{ds} = \frac{dF_S(s)}{d(s-y)} = \int_{-\infty}^{\infty} f_Y(y)\,f_X(s-y)\,dy\,.$$

Analog ergibt sich die Dichte der Differenz $D := X - Y$:

$$f_D(d) = \int_{-\infty}^{\infty} f_Y(y)\,f_X(d+y)\,dy\,.$$

Da wir später Summen und Differenzen je zweier voneinander unabhängiger normalverteilter, betaverteilter und gammaverteilter Größen behandeln, wenden wir uns nun diesen zu.

Sind X und Y voneinander unabhängig normalverteilt, ist nach (3.52) und dem soeben Abgeleiteten die Dichte ihrer Summe durch

$$f_S(s) = \int_{-\infty}^{\infty} \frac{1}{\sigma_Y\sqrt{2\pi}}\,e^{-\frac{1}{2}\left(\frac{y-\mu_Y}{\sigma_Y}\right)^2}\,\frac{1}{\sigma_X\sqrt{2\pi}}\,e^{-\frac{1}{2}\left(\frac{s-y-\mu_X}{\sigma_X}\right)^2}\,dy$$

gegeben. Eine arbeitsintensive Umformung [42] führt auf

$$f_S(s) = \frac{1}{\sqrt{\sigma_X^2 + \sigma_Y^2}\,\sqrt{2\pi}}\,e^{-\frac{1}{2}\left(\frac{s-(\mu_X+\mu_Y)}{\sqrt{\sigma_X^2+\sigma_Y^2}}\right)^2}\,.$$

Auf analogem Weg erhalten wir für die Differenz

$$f_D(d) = \frac{1}{\sqrt{\sigma_X^2 + \sigma_Y^2}\sqrt{2\pi}} e^{-\frac{1}{2}\left(\frac{d-(\mu_X-\mu_Y)}{\sqrt{\sigma_X^2+\sigma_Y^2}}\right)^2} .$$

f_S und f_D sind Normalverteilungsdichten. Sind also X und Y voneinander unabhängig normalverteilt mit den Mittelwerten μ_X und μ_Y und den Varianzen σ_X^2 und σ_Y^2, dann sind $X + Y$ und $X - Y$ ebenfalls normalverteilt, und zwar mit den Mittelwerten $\mu_{X+Y} = \mu_X + \mu_Y$ und $\mu_{X-Y} = \mu_X - \mu_Y$ sowie der Varianz $\sigma_{X+Y}^2 = \sigma_{X-Y}^2 = \sigma_X^2 + \sigma_Y^2$.

Summe und Differenz zweier betaverteilter Größen sind jedoch nicht immer betaverteilt und die Differenz zweier gammaverteilter Größen nicht immer gammaverteilt. Um das einzusehen, muss man nur die Wertebereiche betrachten: Betaverteilte Größen haben Werte zwischen 0 und 1, ihre Summe kann aber größer als 1 sein und ihre Differenz kleiner als 0; gammaverteilte Größen sind positiv, ihre Differenz kann aber kleiner oder gleich 0 sein. Wir werden daher zur Untersuchung solcher Summen und Differenzen stets die tatsächlichen Verteilungen der einzelnen Größen durch Normalverteilungen annähern. Dass solche Näherungen möglich sind, haben wir in den Abschn. 3.3.6 und 3.3.7 besprochen.

4.4.3 Erwartungswerte

In den Abschn. 4.4.1 und 4.4.2 haben wir unter anderem gezeigt, dass für zwei poisson- oder zwei normalverteilte Größen der Erwartungswert ihrer Summe gleich der Summe ihrer Erwartungswerte ist. Das gilt allgemein: Für beliebige diskrete oder stetige X und Y ist $E(X + Y) = E(X) + E(Y)$ [42]. Durch vollständige Induktion folgt, dass das auch für drei oder mehr Größen gilt, und zusammen mit (3.72) ergibt sich:

$$E\left(\sum_{i=1}^{n} a_i X_i\right) = \sum_{i=1}^{n} a_i E(X_i) .$$

4.5 Stichprobenparameter

Selbst wenn das einzelne Stichprobenelement univariat verteilt ist, folgt eine Stichprobe vom Umfang $n > 1$ als Ganzes einer multivariaten Verteilung. Wir definieren nun jene Stichprobenparameter, die wir in der Folge häufig verwenden: Mittelwert, Varianz, Standardabweichung und Anteil. Die Parameter scheiben wir in Großbuchstaben, ihre Werte in den entsprechenden Kleinbuchstaben.

Mittelwert, *Varianz* und *Standardabweichung* einer Stichprobe $X_1, \ldots, X_n$ sind definiert durch

$$\overline{X} := \frac{1}{n} \sum_{i=1}^{n} X_i \,,$$

$$S_X^2 := \frac{1}{n} \sum_{i=1}^{n} (X_i - \overline{X})^2 \,,$$

$$S_X := \sqrt{S_X^2} \,.$$

Die Varianz kann ausgedrückt werden als Differenz zwischen dem Mittelwert der Quadrate und dem Quadrat des Mittelwerts, denn

$$\frac{1}{n} \sum_{i=1}^{n} (X_i - \overline{X})^2 = \frac{1}{n} \left(\sum_{i=1}^{n} X_i^{\,2} - 2\overline{X} \sum_{i=1}^{n} X_i + \sum_{i=1}^{n} \overline{X}^{\,2} \right) = \overline{X^{\,2}} - \overline{X}^{\,2} \,.$$

Der *Anteil* von Merkmalsträgern in einer Stichprobe ist der Quotient aus deren Anzahl X und dem Stichprobenumfang n:

$$P_X := \frac{X}{n} \,.$$

4.6 Überblick: Multivariate Verteilungen

Wir fassen zusammen. Dabei sind $\mathbb{R}^+$ die reellen Zahlen größer als 0. Für Wertebereiche von Größen, die (z. B. physikalische) Einheiten haben können, schreiben wir $(-\infty, \infty)$ statt $\mathbb{R}$ etc. $\mathbf{X}$ steht für $(X_1, \ldots, X_n)$ und $\mathbf{x}$ für $(x_1, \ldots, x_n)$. Weiters schreiben wir „v.u." für „voneinander unabhängig". Wahrscheinlichkeitsfunktion und Dichte sind, wo nicht angegeben, gleich 0.

Multivariate diskrete Verteilungen (alle X_i diskret)

$$\text{Wahrscheinlichkeitsfunktion: } f_{\mathbf{X}}(\mathbf{x}) := p(\mathbf{X} = \mathbf{x}) \,. \tag{4.10}$$

$$X_i \text{ sind v.u.} \longleftrightarrow f_{\mathbf{X}}(\mathbf{x}) = \prod_{i=1}^{n} f_{X_i}(x_i) \,. \tag{4.11}$$

$$\text{Bivariat: } f_X(x) = \sum_j f_{(X,Y)}(x, y_j) \text{ und } f_Y(y) = \sum_i f_{(X,Y)}(x_i, y) \,. \tag{4.12}$$

Multivariate stetige Verteilungen (alle X_i stetig)

$$\text{Dichte: } f_{\mathbf{X}}(\mathbf{x}) := \lim_{\forall i : \Delta x_i \to 0} \frac{p(\forall i : x_i \le X_i \le x_i + \Delta x_i)}{\prod_{i=1}^{n} \Delta x_i} \,. \tag{4.13}$$

$$X_i \text{ sind v.u.} \longleftrightarrow f_{\mathbf{X}}(\mathbf{x}) = \prod_{i=1}^{n} f_{X_i}(x_i) \,. \tag{4.14}$$

$$\text{Modus } \dot{\mathbf{x}}: \; f_{\mathbf{X}}(\dot{\mathbf{x}}) \geq f_{\mathbf{X}}(\mathbf{x}) \; \text{ für alle } \mathbf{x}\,. \tag{4.15}$$

$$\text{Bivariat: } f_X(x) = \int_{-\infty}^{\infty} f_{(X,Y)}(x,y)\,dy \; \text{ und } \; f_Y(y) = \int_{-\infty}^{\infty} f_{(X,Y)}(x,y)\,dx\,. \tag{4.16}$$

Normal-Invers-Gammaverteilung:
$(X, Y) \sim NIG(m\,; \lambda\,; a\,; b)$, $m \in (-\infty, \infty)$, $a, \lambda \in \mathbb{R}^+$, $b \in (0, \infty)$

$$\text{Für } x \in (-\infty,\infty),\; y \in (0,\infty) \text{ ist } f_{(X,Y)}(x,y) = \frac{\sqrt{\lambda}\, b^a}{\sqrt{2\pi}\,\Gamma(a)}\, y^{-\left(a+\frac{3}{2}\right)}\, e^{-\frac{2b+\lambda(x-m)^2}{2y}}\,. \tag{4.17}$$

$$\text{Modus: } \begin{pmatrix} \dot{x} \\ \dot{y} \end{pmatrix} = \begin{pmatrix} m \\ \dfrac{b}{a+3/2} \end{pmatrix}. \tag{4.18}$$

$$\sqrt{\frac{a\lambda}{b}}\,(X-m) \sim t\,(2a)\,. \tag{4.19}$$

Funktionen mehrerer Größen

$$\text{Für v.u. poissonverteilte } X_i \text{ ist } \sum_{i=1}^{n} X_i \sim Poi\left(\sum_{i=1}^{n} \lambda_i\right). \tag{4.20}$$

$$\text{Für v.u. normalverteilte } X, Y \text{ ist } X + Y \sim N(\mu_X + \mu_Y\,; \sigma_X^2 + \sigma_Y^2)\,. \tag{4.21}$$

$$\text{Für v.u. normalverteilte } X, Y \text{ ist } X - Y \sim N(\mu_X - \mu_Y\,; \sigma_X^2 + \sigma_Y^2)\,. \tag{4.22}$$

$$\text{Für beliebige } a_i \text{ und } X_i \text{ ist } E\left(\sum_{i=1}^{n} a_i X_i\right) = \sum_{i=1}^{n} a_i E(X_i)\,. \tag{4.23}$$

Stichprobenparameter

Die Definitionen (4.24) bis (4.26) gelten für eine Stichprobe $X_1, \ldots, X_n$, die Definition (4.27) für eine Stichprobe mit X Merkmalsträgern unter n Elementen.

$$\text{Stichprobenmittelwert: } \overline{X} := \frac{1}{n}\sum_{i=1}^{n} X_i\,. \tag{4.24}$$

$$\text{Stichprobenvarianz: } S_X^2 := \frac{1}{n}\sum_{i=1}^{n} (X_i - \overline{X})^2 = \overline{X^2} - \overline{X}^2\,. \tag{4.25}$$

$$\text{Stichprobenstandardabweichung: } S_X := \sqrt{S_X^2}\,. \tag{4.26}$$

$$\text{Stichprobenanteil: } P_X := \frac{X}{n}\,. \tag{4.27}$$

4.7 Beispiele zu den multivariaten Verteilungen

4.7.1 Wohnen in Hamburg

Mit diesem Beispiel illustrieren wir das Konzept der bivariaten Verteilung. Dazu verwenden wir eine Umfrage unter Besuchern dreier Naherholungsgebiete im Raum Hamburg, betreffend die Anzahl der Personen, die in ihrem Haushalt leben, und die Anzahl der Zimmer ihrer Wohnung (Tab. 4.1).

Tab. 4.1 Haushaltsgröße und Zimmeranzahl, absolute Häufigkeiten [66]

	1 Person	2 Personen	3 Personen	4 Personen	Summe
1 Zimmer	12	2	0	3	17
2 Zimmer	59	60	1	1	121
3 Zimmer	44	88	11	43	186
4 Zimmer	14	51	8	45	118
5 Zimmer	2	24	1	30	57
6 Zimmer	0	9	1	13	23
Summe	131	234	22	135	522

Bivariate Verteilung und Randverteilungen

Wählt man aus den 522 erfassten Haushalten einen so, dass jeder mit gleicher Wahrscheinlichkeit gewählt wird, dann wird man nach (2.36) mit Wahrscheinlichkeit $12/522 = 0{,}023$ einen Einpersonenhaushalt in einer Einzimmerwohnung wählen usw. Ist X die Anzahl der Personen und Y die Anzahl der Zimmer, ergibt sich die bivariate diskrete Verteilung gemäß Tab. 4.2 und Abb. 4.2. Die univariaten Verteilungen von X und Y – die Randverteilungen nach (4.12) – sind in der Tabelle am unteren bzw. am rechten Rand und in Abb. 4.3 dargestellt.

Tab. 4.2 Haushaltsgröße X und Zimmeranzahl Y. Innen: Werte $f_{(X,Y)}(x, y)$ der Wahrscheinlichkeitsfunktion der bivariaten diskreten Verteilung für die möglichen Werte von X und Y. Unten: Werte $f_X(x)$ der Randverteilung von X. Rechts: Werte $f_Y(y)$ der Randverteilung von Y

	$X = 1$	$X = 2$	$X = 3$	$X = 4$	$f_Y(y)$
$Y = 1$	0,023	0,004	0,000	0,006	0,033
$Y = 2$	0,113	0,115	0,002	0,002	0,232
$Y = 3$	0,084	0,169	0,021	0,082	0,356
$Y = 4$	0,027	0,098	0,015	0,086	0,226
$Y = 5$	0,004	0,046	0,002	0,057	0,109
$Y = 6$	0,000	0,017	0,002	0,025	0,044
$f_X(x)$	0,251	0,448	0,042	0,259	1,000

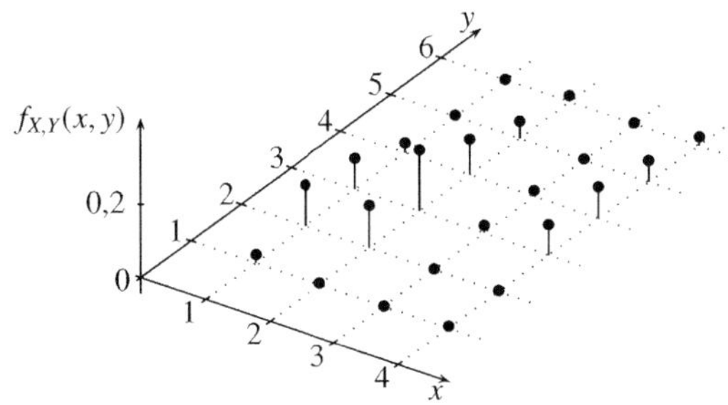

Abb. 4.2 Werte $f_{(X,Y)}(x, y)$ der bivariaten Verteilung aus Tab 4.2

Die Randverteilung von X ergibt sich wie folgt: Wählt man aus den Haushalten einen so, dass jeder mit gleicher Wahrscheinlichkeit gewählt wird, dann wird man mit Wahrscheinlichkeit $131/522 = 0{,}251$ einen Einpersonenhaushalt wählen usw. Analog ergibt sich die Randverteilung von Y dadurch, dass man mit Wahrscheinlichkeit $17/522 = 0{,}033$ einen Haushalt in einer Einzimmerwohnung wählen wird usw. Wie in (4.12) zum Ausdruck kommt, sind die Werte der Randverteilungen auch als Summen über die Werte der bivariaten Verteilung erhältlich.

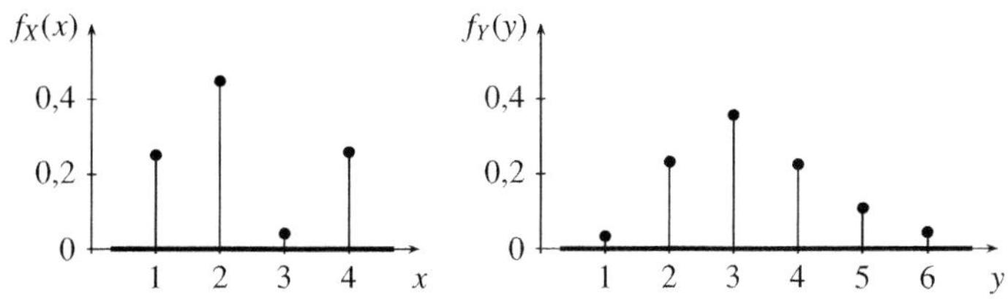

Abb. 4.3 Wahrscheinlichkeitsfunktionen der Randverteilungen aus Tab 4.2

Das Resultat gilt für die 522 Haushalte, deren Daten vorliegen, es ist ein Resultat der *beschreibenden Statistik*. Erst wenn wir auf Basis der Daten Aussagen über die gesamte Wohnsituation im Raum Hamburg treffen wollen, begeben wir uns auf das Gebiet der schließenden Statistik. Aus dieser Sicht werden wir das Beispiel nochmals aufgreifen (Aufg. 14.2).

4.7.2 Die t-Verteilung als Randverteilung der NIG-Verteilung

Ist (X, Y) normal-invers-gammaverteilt mit den Parametern m, λ, a und b, dann folgt $\sqrt{a\lambda/b}\,(X - m)$ einer t-Verteilung mit dem Parameter $f = 2a$ (4.19). Diese Tatsache wollen wir nun begründen. Wir gehen in zwei Schritten vor: Zuerst transformieren wir die NIG-Dichte $f_{(X,Y)}(x, y)$ des Vektors (X, Y) in eine Dichte $f_{(Z,Y)}(z, y)$ mit $Z := \sqrt{a\lambda/b}\,(X - m)$; dann ermitteln wir $f_Z(z)$ als Randdichte von $f_{(Z,Y)}(z, y)$.

Wir setzen also fest:

$$Z := \sqrt{\frac{a\lambda}{b}}\,(X - m)\,;$$

damit ist Z eine streng monotone Funktion g von X mit

$$g^{-1}(z) = m + \sqrt{\frac{b}{a\lambda}}\,z\,.$$

Da Z nur von X und nicht auch von Y abhängt, können wir die Dichtetransformation (3.70) auf den ersten Parameter anwenden:

$$f_{(Z,Y)}(z,y) = f_{(X,Y)}(g^{-1}(z),y)\left|\frac{d}{dz}\,g^{-1}(z)\right|,$$

woraus sich mit (4.17)

$$\begin{aligned} f_{(Z,Y)}(z,y) &= \frac{\sqrt{\lambda}\,b^{a}}{\sqrt{2\pi}\,\Gamma(a)}\,y^{-\left(a+\frac{3}{2}\right)}\,e^{-\frac{2b+\lambda\left(m+\sqrt{\frac{b}{a\lambda}}\,z-m\right)^2}{2y}}\sqrt{\frac{b}{a\lambda}} \\ &= \frac{b^{a+\frac{1}{2}}}{\sqrt{2a\pi}\,\Gamma(a)}\,y^{-\left(a+\frac{3}{2}\right)}\,e^{-\frac{2b+\frac{b}{a}z^2}{2y}} \end{aligned}$$

ergibt. Hier setzen wir $f := 2a$ und erhalten:

$$f_{(Z,Y)}(z,y) = \frac{b^{\frac{f+1}{2}}}{\sqrt{f\pi}\,\Gamma\left(\frac{f}{2}\right)}\,y^{-\frac{f+3}{2}}\,e^{-\left(1+\frac{z^2}{f}\right)\frac{b}{y}}\,.$$

Damit ist der erste Schritt getan.

Nun ermitteln wir $f_Z(z)$ als Randdichte von $f_{(Z,Y)}(z,y)$ gemäß (4.16). Für $y \leq 0$ ist die Dichte gleich 0; deshalb genügt es, über positive y zu integrieren:

$$f_Z(z) = \frac{b^{\frac{f+1}{2}}}{\sqrt{f\pi}\,\Gamma\left(\frac{f}{2}\right)}\int_0^\infty y^{-\frac{f+3}{2}}\,e^{-\left(1+\frac{z^2}{f}\right)\frac{b}{y}}\,dy\,.$$

Die Substitution $u := \left(1+\frac{z^2}{f}\right)\frac{b}{y}$ führt auf

$$f_Z(z) = \frac{1}{\sqrt{f\pi}\,\Gamma\left(\frac{f}{2}\right)}\left(1+\frac{z^2}{f}\right)^{-\frac{f+1}{2}}\int_0^\infty u^{\frac{f+1}{2}-1}\,e^{-u}\,du\,.$$

Das verbleibende Integral ist nach (3.26) gerade $\Gamma\left(\frac{f+1}{2}\right)$, und damit ist

$$f_Z(z) = \frac{\Gamma\left(\frac{f+1}{2}\right)}{\sqrt{f\pi}\,\Gamma\left(\frac{f}{2}\right)}\left(1+\frac{z^2}{f}\right)^{-\frac{f+1}{2}},$$

also die Dichte einer t-Verteilung (3.66).

4.8 Aufgaben zu den multivariaten Verteilungen

Aufg. 4.1 Ein fairer Würfel werde zweimal geworfen. Sei X das Maximum der beiden Augenzahlen und Y das Minimum. Ermitteln Sie die gemeinsame Verteilung von X und Y und die Randverteilungen.

Aufg. 4.2 Seien $X_1, \ldots, X_n$ voneinander unabhängig identisch normalverteilt. Zeigen Sie, dass $\overline{X} := (\sum_{i=1}^n X_i)/n$ normalverteilt ist, und bestimmen Sie μ und σ^2 der Verteilung. Setzen Sie dabei die Ergebnisse der Abschn. 3.6.2 und 4.4.2 voraus.

Likelihood und Fisher-Information 5

Zusammenfassung

Grundlage des bayesschen Schätzens und Testens ist eine Verteilung, die das gesamte Wissen über die betrachtete Größe repräsentiert: die *Posterioriverteilung*. Das Wissen setzt sich oft aus zwei Teilen zusammen: dem, was man aus einer Stichprobe erfährt, und dem, was man unabhängig von der Stichprobe weiß. Die Information aus der Stichprobe wird ausgedrückt durch die *Likelihood*, das andere Wissen durch die *Prioriverteilung*. In diesem Abschnitt betrachten wir die Likelihood und die von ihr abgeleitete *Fisher-Information*, die später auch zum Bilden von Prioriverteilungen dienen wird.

5.1 Die Likelihood

5.1.1 Information aus einer Stichprobe

Wie wahrscheinlich es ist, in einer Stichprobe von 100 Erwachsenen genau 5 Diabetiker zu finden, hängt vom Anteil der Diabetiker in der Gesamtheit aller Erwachsenen ab; wie wahrscheinlich es ist, an einer Stichprobe von Neugeborenen eine mittlere Körpergröße um 52 cm zu messen, hängt von der mittleren Körpergröße in der Gesamtheit aller Neugeborenen ab. Allgemein gesprochen, hängt die Wahrscheinlichkeit für eine bestimmte Stichprobe von einem (skalaren oder vektoriellen) Parameter der Gesamtheit ab, ist also eine Funktion dieses Parameters: die *Likelihood-Funktion* oder kurz *Likelihood*. Diese drückt aus, dass die Stichprobe für gewisse Parameterwerte wahrscheinlicher ist als für andere: Unter 100 Erwachsenen genau 5 Diabetiker zu finden, ist bei einem Diabetikeranteil von 5 % in der Gesamtheit a priori wahrscheinlicher als bei einem von 0,5 % oder von 50 %.

Wenn wir allgemein von einem Verteilungsparameter sprechen, nennen wir diesen Θ und seine Werte θ. Wir beschränken uns zunächst auf skalare Parameter, da für sie die

© Springer-Verlag GmbH Deutschland, ein Teil von Springer Nature 2019

W. Tschirk, *Bayes-Statistik für Human- und Sozialwissenschaften*, Springer-Lehrbuch,
https://doi.org/10.1007/978-3-662-56782-1_5

folgenden Ableitungen einfacher sind als für vektorielle. Die Ergebnisse können auf vektorielle Parameter übertragen werden. Betrachten wir die Likelihood von Θ, wenn eine Stichprobe diskreter Größen $\mathbf{X} := (X_1, \ldots, X_n)$ die Werte $\mathbf{x} := (x_1, \ldots, x_n)$ zeigt. Die a-priori-Wahrscheinlichkeit dieser Beobachtung, abhängig vom Wert θ von Θ, ist die Likelihood

$$L_\Theta(\theta) := f_\mathbf{X}(\mathbf{x} \mid \theta),$$

wobei $f_\mathbf{X}(\mathbf{x} \mid \theta)$ die bedingte Wahrscheinlichkeitsfunktion von $\mathbf{X}$, wenn $\Theta = \theta$ ist, bezeichnet. Den gleichen Ausdruck erhalten wir für die Likelihood von Θ aus einer Stichprobe stetiger X_i , wobei hier $f_\mathbf{X}(\mathbf{x} \mid \theta)$ für die bedingte Dichte von $\mathbf{X}$ steht. Sind die X_i voneinander unabhängig, so ist nach (4.11) ihre gemeinsame Wahrscheinlichkeitsfunktion bzw. nach (4.14) ihre gemeinsame Dichte das Produkt der jeweils einzelnen, und damit

$$L_\Theta(\theta) = \prod_{i=1}^{n} f_{X_i}(x_i \mid \theta). \tag{5.1}$$

Auf der Grundlage dieser Beziehung berechnen wir nun die Likelihood jener Größen, denen wir besondere Aufmerksamkeit widmen: des Anteils Π von Merkmalsträgern in einer Gesamtheit, des Parameters Λ einer Poissonverteilung, des Parameters Λ einer Exponentialverteilung sowie des Mittelwert M (der griechische Großbuchstabe My) und der Varianz Σ^2 einer Normalverteilung.

5.1.2 Likelihood des Anteils

Wir ermitteln die Likelihood des Anteils Π von Merkmalsträgern in einer Gesamtheit auf Basis einer Stichprobe aus n voneinander unabhängigen Elementen, unter denen sich x Merkmalsträger finden. Die Anzahl der Merkmalsträger in einer solchen Stichprobe ist binomialverteilt, und daher ist die Likelihood nach (3.42) und (5.1) gegeben durch

$$L_\Pi(\pi) = \binom{n}{x} \pi^{\,x} (1-\pi)^{n-x}. \tag{5.2}$$

5.1.3 Likelihood des Parameters einer Poissonverteilung

Nehmen wir eine Stichprobe mit Werten $x_1, \ldots, x_n$ voneinander unabhängiger identisch poissonverteilter X_i an. Gemäß (3.45) und (5.1) ist dann die Likelihood des Parameters Λ gleich

$$L_\Lambda(\lambda) = \prod_{i=1}^{n} \frac{\lambda^{x_i}\, e^{-\lambda}}{x_i!},$$

was man mit (4.24) ausdrücken kann als

$$L_\Lambda(\lambda) = \frac{\lambda^{n\overline{x}}\, e^{-n\lambda}}{\prod_{i=1}^{n} x_i!}\,. \tag{5.3}$$

5.1.4 Likelihood des Parameters einer Exponentialverteilung

Gegeben sei nun eine Stichprobe mit Werten $x_1, \ldots, x_n$ voneinander unabhängiger identisch exponentialverteilter X_i. Dann ist die Likelihood des Parameters Λ nach (3.49) und (5.1) gleich

$$L_\Lambda(\lambda) = \prod_{i=1}^{n} \lambda\, e^{-\lambda x_i}\,,$$

was wir aufgrund von (4.24) als

$$L_\Lambda(\lambda) = \lambda^n\, e^{-\lambda n \overline{x}} \tag{5.4}$$

schreiben können.

5.1.5 Likelihood der Parameter einer Normalverteilung

Gegeben sei eine Stichprobe mit Werten $x_1, \ldots, x_n$ voneinander unabhängiger identisch normalverteilter X_i und gesucht die Likelihood von Mittelwert und Varianz dieser Normalverteilung. Wir haben es hier mit einem vektoriellen Parameter (M, Σ^2) zu tun, und deshalb ist die Likelihood eine Funktion zweier Variabler. Mit (3.52) und sinngemäßer Anwendung von (5.1) ergibt sich:

$$\begin{aligned} L_{(\mathrm{M},\Sigma^2)}(\mu,\sigma^2) &= \prod_{i=1}^{n} \frac{1}{\sigma\sqrt{2\pi}}\, e^{-\frac{1}{2}\left(\frac{x_i-\mu}{\sigma}\right)^2} = \frac{1}{\left(\sigma\sqrt{2\pi}\right)^n}\, e^{-\frac{\sum_{i=1}^{n}(x_i-\mu)^2}{2\sigma^2}} \\ &= \frac{1}{\left(\sigma\sqrt{2\pi}\right)^n}\, e^{-\frac{\sum_{i=1}^{n} x_i^2 - 2\mu\sum_{i=1}^{n} x_i + \sum_{i=1}^{n}\mu^2}{2\sigma^2}} = \frac{1}{\left(\sigma\sqrt{2\pi}\right)^n}\, e^{-\frac{\overline{x^2} - 2\overline{x}\mu + \mu^2}{2\sigma^2/n}}\,. \end{aligned}$$

Mit (4.25) ist $\overline{x^2} = s_X^2 + \overline{x}^2$; wegen $\overline{x}^2 - 2\overline{x}\mu + \mu^2 = (\overline{x} - \mu)^2$ folgt:

$$L_{(\mathrm{M},\Sigma^2)}(\mu,\sigma^2) = \frac{1}{\left(\sigma\sqrt{2\pi}\right)^n}\, e^{-\frac{s_X^2 + (\overline{x}-\mu)^2}{2\sigma^2/n}}\,. \tag{5.5}$$

5.2 Die Fisher-Information

5.2.1 Beobachtete und erwartete Fisher-Information

In Abschn. 5.1 haben wir die Likelihood $L_\Theta(\theta)$ definiert als a-priori-Wahrscheinlichkeit (bei Stichproben diskreter Größen) bzw. a-priori-Dichte (bei Stichproben stetiger Größen) der Stichprobe unter der Bedingung, der Parameter Θ der Gesamtheit habe den Wert θ. Ist die Stichprobe a priori für jeden Wert von Θ gleich wahrscheinlich und damit L_Θ konstant, so verrät sie nichts über Θ. Hängt aber L_Θ von θ ab, dann macht die Stichprobe manche Werte von Θ plausibler als andere. Diesen Informationsgehalt einer Stichprobe misst die *Fisher-Information* (Ronald Fisher 1922):

$$I_\Theta(\theta) := -\frac{d^2}{d\theta^2} \ln L_\Theta(\theta)\,. \tag{5.6}$$

Die Likelihood und mit ihr auch die Fisher-Information hängen von den Stichprobendaten ab, daher nennt man $I_\Theta(\theta)$ auch *beobachtete Fisher-Information*. Nicht von der Stichprobe abhängig ist der Erwartungswert der Fisher-Information über alle möglichen Stichproben vom Umfang $n = 1$: die (von einem Einzelwert) *erwartete Fisher-Information*

$$J_\Theta(\theta) := E(I_\Theta(\theta)\,|\,n = 1)\,. \tag{5.7}$$

Die folgende Eigenschaft der erwarteten Fisher-Information wird sich als besonders wichtig herausstellen: Ist Ψ eine streng monotone Funktion g von Θ und $\psi := g(\theta)$, dann ist

$$J_\Psi(\psi) = J_\Theta(\theta)\left(\frac{d}{d\psi}\,g^{-1}(\psi)\right)^2 .$$

Den Beweis finden Sie in [28].

Nun berechnen wir die erwartete Fisher-Information über folgende Parameter: den Anteil Π von Merkmalsträgern in einer Gesamtheit, den Parameter Λ einer Poissonverteilung, den Parameter Λ einer Exponentialverteilung sowie den Mittelwert M und die Varianz Σ^2 einer Normalverteilung.

5.2.2 Fisher-Information über den Anteil

In einer Stichprobe vom Umfang $n = 1$ kann das (einzige) Objekt ein Merkmalsträger sein oder nicht; die Anzahl X der Merkmalsträger in der Stichprobe beträgt also 1 oder 0. Die Wahrscheinlichkeit für x Merkmalsträger in der Stichprobe, wenn der Anteil Π der Merkmalsträger in der Gesamtheit den Wert π hat, also die Likelihood von Π, ist nach (5.2) durch

$$L_\Pi(\pi) = \pi^x (1-\pi)^{1-x}$$

gegeben. Ihr Logarithmus ist

$$\ln L_\Pi(\pi) = x \ln \pi + (1-x) \ln(1-\pi) .$$

Die beobachtete Fisher-Information erhalten wir gemäß (5.6) durch

$$I_\Pi(\pi) = -\frac{d^2}{d\pi^2}(x \ln \pi + (1-x) \ln(1-\pi)) = \frac{x}{\pi^2} + \frac{1-x}{(1-\pi)^2} ,$$

und daraus die erwartete mit (3.43), (4.23) und (5.7):

$$J_\Pi(\pi) = E\left(\frac{X}{\pi^2} + \frac{1-X}{(1-\pi)^2}\right) = \frac{\pi}{\pi^2} + \frac{1-\pi}{(1-\pi)^2} = \frac{1}{\pi(1-\pi)} .$$

5.2.3 Fisher-Information über den Parameter einer Poissonverteilung

Für eine Stichprobe vom Umfang $n = 1$, also einen Wert x, ergibt sich nach (5.3) die Likelihood von Λ,

$$L_\Lambda(\lambda) = \frac{\lambda^x e^{-\lambda}}{x!} ,$$

mit dem Logarithmus

$$\ln L_\Lambda(\lambda) = x \ln \lambda - \lambda - \ln(x!) .$$

Daraus folgen mit (5.6) die beobachtete Fisher-Information

$$I_\Lambda(\lambda) = -\frac{d^2}{d\lambda^2}(x \ln \lambda - \lambda - \ln(x!)) = \frac{x}{\lambda^2}$$

und mit (3.46), (4.23) und (5.7) die erwartete,

$$J_\Lambda(\lambda) = E\left(\frac{X}{\lambda^2}\right) = \frac{\lambda}{\lambda^2} = \frac{1}{\lambda} .$$

5.2.4 Fisher-Information über den Parameter einer Exponentialverteilung

Für eine Stichprobe vom Umfang $n = 1$, also einen Wert x, ergibt sich nach (5.4) die Likelihood von Λ,

$$L_\Lambda(\lambda) = \lambda\, e^{-\lambda x}\,,$$

mit dem Logarithmus

$$\ln L_\Lambda(\lambda) = \ln\lambda - \lambda x\,.$$

Daraus folgt mit (5.6) die beobachtete Fisher-Information

$$I_\Lambda(\lambda) = -\frac{d^2}{d\lambda^2}(\ln\lambda - \lambda x) = \frac{1}{\lambda^2}\,.$$

Da diese nicht vom Stichprobenwert abhängt, ist sie identisch mit der erwarteten.

5.2.5 Fisher-Information über die Parameter einer Normalverteilung

Der Mittelwert einer Stichprobe aus $n = 1$ Wert ist gleich dem Wert selbst (4.24), ihre Varianz ist 0 (4.25). So ergibt sich nach (5.5) die Likelihood von (M, Σ^2),

$$L_{(\mathrm{M},\Sigma^2)}(\mu,\sigma^2) = \frac{1}{\sigma\sqrt{2\pi}}\, e^{-\frac{1}{2}\left(\frac{x-\mu}{\sigma}\right)^2}\,,$$

mit dem Logarithmus

$$\ln L_{(\mathrm{M},\Sigma^2)}(\mu,\sigma^2) = -\ln\left(\sigma\sqrt{2\pi}\right) - \frac{1}{2}\left(\frac{x-\mu}{\sigma}\right)^2\,.$$

Die Likelihood ist hier eine Funktion zweier Variabler; wir müssen in (5.6) partiell ableiten und erhalten die beobachtete Fisher-Information über M:

$$I_{\mathrm{M}}(\mu) = -\frac{\partial^2}{\partial\mu^2}\left(-\ln\left(\sigma\sqrt{2\pi}\right) - \frac{1}{2}\left(\frac{x-\mu}{\sigma}\right)^2\right) = \frac{1}{\sigma^2}\,.$$

Sie hängt nicht vom Stichprobenwert ab und ist daher identisch mit der erwarteten. Die beobachtete Fisher-Information über Σ^2 ist, mit partieller Ableitung in (5.6),

$$I_{\Sigma^2}(\sigma^2) = -\frac{\partial^2}{(\partial\sigma^2)^2}\left(-\ln\left(\sigma\sqrt{2\pi}\right) - \frac{1}{2}\left(\frac{x-\mu}{\sigma}\right)^2\right) = -\frac{1}{2\sigma^4} + \frac{(x-\mu)^2}{\sigma^6}\,.$$

Da nach (3.38), (3.53), (3.54) und (3.71) $E((X-\mu)^2) = \sigma^2$ ist , folgt die erwartete Fisher-Information entsprechend (4.23) und (5.7):

$$J_{\Sigma^2}(\sigma^2) = E\left(-\frac{1}{2\sigma^4} + \frac{(X-\mu)^2}{\sigma^6}\right) = -\frac{1}{2\sigma^4} + \frac{\sigma^2}{\sigma^6} = \frac{1}{2\sigma^4}\,.$$

5.3 Überblick: Likelihood und Fisher-Information

Wir fassen zusammen. Dabei steht $\mathbf{X}$ für eine Stichprobe voneinander unabhängiger $X_1, \ldots, X_n$ mit Werten $\mathbf{x} := (x_1, \ldots, x_n)$, Mittelwert $\overline{x}$ und Varianz s_X^2 bzw. im Fall des Anteils x Merkmalsträgern.

Likelihood

$$\text{Likelihood: } L_\Theta(\theta) := f_{\mathbf{X}}(\mathbf{x} \mid \theta) = \prod_{i=1}^{n} f_{X_i}(x_i \mid \theta)\,. \tag{5.8}$$

$$\text{Likelihood des Anteils: } L_\Pi(\pi) = \binom{n}{x} \pi^x (1-\pi)^{n-x}\,. \tag{5.9}$$

$$\text{Likelihood des Parameters einer Poissonverteilung: } L_\Lambda(\lambda) = \frac{\lambda^{n\overline{x}}\, e^{-n\lambda}}{\prod_{i=1}^{n} x_i!}\,. \tag{5.10}$$

$$\text{Likelihood des Parameters einer Exponentialverteilung: } L_\Lambda(\lambda) = \lambda^n\, e^{-\lambda n \overline{x}}\,. \tag{5.11}$$

Likelihood der Parameter einer Normalverteilung:

$$L_{(\mathrm{M},\Sigma^2)}(\mu, \sigma^2) = \frac{1}{\left(\sigma\sqrt{2\pi}\right)^n}\, e^{-\frac{s_X^2 + (\overline{x}-\mu)^2}{2\sigma^2/n}}\,. \tag{5.12}$$

Fisher-Information

$$\text{Beobachtete Fisher-Information: } I_\Theta(\theta) := -\frac{d^2}{d\theta^2} \ln L_\Theta(\theta)\,. \tag{5.13}$$

$$\text{Erwartete Fisher-Information: } J_\Theta(\theta) := E(I_\Theta(\theta) \mid n = 1)\,. \tag{5.14}$$

$$\text{Für } \Psi = g(\Theta) \text{ mit streng monotonem } g \text{ gilt: } J_\Psi(\psi) = J_\Theta(\theta) \left(\frac{d}{d\psi}\, g^{-1}(\psi)\right)^2. \tag{5.15}$$

$$\text{Für den Anteil ist } J_\Pi(\pi) = \frac{1}{\pi(1-\pi)}\,. \tag{5.16}$$

$$\text{Für den Parameter einer Poissonverteilung ist } J_\Lambda(\lambda) = \frac{1}{\lambda}\,. \tag{5.17}$$

$$\text{Für den Parameter einer Exponentialverteilung ist } J_\Lambda(\lambda) = \frac{1}{\lambda^2}\,. \tag{5.18}$$

$$\text{Für den Mittelwert einer Normalverteilung ist } J_\mathrm{M}(\mu) = \frac{1}{\sigma^2}\,. \tag{5.19}$$

$$\text{Für die Varianz einer Normalverteilung ist } J_{\Sigma^2}(\sigma^2) = \frac{1}{2\sigma^4}\,. \tag{5.20}$$

5.4 Beispiele zu Likelihood und Fisher-Information

5.4.1 Die Maximum-Likelihood-Methode

Wie wahrscheinlich es ist, in einer Stichprobe von 100 Erwachsenen genau 5 Diabetiker zu finden, hängt vom Anteil Π der Diabetiker in der Gesamtheit aller Erwachsenen ab. Beträgt dieser beispielsweise 1 %, dann hat die Beobachtung nach (3.42) eine a-priori-Wahrscheinlichkeit von

$$\binom{100}{5} \cdot 0{,}01^5 \cdot 0{,}99^{95} = 0{,}0029\,;$$

das ist gemäß (5.9) der Wert $L_\Pi(0{,}01)$ der Likelihood des Anteils. Führt man diese Berechnung für mehrere Anteilswerte durch, ergibt sich die in Abb. 5.1 dargestellte Likelihoodfunktion.

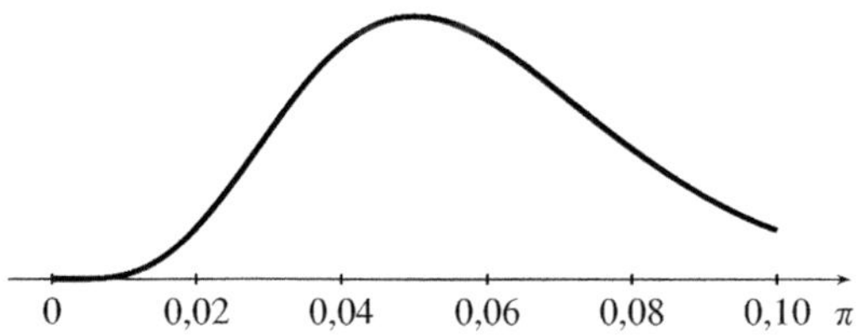

Abb. 5.1 Likelihood des Diabetikeranteils bei 5 Diabetikern unter 100 Probanden

Abb. 5.1 lässt vermuten (und wenn man nachrechnet, findet man, dass es so ist), dass eine Stichprobe mit 5 Diabetikern unter 100 Probanden, also einem Diabetikeranteil von 5 %, a priori dann am wahrscheinlichsten ist, wenn der Anteil in der Gesamtheit ebenfalls 5 % beträgt. Es liegt nahe, die Likelihood zur Schätzung des in Frage stehenden Parameters der Gesamtheit zu verwenden: Man schätzt ihn gerade so groß, dass die Beobachtung, die man an der Stichprobe gemacht hat, a priori so wahrscheinlich wie möglich wird, dass also die Likelihood am Schätzwert ein Maximum annimmt. Das ist die *Maximum-Likelihood-Methode* der klassischen Statistik.

Maximum-Likelihood-Schätzung des Anteils
Wir schätzen nun nach dieser Methode den Anteil Π von Merkmalsträgern in einer Gesamtheit, von der wir eine Stichprobe der Größe n mit x Merkmalsträgern haben. Der Schätzwert $\hat{\pi}$ von Π soll so beschaffen sein, dass die Likelihood

$$L_\Pi(\pi) = \binom{n}{x} \pi^x (1-\pi)^{n-x}$$

(5.9) ein Maximum annimmt. Für $x = 0$ ist $L_\Pi(\pi) = (1-\pi)^n$ und wird mit $\hat{\pi} = 0$ maximal. Für $x = n$ ist $L_\Pi(\pi) = \pi^n$, also mit $\hat{\pi} = 1$ maximal. Für $0 < x < n$

vereinfachen wir die Rechnung, indem wir statt der Likelihood deren Logarithmus maximieren (das führt zum gleichen Ergebnis, denn wo der Logarithmus einer Funktion ein Maximum hat, dort hat auch die Funktion selbst ein Maximum, und umgekehrt):

$$\ln L_{\Pi}(\pi) = \ln \binom{n}{x} + x \ln \pi + (n - x) \ln(1 - \pi)$$

soll maximal werden. Dazu muss $d \ln L_{\Pi} / d\pi = 0$ sein:

$$\frac{d}{d\pi} \left(\ln \binom{n}{x} + x \ln \pi + (n - x) \ln(1 - \pi) \right) = \frac{x}{\pi} - \frac{n - x}{1 - \pi} = 0 ,$$

und daraus folgt:

$$\hat{\pi} = \frac{x}{n} .$$

Für diese Lösung ist $d^2 \ln L_{\Pi} / d\pi^2 < 0$, und daher beschreibt sie ein Maximum von $L_{\Pi}(\pi)$. Am wahrscheinlichsten findet man x Merkmalsträger unter n Stichprobenelementen also dann, wenn der Anteil der Merkmalsträger in der Gesamtheit gleich dem Anteil x/n der Merkmalsträger in der Stichprobe ist. Damit ist der Anteil in der Stichprobe die Maximum-Likelihood-Schätzung für den Anteil in der Gesamtheit.

5.4.2 Erwartete Fisher-Information über Mittelwerte

Die von einem Einzelwert erwartete Fisher-Information ist ein Maß dafür, wie viel ein einzelner Stichprobenwert über einen Parameter auszusagen verspricht. Wir untersuchen nun, wie viel Information über den Mittelwert einer Verteilung man von einem einzelnen Stichprobenwert erwarten kann und wovon diese Informationsmenge abhängt.

Die Information über den Mittelwert hängt von der Varianz ab
Wie lang Fußballspiele durchschnittlich dauern, kann man recht gut schätzen, wenn man die Dauer eines einzigen Spiels misst, denn die Werte variieren von Spiel zu Spiel nur um wenige Minuten. Wie lang Tennisspiele durchschnittlich dauern, darüber sagt eine einzelne Messung wenig, denn hier überspannen die typischen Werte einen Bereich von mehreren Stunden. Allgemein betrachtet, kann man von einem Einzelwert umso mehr Information über den Mittelwert erwarten, je kleiner die Varianz der Verteilung ist, denn Werte aus schmalen Verteilungen liegen typisch näher beim Mittelwert als Werte aus breiten (Abb. 5.2).

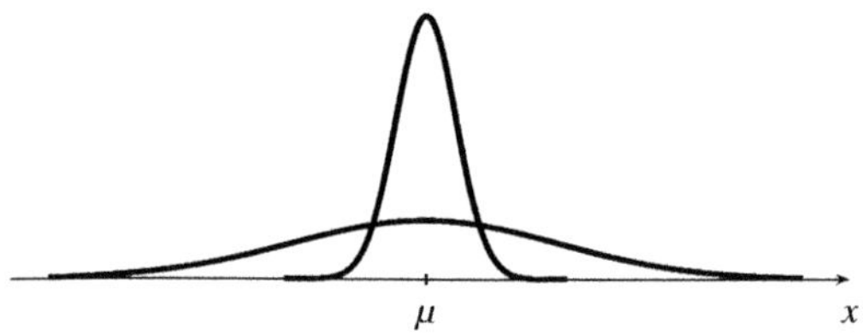

Abb. 5.2 Werte aus Verteilungen mit kleiner Varianz (*schmal*) liegen typisch näher am Mittelwert als Werte aus Verteilungen mit großer Varianz (*breit*)

Diesen Zusammenhang untersuchen wir nun beispielhaft für Poisson- und Normalverteilung und werden ihn beide Male dadurch bestätigt finden, dass die erwartete Fisher-Information über den Mittelwert gleich dem Kehrwert der Varianz ist: $J_{\mathrm{M}_X}(\mu_X) = 1/\sigma_X^2$.

Erwartete Fisher-Information über den Mittelwert einer Poissonverteilung
Gemäß (5.17) ist die erwartete Fisher-Information über den Parameter einer Poissonverteilung gegeben durch

$$J_\Lambda(\lambda) = \frac{1}{\lambda}\,.$$

Da $\mu_X = \lambda$ (3.46) und $\sigma_X^2 = \lambda$ (3.47), ist das bereits die behauptete Beziehung.

Erwartete Fisher-Information über den Mittelwert einer Normalverteilung
Für die Normalverteilung gilt entsprechend (5.19):

$$J_{\mathrm{M}}(\mu) = \frac{1}{\sigma^2}\,.$$

Da $\mu_X = \mu$ (3.53) und $\sigma_X^2 = \sigma^2$ (3.54), ist das wieder die behauptete Beziehung.

5.5 Aufgaben zu Likelihood und Fisher-Information

Aufg. 5.1 Bestimmen Sie die Maximum-Likelihood-Schätzung des Parameters einer Exponentialverteilung aus einer Stichprobe mit den Werten $x_1, \ldots, x_n$.

Aufg. 5.2 Die von einer Stichprobe erwartete Fisher-Information, $E(I_\Theta(\theta))$, ist proportional zur Stichprobengröße. Zeigen Sie das für den Parameter einer Poissonverteilung.

Die Prioriverteilung 6

Zusammenfassung

Die Prioriverteilung einer Größe enthält, was man ohne Kenntnis der Stichprobe über den Wert der Größe weiß. Im Extremfall weiß man gar nichts; eine Prioriverteilung, die Unwissen ausdrückt, nennt man *nichtinformativ*. Prioriverteilungen, in denen Wissen über den Wert steckt, heißen *informativ*. In diesem Kapitel besprechen wir, wie man nichtinformative und informative Prioriverteilungen der uns interessierenden Parameter festlegt.

6.1 Konjugierte Prioriverteilungen

In Kap. 7 werden wir Prioriverteilung und Likelihood zur Posterioriverteilung kombinieren, die die gesamte Information über den betrachteten Parameter verkörpert. Das wird rechnerisch einfach, wenn die Prioriverteilung in passender Beziehung zur Stichprobe und damit zur Likelihood steht: Sind die Stichprobendaten binomialverteilt, ist es günstig, wenn die Prioriverteilung des Anteils eine Betaverteilung ist, denn dann ist die Posterioriverteilung des Anteils, ebenfalls eine Betaverteilung, leicht zu ermitteln. Entstammen sie einer Poisson- oder einer Exponentialverteilung, ist eine Gamma-Priori des jeweiligen Parameters günstig und führt zu einer Gamma-Posteriori dieses Parameters. Und entstammen sie einer Normalverteilung, führt eine NIG-Priori ihrer beiden Parameter auf kurzem Weg zu einer NIG-Posteriori derselben. Man spricht hier von *konjugierten* Prioriverteilungen. Ist die Prioriverteilung nicht zur Likelihood konjugiert, erhält man die entstehenden Posterioriverteilungen oft nur mit numerischen Verfahren. Wir werden daher stets eine konjugierte Priori wählen.

© Springer-Verlag GmbH Deutschland, ein Teil von Springer Nature 2019

W. Tschirk, *Bayes-Statistik für Human- und Sozialwissenschaften*, Springer-Lehrbuch,
https://doi.org/10.1007/978-3-662-56782-1_6

6.2 Jeffreys' nichtinformative Prioriverteilungen

Weiß man nichts über einen Parameter Θ, dann könnte man jedem möglichen Wert von Θ die gleiche Plausibilität, also die gleiche Dichte einräumen. Damit käme man zu einer uniformen Prioriverteilung mit der Dichte

$$f_\Theta(\theta) = \text{const}\,.$$

Diese Wahl erzeugt aber einen Widerspruch, wie folgendes Beispiel zeigt: Es wird ein neues Virus entdeckt und wir wollen herausfinden, welcher Anteil Π aller Menschen es in sich trägt. Von vornherein wissen wir nichts über diesen Anteil; es könnte sein, dass niemand das Virus trägt und $\Pi = 0$ ist, es könnte sein, dass alle es tragen und $\Pi = 1$ ist, und ebensogut könnte Π jeden Wert dazwischen annehmen. Wir wählen daher für den Anteil eine uniforme Prioriverteilung auf dem Intervall $[0, 1]$. Wenn wir aber nichts über den Anteil wissen, dann wissen wir auch nichts über das Verhältnis zwischen der Anzahl der Virusträger und der Anzahl der Nichtträger. Also wählen wir auch für dieses Verhältnis eine uniforme Prioriverteilung über alle Werte, die es annehmen kann. Nun sind wir aber zu einem Widerspruch gelangt, denn es können nicht *beide* Größen uniform verteilt sein. Aus der uniformen Verteilung des Anteils folgt nämlich nach (3.70) eine nichtuniforme Verteilung des Verhältnisses und umgekehrt. Dieses Problem tritt immer dann auf, wenn man über zwei oder mehr Größen nichts weiß und nicht alle zugleich uniform verteilt sein können: Anteil und Verhältnis, Geschwindigkeit und Bewegungsenergie, Herzschlagfrequenz und Zeitabstand zwischen zwei Herzschlägen.

Unwissen kann also nicht grundsätzlich durch eine uniforme Verteilung dargestellt werden, denn meist kann höchstens *eine* der unbekannten Größen gleichverteilt sein. Eine nichtinformative Verteilung, also eine, die Unwissen ausdrückt, muss aber unabhängig davon sein, in welchen Begriffen man das Unwissen beschreibt. Zumindest müssen nichtinformative Verteilungen skalenunabhängig sein, d. h. invariant gegenüber streng monotonen Transformationen des Parameters. 1946 fand Jeffreys Verteilungen mit dieser Eigenschaft; sie heißen heute *Jeffreys' Priors*. Jeffreys' Dichte ist proportional zur Wurzel aus der erwarteten Fisher-Information über den betreffenden Parameter:

$$f_\Theta(\theta) \propto \sqrt{J_\Theta(\theta)}\,. \tag{6.1}$$

Dass dies zur gewünschten Invarianz führt, sieht man wie folgt: Ist Θ jeffreysverteilt und $\Psi = g(\Theta)$ mit streng monotonem g, gilt mit (3.70), (5.15) und (6.1):

$$\begin{aligned} f_\Psi(\psi) &= f_\Theta(g^{-1}(\psi)) \left| \frac{d}{d\psi}\, g^{-1}(\psi) \right| = f_\Theta(\theta) \left| \frac{d}{d\psi}\, g^{-1}(\psi) \right| \\ &\propto \sqrt{J_\Theta(\theta)} \left| \frac{d}{d\psi}\, g^{-1}(\psi) \right| = \sqrt{J_\Theta(\theta) \left(\frac{d}{d\psi}\, g^{-1}(\psi) \right)^2} = \sqrt{J_\Psi(\psi)}\,. \end{aligned}$$

Wählt man also die Dichte von Θ gemäß (6.1) und transformiert sie nach (3.70) in eine Dichte von Ψ, erhält man dasselbe, wie wenn man die Dichte von Ψ gemäß (6.1) wählt. Jeffreys' Dichten sind durch (6.1) nur bis auf Proportionalitätskonstante festgelegt. Mehr braucht man auch nicht; denn da ein Dichteintegral stets gleich 1 ist (3.36), ergeben sich diese Konstanten von selbst.

Neben Jeffreys' Ansatz gibt es auch andere Vorschläge zur Wahl nichtinformativer Prioriverteilungen, speziell für vektorielle Parameter [28, 52]. Wir gehen aber Jeffreys' Weg, da er stets zu skalenunabhängigen Wahrscheinlichkeiten führt und diese notwendig sind für die logische Konsistenz der schließenden Statistik.

Im Folgenden berechnen wir Jeffreys' Priors für den Anteil Π von Merkmalsträgern in einer Gesamtheit, für den Parameter Λ einer Poissonverteilung, den Parameter Λ einer Exponentialverteilung sowie den vektoriellen Parameter (M, Σ^2) einer Normalverteilung.

6.2.1 Jeffreys' Prior des Anteils

Aus der erwarteten Fisher-Information über den Anteil von Merkmalsträgern in einer Gesamtheit (5.16) ergibt sich entsprechend (6.1) die nichtinformative Prioridichte

$$f_\Pi(\pi) \propto \frac{1}{\sqrt{\pi(1-\pi)}}. \tag{6.2}$$

Abb. 6.1 Jeffreys' Prior des Anteils

In einer repräsentativen Stichprobe ist die Anzahl der Merkmalsträger binomialverteilt. In Abschn. 6.1 haben wir gesagt, dass dann eine Beta-Prioriverteilung insofern günstig wäre, als sie zu einfachen Rechnungen führt. Nun beschreibt (6.2) tatsächlich eine $Beta(0{,}5\,;0{,}5)$ -Verteilung; denn nach (3.56) gilt für einen so verteilten Anteil:

$$f_\Pi(\pi) \propto \pi^{0{,}5-1}(1-\pi)^{0{,}5-1} = \pi^{-0{,}5}(1-\pi)^{-0{,}5} = \frac{1}{\sqrt{\pi(1-\pi)}}.$$

Jeffreys' Prior des Anteils ist also zur Likelihood konjugiert, und diese Eigenschaft werden wir auch bei den folgenden Priors finden.

6.2.2 Jeffreys' Prior des Parameters einer Poissonverteilung

Aus der erwarteten Fisher-Information über den Parameter einer Poissonverteilung entsprechend (5.17) folgt nach (6.1) Jeffreys' Prioridichte

$$f_\Lambda(\lambda) \propto \frac{1}{\sqrt{\lambda}} \,. \tag{6.3}$$

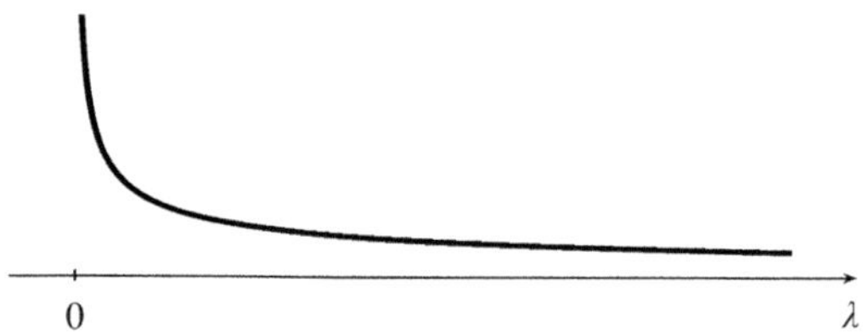

Abb. 6.2 Jeffreys' Prior des Parameters einer Poissonverteilung

Entstammt die Stichprobe einer Poissonverteilung, ist die konjugierte Priori eine Gammaverteilung. Tatsächlich ist (6.3) eine $Gamma(0{,}5\,;0)$ -Verteilung, denn mit (3.61) gilt für ein so verteiltes Λ:

$$f_\Lambda(\lambda) \propto \lambda^{0{,}5-1}\, e^{-0\cdot\lambda} = \lambda^{-0{,}5} \cdot 1 = \frac{1}{\sqrt{\lambda}} \,.$$

Nun sind beide Parameter einer Gammaverteilung größer als 0, also gibt es gar keine $Gamma(0{,}5\,;0)$ -Verteilung. Zudem wäre, unabhängig von der Proportionalitätskonstanten in (6.3), das Integral der Dichte über den gesamten Wertebereich unendlich:

$$\int_0^\infty \frac{1}{\sqrt{\lambda}}\, d\lambda = \infty \,;$$

und das bedeutet, dass ein f_Λ nach (6.3) keine Dichte sein kann, denn das Integral einer Dichte ist stets gleich 1. Man spricht hier von einer *uneigentlichen* Prioriverteilung. Das Problem ist aber kleiner, als es scheint. Denn erstens sind uneigentliche Prioriverteilungen Grenzfälle gewöhnlicher Verteilungen, zweitens führen sie zu *eigentlichen* Posterioriverteilungen, also zu solchen mit zulässigen Parameterwerten und Dichteintegralen, und drittens kann man sich den Grenzübergang von der eigentlichen zur uneigentlichen Prioriverteilung so durchgeführt denken, dass die uneigentliche Verteilung nie in die Rechnung eingeht.

6.2.3 Jeffreys' Prior des Parameters einer Exponentialverteilung

Aus der erwarteten Fisher-Information über den Parameter einer Exponentialverteilung nach (5.18) folgt mit (6.1) Jeffreys' Prior

$$f_\Lambda(\lambda) \propto \frac{1}{\lambda}. \tag{6.4}$$

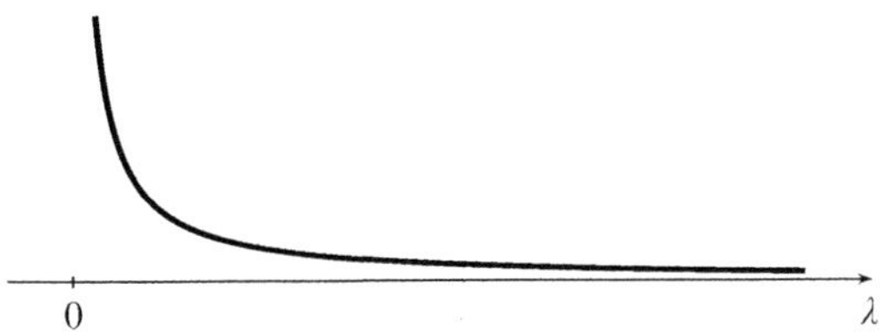

Abb. 6.3 Jeffreys' Prior des Parameters einer Exponentialverteilung

Entstammt die Stichprobe einer Exponentialverteilung, ist eine Gamma-Priori konjugiert. Nach (3.61) gilt mit $a = b = 0$:

$$f_\Lambda(\lambda) \propto \lambda^{0-1}\, e^{-0\cdot\lambda} = \lambda^{-1} \cdot 1 = \frac{1}{\lambda};$$

damit handelt es sich bei (6.4) um eine $Gamma(0\,;0)$ -Verteilung. Diese existiert wiederum nur als Grenzwert, da beide Parameter einer Gammaverteilung größer als 0 sind, und ist zugleich eine uneigentliche Verteilung.

6.2.4 Jeffreys' Prior der Parameter einer Normalverteilung

Sind M und Σ^2 unbekannt, braucht man eine Prioriverteilung beider zugleich, also des Vektors (M, Σ^2). Jeffreys' Priors haben wir für skalare Parameter allgemein beschrieben; für vektorielle beschränken wir uns auf den vorliegenden Fall.

Die erwartete Fisher-Information über den Vektor (M, Σ^2) ist eine Matrix,

$$J_{(\mathrm{M},\Sigma^2)}(\mu, \sigma^2) = \begin{pmatrix} J_\mathrm{M}(\mu) & 0 \\ 0 & J_{\Sigma^2}(\sigma^2) \end{pmatrix},$$

und Jeffreys' Prior proportional zur Wurzel aus deren Determinante:

$$f_{(\mathrm{M},\Sigma^2)}(\mu, \sigma^2) \propto \sqrt{J_\mathrm{M}(\mu)\, J_{\Sigma^2}(\sigma^2)}$$

[28]. Daraus ergibt sich mit (5.19) und (5.20) Jeffreys' Prior:

$$f_{(\mathrm{M},\Sigma^2)}(\mu, \sigma^2) \propto \frac{1}{\sigma^3}. \tag{6.5}$$

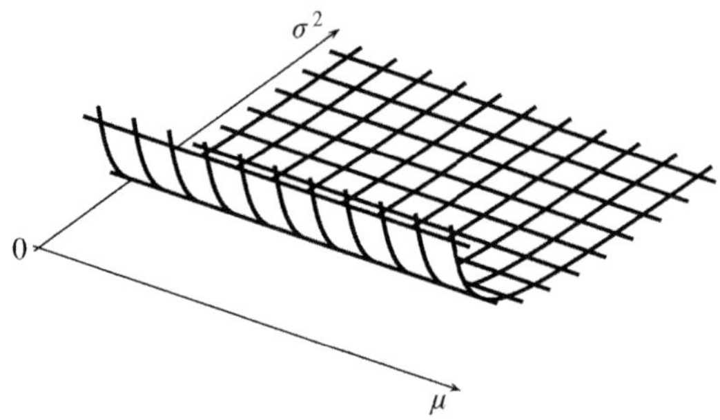

Abb. 6.4 Jeffreys' Prior von Mittelwert und Varianz einer Normalverteilung

Entstammt die Stichprobe einer Normalverteilung, ist die konjugierte Priori eine NIG-Verteilung. (6.5) ist eine solche; denn nach (4.17) gilt mit $m, \lambda, a, b = 0$:

$$f_{(\mathrm{M},\Sigma^2)}(\mu, \sigma^2) \propto (\sigma^2)^{-\left(0+\frac{3}{2}\right)} e^{-\frac{2\cdot 0+0\cdot(\mu-0)^2}{2\sigma^2}} = \sigma^{-3} \cdot 1 = \frac{1}{\sigma^3}.$$

Da λ, a und b einer NIG-Verteilung größer als 0 sind, existiert $NIG(0\,;0\,;0\,;0)$ wieder nur als Grenzwert, und zudem ist die Verteilung eine uneigentliche.

6.2.5 Jeffreys' Priors und das Indifferenzprinzip

Wir haben festgestellt, dass Unwissen nicht grundsätzlich durch eine uniforme Prioriverteilung ausgedrückt werden kann. Jeffreys' Priors sind im Allgemeinen nicht uniform, sondern gestehen manchen Wertebereichen höhere Wahrscheinlichkeiten zu als anderen, gleich großen. Nun schreibt aber das Indifferenzprinzip bei Unwissen Gleichverteilungen vor. Deshalb müssen Jeffreys' Priors Wissen verkörpern, und das tun sie auch; wenn wir sie als nichtinformativ bezeichnen, so meinen wir nur, dass sie kein Erfahrungswissen über den Wert des in Frage stehenden Parameters enthalten, dass also kein empirischer Grund einen Wertebereich gegenüber einem anderen auszeichnet. Es kann aber logische Gründe geben, die das tun: Ein Merkmal plausiblen Schließens ist es, dass alle Wege, auf die Plausibilität einer Behauptung zu schließen, zum selben Resultat führen, also die Eigenschaft (IIIa) aus Abschn. 2.3.1. Schlüsse mit Jeffreys' Priors haben diese Eigenschaft, weil sie skalenunabhängig sind, Schlüsse mit Gleichverteilungen haben sie nicht.

6.3 Informative Prioriverteilungen

In Abschn. 6.2 haben wir gezeigt, wie man *Unwissen* durch *nichtinformative* Verteilungen ausdrücken kann. Nun fragen wir, wie man *Wissen* durch *informative* Verteilungen ausdrückt. Eine solche sollte das Vorwissen enthalten, und zwar in einer Weise, die nicht von der handelnden Person abhängt: Wenn zwei Personen denselben Wissensstand haben, dann sollten sie auch zur selben Prioriverteilung kommen. Dazu müsste es aber gelingen, aus der Vorinformation eine Verteilung zu *berechnen*, und das ist so gut wie unmöglich: Wer schätzen möchte, welcher Anteil der Österreicher schon einmal Kokain genommen hat, dessen Vorwissen besteht aus allem, was er bislang dazu gesehen, gehört oder gelesen hat. Selbst wenn es eine genaue Beschreibung aller dieser Informationen gäbe, wüsste niemand, wie daraus auf eindeutige Weise eine Prioriverteilung abzuleiten wäre. Wir müssen uns mit einer groben Wiedergabe des Vorwissens begnügen und haben niemals *die*, sondern immer nur *eine* Prioriverteilung; eine, die das Vorwissen ungefähr repräsentiert. Im Folgenden beschränken wir uns auf konjugierte Verteilungen.

Wie wählt man die Parameter der Prioriverteilung so, dass diese das Vorwissen möglichst gut wiedergibt? In der Literatur findet man verschiedene Verfahren, die oft spezifisch für gewisse Verteilungen sind [6, 28, 49, 52]. Wir schlagen nun eine Methode vor, die sich auf alle Verteilungen anwenden lässt, die durch Parameter beschrieben werden und *einen* Modus haben. Sie besteht aus zwei Schritten:

Im ersten Schritt wählen wir ausreichend viele Kennwerte der Prioriverteilung. Zuerst den Modus: jenen Wert der zu untersuchenden Größe, den wir unserem Vorwissen zufolge für den plausibelsten halten (genauer: dem wir die höchste Dichte zuschreiben). So erhalten wir bei univariater Verteilung *eine* Gleichung für die gesuchten Parameter, bei bivariater *zwei* usw. Hat die Prioriverteilung gerade so viele Parameter, wie wir nun Gleichungen haben, ist der erste Schritt getan. Hat sie mehr, dann wählen wir genügend viele Vergleichswerte, die wir gerade noch für möglich halten. Beispielsweise könnte man nach Lektüre von [11] eine Lebenszeitprävalenz des Kokaingebrauchs um 2 % für die plausibelste halten, eine um 10 % gerade noch für möglich. Im zweiten Schritt berechnen wir aus den gewählten Kennwerten die Parameter der Prioriverteilung (die wir mit einem Strich: a', b' usw. kennzeichnen). Die nötigen Formeln sind für Beta-, Gamma- und NIG-Verteilung in den Abschn. 6.3.1 bis 6.3.3 abgeleitet. Dabei bezeichnen wir betaverteilte Größen mit Π, weil wir die Beta-Prioriverteilung nur für Anteile verwenden; gammaverteilte mit Λ, weil wir die Gamma-Prioriverteilung nur für die Parameter von Poisson- und Exponentialverteilung heranziehen; und NIG-verteilte Vektoren mit (M, Σ^2), weil die NIG-Prioriverteilung unsere Wahl für Mittelwert und Varianz der Normalverteilung ist. Den „gerade noch möglichen“ Vergleichswerten schreiben wir ein Prozent der Dichte des Modus zu. Darin liegt einige Willkür, man könnte auch ein Promille oder einen anderen kleinen Wert wählen; doch die genaue Wahl dieses Dichteverhältnisses beeinflusst die resultierende Verteilung nicht wesentlich.

6.3.1 Beta-Priori des Anteils

Aus dem Modus $\check{\pi}$ und einem vom Modus und von 0 und 1 verschiedenen Vergleichswert π_v mit 1 % der Dichte des Modus berechnen wir a' und b'. Es gibt drei Fälle:

Fall 1: $0 < \dot{\pi} < 1$. Aus (3.56) und (3.60) folgt:

$$\dot{\pi} = \frac{a'-1}{a'+b'-2},$$

$$0{,}01 = \frac{f_\Pi(\pi_v)}{f_\Pi(\dot{\pi})} = \frac{\frac{1}{\mathrm{B}(a',b')}\pi_v^{a'-1}(1-\pi_v)^{b'-1}}{\frac{1}{\mathrm{B}(a',b')}\dot{\pi}^{a'-1}(1-\dot{\pi})^{b'-1}} = \left(\frac{\pi_v}{\dot{\pi}}\right)^{a'-1}\left(\frac{1-\pi_v}{1-\dot{\pi}}\right)^{b'-1};$$

damit haben wir ein Gleichungssystem für a' und b' mit der Lösung

$$a' = \frac{\ln 0{,}01}{\ln\frac{\pi_v}{\dot{\pi}} + \frac{1-\dot{\pi}}{\dot{\pi}}\ln\frac{1-\pi_v}{1-\dot{\pi}}} + 1,$$

$$b' = \frac{\ln 0{,}01}{\ln\frac{1-\pi_v}{1-\dot{\pi}} + \frac{\dot{\pi}}{1-\dot{\pi}}\ln\frac{\pi_v}{\dot{\pi}}} + 1.$$

Fall 2: $\dot{\pi} = 0$. Nach (3.57) ist $f_\Pi(0)$ nicht definiert. Aus den Ergebnissen von Fall 1 ergibt sich aber für $\dot{\pi} \to 0$:

$$a' = 1,$$

$$b' = \frac{\ln 0{,}01}{\ln(1-\pi_v)} + 1.$$

Fall 3: $\dot{\pi} = 1$. Nach (3.57) ist $f_\Pi(1)$ nicht definiert. Aus den Ergebnissen von Fall 1 folgt aber für $\dot{\pi} \to 1$:

$$a' = \frac{\ln 0{,}01}{\ln \pi_v} + 1,$$

$$b' = 1.$$

6.3.2 Gamma-Priori des Parameters einer Poisson- bzw. einer Exponentialverteilung

Aus dem Modus $\dot{\lambda}$ und einem vom Modus und von 0 verschiedenen Vergleichswert λ_v mit 1 % der Dichte des Modus berechnen wir a' und b'. Es gibt zwei Fälle:

Fall 1: $\dot{\lambda} > 0$. Aus (3.61) und (3.65) folgt:

$$\dot{\lambda} = \frac{a' - 1}{b'},$$

$$0{,}01 = \frac{f_\Lambda(\lambda_v)}{f_\Lambda(\dot{\lambda})} = \frac{\dfrac{(b')^{a'}}{\Gamma(a')}\, \lambda_v^{a'-1}\, e^{-b'\lambda_v}}{\dfrac{(b')^{a'}}{\Gamma(a')}\, \dot{\lambda}^{a'-1}\, e^{-b'\dot{\lambda}}} = \left(\frac{\lambda_v}{\dot{\lambda}}\right)^{a'-1} e^{-b'(\lambda_v - \dot{\lambda})},$$

und damit ergeben sich die Parameter

$$a' = \frac{\ln 0{,}01}{\ln \dfrac{\lambda_v}{\dot{\lambda}} - \dfrac{\lambda_v}{\dot{\lambda}} + 1} + 1,$$

$$b' = \frac{\ln 0{,}01}{\ln \dfrac{\lambda_v}{\dot{\lambda}} - \dfrac{\lambda_v}{\dot{\lambda}} + 1} \, \frac{1}{\dot{\lambda}}.$$

Fall 2: $\dot{\lambda} = 0$. Nach (3.62) ist $f_\Lambda(0)$ nicht definiert. Aus den Ergebnissen von Fall 1 ergibt sich aber für $\dot{\lambda} \to 0$:

$$a' = 1,$$

$$b' = -\frac{\ln 0{,}01}{\lambda_v}.$$

6.3.3 NIG-Priori der Parameter einer Normalverteilung

Zuerst berechnen wir aus dem Modus $(\dot{\mu}, \dot{\sigma}^2)$ und zwei vom Modus und voneinander verschiedenen Vergleichsvektoren $(\mu_v, \dot{\sigma}^2)$ und $(\dot{\mu}, \sigma_v^2)$ mit jeweils 1 % der Dichte des Modus die Parameter m', λ', a' und b'. Die Vergleichsvektoren sind so gewählt, dass sie jeweils eine Komponente mit dem Modus gemeinsam haben, $\dot{\sigma}^2$ und σ_v^2 sind größer als 0. Dann bringen wir eine (optionale) Modifikation an, um das Verfahren leichter anwendbar zu machen.

Aus (4.18) ergibt sich zunächst

$$m' = \dot{\mu}.$$

Damit und mit (4.17) erhalten wir für das erste Dichteverhältnis:

$$0{,}01 = \frac{f_{(\mathrm{M},\Sigma^2)}(\mu_v, \dot{\sigma}^2)}{f_{(\mathrm{M},\Sigma^2)}(\dot{\mu}, \dot{\sigma}^2)} = \frac{\dfrac{\sqrt{\lambda'}\,(b')^{a'}}{\sqrt{2\pi}\,\Gamma(a')} (\dot{\sigma}^2)^{-\left(a'+\frac{3}{2}\right)} e^{-\frac{2b' + \lambda'(\mu_v - \dot{\mu})^2}{2\dot{\sigma}^2}}}{\dfrac{\sqrt{\lambda'}\,(b')^{a'}}{\sqrt{2\pi}\,\Gamma(a')} (\dot{\sigma}^2)^{-\left(a'+\frac{3}{2}\right)} e^{-\frac{2b' + \lambda'(\dot{\mu} - \dot{\mu})^2}{2\dot{\sigma}^2}}} = e^{-\frac{\lambda'(\mu_v - \dot{\mu})^2}{2\dot{\sigma}^2}},$$

woraus

$$\lambda' = -\frac{2 \ln 0{,}01}{(\mu_v - \dot{\mu})^2}\,\dot{\sigma}^2$$

folgt. Das zweite Dichteverhältnis ist gegeben durch

$$\begin{aligned} 0{,}01 = \frac{f_{(\mathrm{M},\Sigma^2)}(\dot{\mu},\sigma_v^2)}{f_{(\mathrm{M},\Sigma^2)}(\dot{\mu},\dot{\sigma}^2)} &= \frac{\dfrac{\sqrt{\lambda'}\,(b')^{a'}}{\sqrt{2\pi}\,\Gamma(a')}\,(\sigma_v^2)^{-\left(a'+\frac{3}{2}\right)}\,e^{-\frac{2b'+\lambda'(\dot{\mu}-\dot{\mu})^2}{2\sigma_v^2}}}{\dfrac{\sqrt{\lambda'}\,(b')^{a'}}{\sqrt{2\pi}\,\Gamma(a')}\,(\dot{\sigma}^2)^{-\left(a'+\frac{3}{2}\right)}\,e^{-\frac{2b'+\lambda'(\dot{\mu}-\dot{\mu})^2}{2\dot{\sigma}^2}}} \\ &= \left(\frac{\dot{\sigma}^2}{\sigma_v^2}\right)^{a'+\frac{3}{2}} e^{-b'\left(\frac{1}{\sigma_v^2}-\frac{1}{\dot{\sigma}^2}\right)}; \end{aligned}$$

zusammen mit

$$b' = \left(a' + \frac{3}{2}\right)\dot{\sigma}^2$$

nach (4.18) ergibt das zwei Gleichungen, aus denen sich a' und b' ausdrücken lassen:

$$\begin{aligned} a' &= \frac{\ln 0{,}01}{\ln\dfrac{\dot{\sigma}^2}{\sigma_v^2} - \dfrac{\dot{\sigma}^2}{\sigma_v^2} + 1} - \frac{3}{2}, \\ b' &= \frac{\ln 0{,}01}{\ln\dfrac{\dot{\sigma}^2}{\sigma_v^2} - \dfrac{\dot{\sigma}^2}{\sigma_v^2} + 1}\,\dot{\sigma}^2. \end{aligned}$$

Wählt man $\dot{\sigma}^2/\sigma_v^2$ außerhalb des bei einer NIG-Verteilung möglichen Wertebereichs, kann sich der unzulässige Parameterwert $a' \leq 0$ ergeben. Nun wird man selten genügend Vorwissen haben, um σ_v^2 überhaupt festzulegen. Entscheidet man sich für ein σ_v^2, das bei gegebenem $\dot{\sigma}^2$ die größtmögliche Unsicherheit ausdrückt, indem es so weit wie möglich von $\dot{\sigma}^2$ entfernt liegt, folgt

$$\begin{aligned} a' &= 0, \\ b' &= \frac{3}{2}\,\dot{\sigma}^2. \end{aligned}$$

Man erhält eine (uneigentliche) Verteilung, zu deren Berechnung σ_v^2 nicht mehr festgelegt werden muss und die zugleich $a' < 0$ vermeidet.

6.4 Überblick: Prioriverteilung

Konjugierte Prioriverteilungen

Tab. 6.1 Likelihood und konjugierte Prioriverteilung einiger Parameter

Parameter	Likelihood	Prioriverteilung
Anteil Π in einer Gesamtheit	$Bin(n\,;\pi)$	$Beta(a';b')$
Λ einer Poissonverteilung	$Poi(\lambda)$	$Gamma(a';b')$
Λ einer Exponentialverteilung	$Exp(\lambda)$	$Gamma(a';b')$
(M, Σ^2) einer Normalverteilung	$N(\mu\,;\sigma^2)$	$NIG(m';\lambda';a';b')$

Jeffreys' nichtinformative Prioriverteilungen

$$\text{Jeffreys' Prior:}\ f_\Theta(\theta) \propto \sqrt{J_\Theta(\theta)}\,. \tag{6.6}$$

Tab. 6.2 Jeffreys' Priors einiger Parameter

Parameter	Jeffreys' Dichte	Jeffreys' Verteilung
Anteil Π in einer Gesamtheit	$\propto 1/\sqrt{\pi(1-\pi)}$	$Beta(0{,}5\,;0{,}5)$
Λ einer Poissonverteilung	$\propto 1/\sqrt{\lambda}$	$Gamma(0{,}5\,;0)$
Λ einer Exponentialverteilung	$\propto 1/\lambda$	$Gamma(0\,;0)$
(M, Σ^2) einer Normalverteilung	$\propto 1/\sigma^3$	$NIG(0\,;0\,;0\,;0)$

Informative Beta-Priori des Anteils

Aus dem Modus $\dot{\pi}$ mit $0 \leq \dot{\pi} \leq 1$ und einem davon verschiedenen Vergleichswert π_v, $0 < \pi_v < 1$, mit 1 % der Dichte des Modus folgen a' und b':

Ist $0 < \dot{\pi} < 1$, gilt:

$$a' = \frac{\ln 0{,}01}{\ln \frac{\pi_v}{\dot{\pi}} + \frac{1-\dot{\pi}}{\dot{\pi}} \ln \frac{1-\pi_v}{1-\dot{\pi}}} + 1\,, \tag{6.7a}$$

$$b' = \frac{\ln 0{,}01}{\ln \frac{1-\pi_v}{1-\dot{\pi}} + \frac{\dot{\pi}}{1-\dot{\pi}} \ln \frac{\pi_v}{\dot{\pi}}} + 1\,. \tag{6.7b}$$

Ist $\dot{\pi} = 0$, gilt:

$$a' = 1\,, \tag{6.7c}$$

$$b' = \frac{\ln 0{,}01}{\ln(1-\pi_v)} + 1\,. \tag{6.7d}$$

Ist $\dot{\pi} = 1$, gilt:

$$a' = \frac{\ln 0{,}01}{\ln \pi_v} + 1\,, \tag{6.7e}$$

$$b' = 1\,. \tag{6.7f}$$

Informative Gamma-Priori des Parameters einer Poisson- bzw. einer Exponentialverteilung
Aus dem Modus $\dot{\lambda} \geq 0$ und einem davon verschiedenen Vergleichswert $\lambda_v > 0$ mit 1 % der Dichte des Modus folgen a' und b':

Ist $\dot{\lambda} > 0$, gilt:

$$a' = \frac{\ln 0{,}01}{\ln \frac{\lambda_v}{\dot{\lambda}} - \frac{\lambda_v}{\dot{\lambda}} + 1} + 1\,, \tag{6.8a}$$

$$b' = \frac{\ln 0{,}01}{\ln \frac{\lambda_v}{\dot{\lambda}} - \frac{\lambda_v}{\dot{\lambda}} + 1} \frac{1}{\dot{\lambda}}\,. \tag{6.8b}$$

Ist $\dot{\lambda} = 0$, gilt:

$$a' = 1\,, \tag{6.8c}$$

$$b' = -\frac{\ln 0{,}01}{\lambda_v}\,. \tag{6.8d}$$

Informative NIG-Priori der Parameter einer Normalverteilung
Aus dem Modus $(\dot{\mu}, \dot{\sigma}^2)$ mit $\dot{\sigma}^2 > 0$ und einem davon verschiedenen Vergleichsvektor $(\mu_v, \dot{\sigma}^2)$ mit 1 % der Dichte des Modus folgen m', λ', a' und b':

$$m' = \dot{\mu}\,, \tag{6.9a}$$

$$\lambda' = -\frac{2\ln 0{,}01}{(\mu_v - \dot{\mu})^2}\,\dot{\sigma}^2\,, \tag{6.9b}$$

$$a' = 0\,, \tag{6.9c}$$

$$b' = \frac{3}{2}\,\dot{\sigma}^2\,. \tag{6.9d}$$

6.5 Beispiele zur Prioriverteilung

6.5.1 Wahlprognose: Die Beta-Priori

Nehmen wir an, die Sozialdemokratische Partei Österreichs (SPÖ) wolle ihren Stimmenanteil bei einer (fiktiven) Nationalratswahl Anfang August 2015 schätzen. Dazu wird sie zeitentsprechende Umfragedaten – also eine Stichprobe aus der Wählergesamtheit – heranziehen. Doch auch unabhängig von Umfragen hat sie Information, aus der sie auf den Wahlausgang schließen kann: Sie kennt die Resultate vorangegangener Nationalratswahlen; und sie weiß, dass sie als Regierungspartei, die auch den Bundeskanzler stellt, seit Jahren wegen innenpolitischer Probleme von allen Seiten kritisiert wird, woran sich seit der letzten Wahl nichts geändert hat. Dieses Vorwissen wollen wir nun gemäß Tab. 6.1 durch eine Beta-Prioriverteilung des Stimmenanteils Π ausdrücken. (Natürlich würde ein Politikexperte mehr verwenden: Ergebnisse von Regionalwahlen, Einfluss der Tagesthemen usw. Wir verzichten darauf, weil wir nicht zeigen wollen, wie man als Experte zu einer Einschätzung kommt, sondern wie man von einer Einschätzung zu einer Prioriverteilung gelangt.)

Die letzten drei Nationalratswahlen vor August 2015 endeten gemäß Tab. 6.3:

Tab. 6.3 Stimmenanteile (in Prozent) der heute stärksten Parteien Österreichs bei den letzten drei Nationalratswahlen vor August 2015 [13]

	SPÖ	ÖVP	FPÖ
2006	35,34	34,33	11,04
2008	29,26	25,98	17,54
2013	26,82	23,99	20,51

Der Stimmenanteil der SPÖ ist in den ersten beiden Jahren des Beobachtungszeitraums um 6,1 Prozentpunkte und in den darauf folgenden fünf Jahren um weitere 2,4 Prozentpunkte gesunken. Rechnet man mit einem weiteren Sinken, könnte man für August 2015 einen Anteil um 26,7 % für am wahrscheinlichsten halten. Die Zahlen lassen aber auch den Schluss zu, dass der Anteil nach überwundenem Tief bereits wieder steigt und 2015 um 30 % beträgt (Abb.6.5).

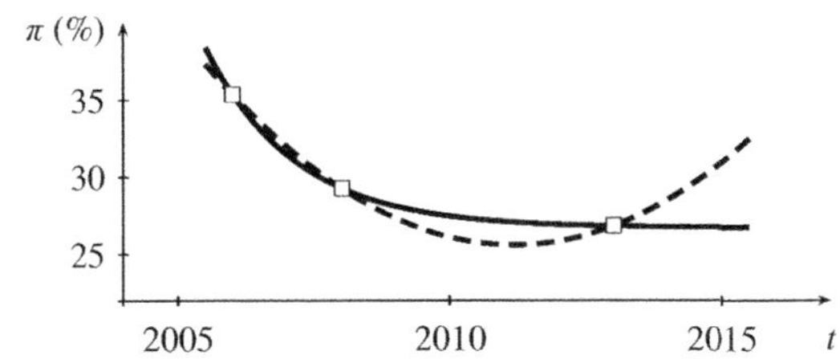

Abb. 6.5 Zwei mögliche Entwicklungen des Stimmenanteils der SPÖ. Pessimistisch aus Sicht der Partei (*durchgezogen*) und optimistisch (*strichliert*). Die Quadrate markieren die Nationalratswahlen 2006, 2008 und 2013

Gegen ein Ansteigen des SPÖ-Anteils spricht, dass die innenpolitischen Probleme und, damit verbunden, die Kritik an der Regierungspartei bis 2015 nicht abgenommen haben. Wir halten daher einen Anteil um 26,7 % für am wahrscheinlichsten und haben so den Modus der Prioriverteilung festgelegt: $\dot{\pi} = 0{,}267$. Ein Anteil um 35 % erscheint gerade noch möglich und wir schreiben ihm 1 % der Dichte des Modus zu: $\pi_v = 0{,}35$. Aus diesen Festlegungen folgen nach (6.7a) und (6.7b) die Parameter der Prioriverteilung:

$$a' = \frac{\ln 0{,}01}{\ln \dfrac{0{,}35}{0{,}267} + \dfrac{1-0{,}267}{0{,}267} \ln \dfrac{1-0{,}35}{1-0{,}267}} + 1 = 78{,}8\,,$$

$$b' = \frac{\ln 0{,}01}{\ln \dfrac{1-0{,}35}{1-0{,}267} + \dfrac{0{,}267}{1-0{,}267} \ln \dfrac{0{,}35}{0{,}267}} + 1 = 214\,,$$

und mit ihnen ergibt sich nach (3.56) die Prioridichte von Abb. 6.6.

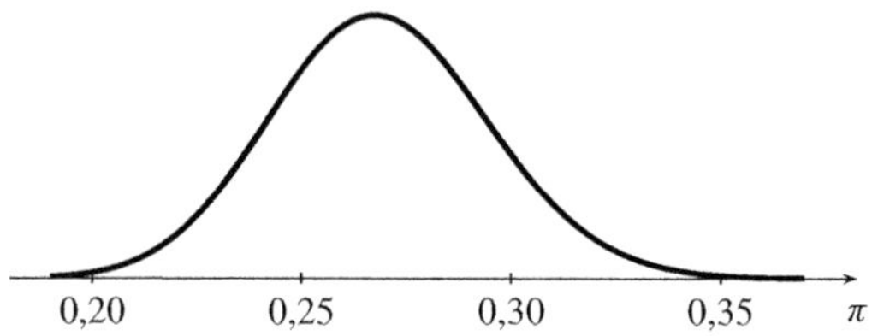

Abb. 6.6 Beta-Prioridichte des Stimmenanteils der SPÖ bei einer fiktiven Nationalratswahl Anfang August 2015

Etwa die gleiche Prioridichte hätten wir mit $\pi_v = 0{,}19$ erhalten. Es kommt nicht darauf an, ob man den „gerade noch möglichen" Wert höher oder niedriger als den Modus wählt.

Auf Basis des verwendeten Vorwissens hätten wir auch zu einer anderen Verteilung kommen können; plausibel wäre beispielsweise auch ein Modus von 0,26 oder 0,27 gewesen. Das Vorwissen legt die Prioriverteilung nicht eindeutig fest; aber es bestimmt einen Bereich plausibler Verteilungen, der umso enger ist, je mehr Vorwissen man hat.

6.5.2 Unfälle im Kreisverkehr: Die Gamma-Priori

Von 1990 bis 2012 wurden in der niederösterreichischen Stadt Tulln eine Reihe von Straßenkreuzungen durch Kreisverkehre ersetzt, sowohl im Ortsgebiet als auch im umliegenden Freiland. Hauptmotiv dafür war die Hoffnung auf höhere Verkehrssicherheit; diese gründete sich unter anderem auf Erfahrungsberichte über die Häufigkeiten von Unfällen an Kreuzungen und in Kreisverkehren [39]. Einen der Tullner Kreisverkehre, in [39] als KV 12 bezeichnet, greifen wir heraus und fragen, mit wie vielen Unfällen die Stadtverwaltung im zeitlichen Durchschnitt dort wird rechnen müssen (wir sprechen durchgehend von Unfällen mit Personenschaden). Unfallanzahlen sind annähernd poissonverteilt; wir fragen also nach dem Mittelwert (dem Parameter Λ) einer Poissonverteilung. In diesem Abschnitt setzen wir den ersten Schritt und legen aus dem Wissen vor Errichtung des Kreisverkehrs eine Prioriverteilung von Λ fest; später werden wir die ersten verfügbaren Daten aus dem Kreisverkehr hinzunehmen.

Der KV 12 wurde 2004 im Ortsgebiet von Tulln gebaut; davor befand sich dort eine ampelgeregelte Kreuzung. Als maßgebliches Vorwissen verwenden wir daher 1) die Unfallanzahlen an der Kreuzung vor ihrem Ersatz durch den Kreisverkehr und 2) Studien bis zum Jahr 2004 über die Veränderung von Unfallhäufigkeiten durch den Umbau ampelgeregelter Kreuzungen in Ortsgebieten zu Kreisverkehren. Zu Punkt 1 war bekannt, dass sich in den 5 Jahren vor Errichtung des Kreisverkehrs (1999 bis 2003) an der Kreuzung 12 Unfälle ereignet hatten. Zu Punkt 2 zitiert [39] eine Studie aus den USA, die eine Verringerung um 75 % feststellt (Eisenman et al. 2004), und eine aus Belgien, die Reduktionen von 46 % im vorstädtischen und 15 % im städtischen Ortsgebiet angibt (Diduer 2005). Die belgische Studie scheint sich auf einen Bericht von 2003 zu beziehen, daher lassen wir sie als Vorinformation zu. Einige Arbeiten verwerten wir nicht, da dort nicht klar ist, ob der betrachtete Kreisverkehr im Ortsgebiet liegt und eine geregelte Kreuzung ersetzt. Als letzte Quelle zu Punkt 2 ziehen wir Daten aus Tulln selbst heran; dort ging das Ersetzen einer Ampelkreuzung im Ortsgebiet durch einen Kreisverkehr (KV 5 in [39]) in den ersten 6 Jahren (1998 bis 2003) mit einer Verringerung der Unfallhäufigkeit um 55 % einher. Im Licht dieser Daten ist die Annahme plausibel, dass an der vormals ampelgeregelten Kreuzung mit durchschnittlich 12 Unfällen in 5 Jahren zu rechnen war und der KV 12 eine Reduktion um 50 % bewirkt, so dass man dort am ehesten durchschnittlich 6 Unfälle in 5 Jahren zu erwarten hat.

Als poissonverteilte Größe wählen wir die Anzahl der Unfälle in 5 Jahren. Zu schätzen ist der Parameter der Poissonverteilung, und entsprechend Tab. 6.1 wählen wir für ihn eine Gamma-Prioriverteilung. Gemäß dem vorigen Absatz ist der Priori-Modus $\dot{\lambda} = 6$ Unfälle in 5 Jahren. Da wir nur wenige Daten haben und die beobachteten Reduktionen stark streuen, sind auch weit größere oder kleinere Werte nicht unplausibel. Entscheiden wir uns dafür, das Dreifache für gerade noch möglich anzusehen: $\lambda_v = 18$ mit 1 % der Dichte des Modus. Damit ergeben sich nach (6.8a) und (6.8b) die Parameter der Prioriverteilung, und mit diesen sowie (3.61) folgt die Dichte in Abb. 6.7:

$$a' = \frac{\ln 0{,}01}{\ln \frac{18}{6} - \frac{18}{6} + 1} + 1 = 6{,}11\,,$$

$$b' = \frac{\ln 0{,}01}{\ln \frac{18}{6} - \frac{18}{6} + 1} \cdot \frac{1}{6} = 0{,}85\,.$$

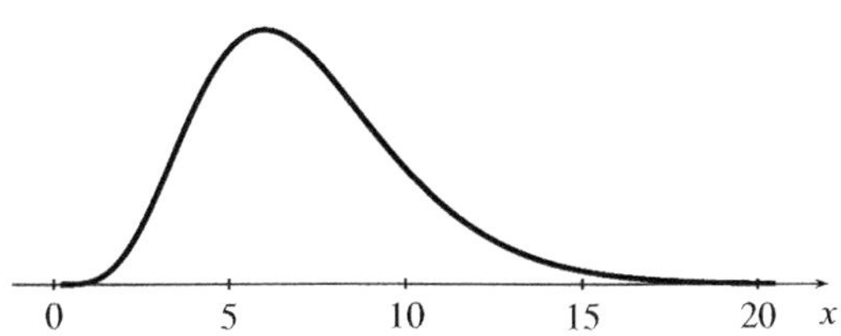

Abb. 6.7 Gamma-Prioridichte der mittleren 5-Jahres-Unfallanzahl am KV 12 in Tulln

Diese Verteilung verkörpert wegen der hohen Unsicherheit beim Festlegen von $\dot{\lambda}$ und λ_v nur wenig Vorwissen und lässt daher, wie auch Abb. 6.7 zeigt, einen weiten Bereich von Werten als plausibel gelten. Eine so schwache Prioriverteilung hat, wenn die Stichprobe reich an Information ist, wenig Einfluss auf die Posterioriverteilung und damit auf Schätz- und Testergebnisse. Dennoch ist sie nicht bedeutungslos: Sie sagt zumindest, dass unser Vorwissen weit eher einen Fünfjahresmittelwert um 6 Unfälle erwarten lässt als einen um 2 oder einen um 20.

Natürlich könnte man auch in diesem Fall zu einer anderen Einschätzung desselben Vorwissens kommen und damit zu einer etwas anderen Prioriverteilung. Da das für beinahe jede informative Prioriverteilung gilt, werden wir es im Folgenden nicht mehr erwähnen.

6.5.3 Blutdruck: Die NIG-Priori

Gegenstand dieses Beispiels ist der systolische Blutdruck deutscher Männer im vierten Lebensjahrzehnt. Er ist, wie viele Körperparameter, in guter Näherung normalverteilt. Wir betrachten zunächst zwei Studien, von denen zwar Ergebnisse frei zugänglich sind, nicht aber die Stichprobengrößen, und nutzen die Daten, um eine Prioriverteilung für Mittelwert und Varianz der Verteilung festzulegen. Später werden wir eine dritte Studie hinzunehmen, in der auch die Stichprobengrößen genannt sind, und eine Posterioriverteilung erhalten.

Tab. 6.4 Systolischer Blutdruck (in mm Hg) deutscher Männer im Alter von 30 bis 39 Jahren nach Studien von 1999 [60] und 2013 [45]. Die Varianz ist in [45] nicht angegeben

	1999	2013
Mittelwert	130	124,6
Varianz	169	–

Die Daten der beiden Studien stammen aus bundesweiten Untersuchungen an tausenden Versuchspersonen (gezählt über alle Altersgruppen) und man kann annehmen, dass in jeder Studie die Gruppe der Männer von 30 bis 39 einige hundert Probanden umfasst. Daher sollte der Mittelwert jeweils mit einem Fehler von weniger als ± 1 mm Hg behaftet sein. Denn für 2013 ist die Standardabweichung $\sigma_{\overline{X}}$ des Mittelwerts mit 0,63 mm Hg angegeben, für 1999 können wir sie grob schätzen: Aus Aufg. 4.2 folgt, dass die Varianz des Mittelwerts gegeben ist durch

$$\sigma_{\overline{X}}^2 = \frac{\sigma_X^2}{n} ,$$

wo σ_X^2 die Varianz des Einzelwerts ist und n die Stichprobengröße. Mit $n = 500$ wäre

$$\sigma_{\overline{X}} = \sqrt{\frac{169}{500}} = 0{,}58 .$$

Der Unterschied der beiden Mittelwerte (130 bzw. 124,6) kann somit nicht auf zufällige Schwankungen zurückgeführt werden; er muss systematisch begründet sein. Mögliche Gründe sind: 1) Es wurden, wie aus den Publikationen hervorgeht, verschiedene Messmethoden angewandt; 2) die Probanden wurden auf verschiedenen Wegen ausgewählt und repräsentieren verschiedene Gesamtheiten; 3) der Mittelwert hat sich in den Jahren zwischen den Studien verändert. Da wir nicht wissen, welche Studie zuverlässiger ist, sehen wir beide als gleichwertig an.

Für eine informative Prioriverteilung müssen wir den Modus und einen Vergleichsvektor mit $\sigma_v^2 = \dot{\sigma}^2$ festlegen. Als plausibelsten Mittelwert wählen wir das arithmetische Mittel der beiden Studienwerte, als plausibelste Varianz den Wert der ersten:

$$\dot{\mu} = 127{,}3\,,$$
$$\dot{\sigma}^2 = 169\,.$$

Angesichts der Studienergebnisse ist ein Mittelwert um 120 unwahrscheinlich, aber nicht unmöglich; wir wählen als Vergleichswert

$$\mu_v = 120\,.$$

Dem Vektor (120, 169) schreiben wir 1 % der Dichte des Modus (127,3, 169) zu. Mit diesen Festlegungen erhalten wir die Prioriparameter gemäß (6.9a)–(6.9d):

$$m' = 127{,}3\,,$$
$$\lambda' = -\frac{2 \cdot \ln 0{,}01}{(120 - 127{,}3)^2} \cdot 169 = 29{,}2\,,$$
$$a' = 0\,,$$
$$b' = \frac{3}{2} \cdot 169 = 254\,.$$

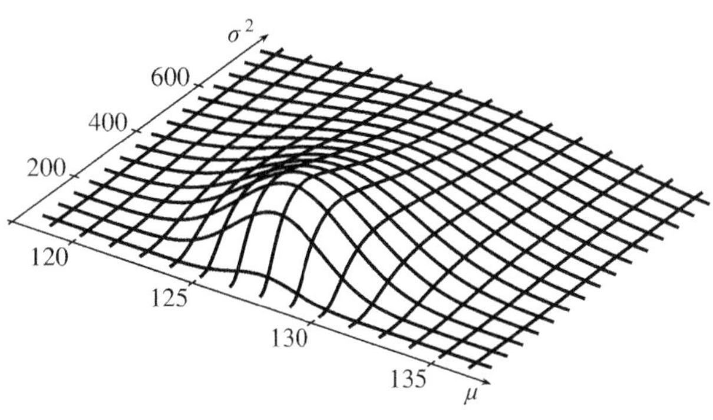

Abb. 6.8 NIG-Prioridichte von Mittelwert und Varianz des systolischen Blutdrucks (in mm Hg) deutscher Männer von 30 bis 39

6.5.4 Jeffreys' Priors von Anteil und Verhältnis

Wir greifen nun auf das Beispiel zurück, mit dem wir in Abschn. 6.2 die Einführung von Jeffreys' Prior als nichtinformative Prioriverteilung motiviert haben. Zunächst rechnen wir nach, dass es – wie dort behauptet – zu Widersprüchen kommt, wenn man als nichtinformative Verteilung grundsätzlich Gleichverteilung annimmt, und dann zeigen wir, dass Jeffreys' Priors diesen Widerspruch im konkreten Fall vermeiden.

Der Widerspruch der Gleichverteilung

Es wird ein neues Virus entdeckt und man möchte herausfinden, welcher Anteil Π aller Menschen es in sich trägt. Von vornherein weiß man nichts über diesen Anteil; es könnte sein, dass niemand das Virus trägt und $\Pi = 0$ ist, es könnte sein, dass alle es tragen und $\Pi = 1$ ist, und ebensogut könnte Π jeden Wert dazwischen annehmen. Wir wählen also auf $[0, 1]$ eine uniforme Prioriverteilung

$$f_\Pi(\pi) = 1$$

und erklären damit jeden Anteil zwischen 0 und 1 für gleich plausibel. Wenn wir aber nichts über den Anteil wissen, dann wissen wir auch nichts über das Verhältnis H (der griechische Großbuchstabe Eta) zwischen der Anzahl der Virusträger und der Anzahl der Nichtträger. Folgerichtig wählen wir eine uniforme Prioriverteilung über alle Werte, die H annehmen kann. Nun können aber nicht *beide* Größen uniform verteilt sein. Denn

$$\mathrm{H} = \frac{\Pi}{1 - \Pi};$$

das ist eine streng monotone Funktion g von Π mit

$$g^{-1}(\eta) = \frac{\eta}{1 + \eta},$$

und daher gilt mit (3.70) bei uniformer Verteilung von Π :

$$f_\mathrm{H}(\eta) \propto 1 \cdot \left| \frac{d}{d\eta} \frac{\eta}{1 + \eta} \right| = \frac{1}{(1 + \eta)^2}.$$

Aus einer uniformen Verteilung des Anteils folgt also eine nichtuniforme Verteilung des Verhältnisses.

Die Konsistenz von Jeffreys' Priors

Nun zeigen wir: Wählt man Jeffreys' Prior von Π, dann folgt daraus mit der Dichtetransformation (3.70) Jeffreys' Prior von H. Jeffreys' Prior des Anteils Π kennen wir schon:

$$f_\Pi(\pi) \propto \frac{1}{\sqrt{\pi(1 - \pi)}}$$

(Tab. 6.2). Nun berechnen wir Jeffreys' Prior des Verhältnisses H. Die Likelihood von H aus einer ein-elementigen Stichprobe ergibt sich aus der entsprechenden Likelihood von Π: Da g streng monoton ist, sind die Behauptungen $\mathrm{H} = \eta$ und $\Pi = g^{-1}(\eta)$ gleichbedeutend, und so folgt:

$$L_{\mathrm{H}}(\eta) = f_X(x \mid \mathrm{H} = \eta) = f_X(x \mid \Pi = g^{-1}(\eta)) = L_{\Pi}(g^{-1}(\eta)) \,.$$

Wegen $g^{-1}(\eta) = \eta/(1+\eta)$ gilt mit (5.9):

$$L_{\mathrm{H}}(\eta) = \left(\frac{\eta}{1+\eta}\right)^x \left(1 - \frac{\eta}{1+\eta}\right)^{1-x} = \frac{\eta^x}{1+\eta} \,.$$

Die beobachtete Fisher-Information (5.13) über H ist

$$I_{\mathrm{H}}(\eta) = -\frac{d^2}{d\eta^2} \ln \frac{\eta^x}{1+\eta} = \frac{x}{\eta^2} - \frac{1}{(1+\eta)^2} \,,$$

und die erwartete (5.14):

$$\begin{aligned} J_{\mathrm{H}}(\eta) &= E\left(\frac{X}{\eta^2} - \frac{1}{(1+\eta)^2}\right) = \frac{E(X)}{\eta^2} - \frac{1}{(1+\eta)^2} = \frac{\pi}{\eta^2} - \frac{1}{(1+\eta)^2} \\ &= \frac{\dfrac{\eta}{1+\eta}}{\eta^2} - \frac{1}{(1+\eta)^2} = \frac{1}{\eta(1+\eta)^2} \,. \end{aligned}$$

Daraus folgt Jeffreys' Prior von H gemäß (6.6):

$$f_{\mathrm{H}}(\eta) \propto \frac{1}{\sqrt{\eta}\,(1+\eta)} \,.$$

Nun müssen wir noch zeigen, dass man genau diese Verteilung auch erhält, wenn man die Dichtetransformation (3.70) auf Jeffreys' Prior des Anteils anwendet:

$$f_{\mathrm{H}}(\eta) \propto \frac{1}{\sqrt{\dfrac{\eta}{1+\eta}\left(1 - \dfrac{\eta}{1+\eta}\right)}} \left|\frac{d}{d\eta}\frac{\eta}{1+\eta}\right| = \frac{1}{\sqrt{\dfrac{\eta}{(1+\eta)^2}}} \frac{1}{(1+\eta)^2} = \frac{1}{\sqrt{\eta}\,(1+\eta)} \,.$$

Der Zusammenhang ist in Abb. 6.9 veranschaulicht.

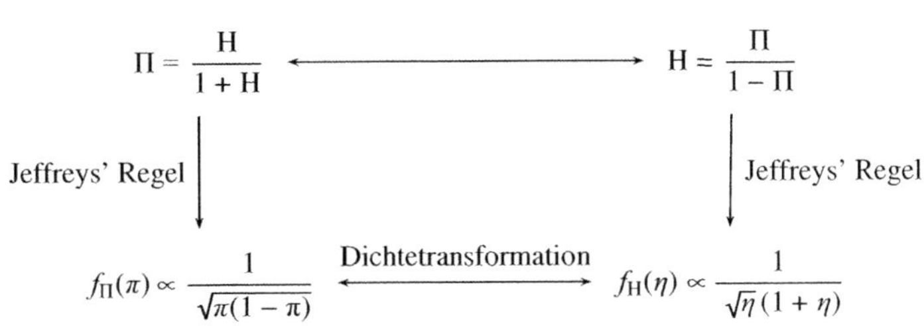

Abb. 6.9 Jeffreys' Priors von Anteil und Verhältnis

6.6 Aufgaben zur Prioriverteilung

Aufg. 6.1 Bestimmen Sie nach dem Muster von Abschn. 6.5.1 eine Prioriverteilung des Stimmenanteils der Freiheitlichen Partei Österreichs (FPÖ) bei einer fiktiven Nationalratswahl im August 2015.

Aufg. 6.2 Sie eröffnen eine Betriebsberatungskanzlei und wollen abschätzen, mit wie vielen Krankenstandstagen Ihrer Angestellten Sie rechnen müssen. Für 2014 stellt Statistik Austria folgende Durchschnittswerte fest:

Tab. 6.5 Krankenstandstage pro Person und Jahr nach Wirtschaftsklassen [59]

Finanz- und Versicherungsdienstleistungen	9,4
sonstige wirtschaftliche Dienstleistungen	15,9
sonstige Dienstleistungen	11,2

Erstellen Sie daraus eine Prioriverteilung der mittleren Anzahl von Krankenstandstagen pro Person und Jahr in Ihrer Branche.

Aufg. 6.3 Erstellen Sie eine Prioriverteilung der mittleren Energie, die eine 80-jährige Frau in Deutschland täglich zu sich nimmt. Betrachten Sie die Energieaufnahme als annähernd normalverteilt und verwenden Sie die Daten der Ernährungsberichte 2012 Österreichs und der Schweiz:

Tab. 6.6 Energieaufnahme (Mittelwert und Standardabweichung in kcal) [10, 32]

Österreich, Frauen von 65 bis 80 Jahren	1675 (401)
Schweiz, Frauen von 75 bis 87 Jahren	1544 (448)

Aufg. 6.4 Zeigen Sie für das Beispiel aus Abschn. 6.5.4, dass a) aus einer Gleichverteilung des Verhältnisses H eine Ungleichverteilung des Anteils Π folgt und b) aus Jeffreys' Prior des Verhältnisses Jeffreys' Prior des Anteils folgt.

Die Posterioriverteilung 7

Zusammenfassung

In Kap. 5 und 6 haben wir gesehen, wie man die Information, die eine Stichprobe liefert, durch die Likelihood ausdrückt und das von der Stichprobe unabhängige Wissen durch die Prioriverteilung. Nun besprechen wir, wie man Likelihood und Prioriverteilung zur *Posterioriverteilung* kombiniert, die schließlich das gesamte Wissen verkörpert. Dieses Kombinieren hat der Bayes-Statistik ihren Namen gegeben, denn hier spielt der Satz von Bayes die zentrale Rolle.

7.1 Posteriori ∝ Priori x Likelihood

Hat man keine Stichprobe, dann ist die Posterioriverteilung mit der Prioriverteilung identisch. Andernfalls ermitteln wir sie für zwei Fälle: erstens, dass die Stichprobendaten Werte diskreter Größen sind, und zweitens, dass sie Werte stetiger Größen sind. Dabei beschränken wir uns auf skalare Verteilungsparameter, die einfacher zu behandeln sind als vektorielle. In Abschn. 7.1.6 übertragen wir das Ergebnis auf einen vektoriellen Parameter.

7.1.1 Stichprobe diskreter Größen

Will man die Posterioriverteilung des Anteils der Linkshänder unter den Schulkindern ermitteln, so wird man die Linkshänder in einer Stichprobe zählen. Deren Anzahl ist diskret, und so liefert die Stichprobe den Wert einer diskreten Größe. In anderen Fällen kann sie auch Werte mehrerer diskreter Größen liefern.

Wir bestimmen nun die Posterioriverteilung eines Parameters Θ aus einer Stichprobe $\mathbf{X} := (X_1, \ldots, X_n)$ diskreter Größen mit den Werten $\mathbf{x} := (x_1, \ldots, x_n)$. Mit dem Satz

© Springer-Verlag GmbH Deutschland, ein Teil von Springer Nature 2019

W. Tschirk, *Bayes-Statistik für Human- und Sozialwissenschaften*, Springer-Lehrbuch,
https://doi.org/10.1007/978-3-662-56782-1_7

von Bayes erhalten wir die Wahrscheinlichkeit dafür, dass Θ einen Wert zwischen θ und $\theta + \Delta\theta$ annimmt, wenn $\mathbf{X} = \mathbf{x}$ ist:

$$\begin{aligned} p(\theta \le \Theta \le \theta + \Delta\theta \,|\, \mathbf{X} = \mathbf{x}) &= \frac{p(\mathbf{X} = \mathbf{x} \,|\, \theta \le \Theta \le \theta + \Delta\theta)\, p(\theta \le \Theta \le \theta + \Delta\theta)}{p(\mathbf{X} = \mathbf{x})} \\ &= p(\theta \le \Theta \le \theta + \Delta\theta)\, \frac{p(\mathbf{X} = \mathbf{x} \,|\, \theta \le \Theta \le \theta + \Delta\theta)}{p(\mathbf{X} = \mathbf{x})}\,. \end{aligned}$$

Wir dividieren beide Seiten durch $\Delta\theta$:

$$\frac{p(\theta \le \Theta \le \theta + \Delta\theta \,|\, \mathbf{X} = \mathbf{x})}{\Delta\theta} = \frac{p(\theta \le \Theta \le \theta + \Delta\theta)}{\Delta\theta}\, \frac{p(\mathbf{X} = \mathbf{x} \,|\, \theta \le \Theta \le \theta + \Delta\theta)}{p(\mathbf{X} = \mathbf{x})}\,,$$

lassen $\Delta\theta$ gegen 0 gehen und erhalten mit (3.32) und (4.10) die Posterioridichte

$$f_\Theta(\theta \,|\, \mathbf{x}) = f_\Theta(\theta)\, \frac{f_\mathbf{X}(\mathbf{x} \,|\, \theta)}{f_\mathbf{X}(\mathbf{x})}\,;$$

das ist die Dichte des Parameters Θ unter der Bedingung $\mathbf{X} = \mathbf{x}$, dass also die Stichprobe genau die beobachteteten Werte enthält.

Der Zähler des Bruchs auf der rechten Seite ist die Likelihood $L_\Theta(\theta)$ (5.8). Der Nenner hängt nicht von θ ab; wir lassen ihn vorläufig unbestimmt und werden sehen, dass er sich am Ende von selbst ergibt. Damit erhalten wir die Proportionalität

$$f_\Theta(\theta \,|\, \mathbf{x}) \propto f_\Theta(\theta)\, L_\Theta(\theta)\,. \tag{7.1}$$

Die Posterioridichte ist also proportional zu Prioridichte und Likelihood.

7.1.2 Stichprobe stetiger Größen

Um die Posterioriverteilung des mittleren Geburtsgewichts zu finden, wird man die Werte in einer Stichprobe messen. Das Gewicht jedes Neugeborenen ist eine stetige Größe, und so liefert die Stichprobe Werte stetiger Größen.

Wir bestimmen nun die Posterioriverteilung eines Parameters Θ aus einer Stichprobe $\mathbf{X} := (X_1, \ldots, X_n)$ stetiger Größen mit den Werten $\mathbf{x} := (x_1, \ldots, x_n)$. Analog zum vorigen Abschnitt ergibt sich die Wahrscheinlichkeit dafür, dass Θ einen Wert zwischen θ und $\theta + \Delta\theta$ annimmt, wenn $x_i \le X_i \le x_i + \Delta x_i$ für alle i gilt, mit dem Satz von Bayes:

$$\begin{aligned} &p(\theta \le \Theta \le \theta + \Delta\theta \,|\, \forall i : x_i \le X_i \le x_i + \Delta x_i) \\ &\qquad = p(\theta \le \Theta \le \theta + \Delta\theta)\, \frac{p(\forall i : x_i \le X_i \le x_i + \Delta x_i \,|\, \theta \le \Theta \le \theta + \Delta\theta)}{p(\forall i : x_i \le X_i \le x_i + \Delta x_i)}\,. \end{aligned}$$

Wir dividieren beide Seiten durch $\Delta\theta$ und kürzen den Bruch auf der rechten Seite durch das Produkt der Δx_i :

$$\frac{p(\theta \leq \Theta \leq \theta + \Delta\theta \,|\, \forall i : x_i \leq X_i \leq x_i + \Delta x_i)}{\Delta\theta} = \frac{p(\theta \leq \Theta \leq \theta + \Delta\theta)}{\Delta\theta} \; \frac{\dfrac{p(\forall i : x_i \leq X_i \leq x_i + \Delta x_i \,|\, \theta \leq \Theta \leq \theta + \Delta\theta)}{\prod_{i=1}^{n} \Delta x_i}}{\dfrac{p(\forall i : x_i \leq X_i \leq x_i + \Delta x_i)}{\prod_{i=1}^{n} \Delta x_i}} \, .$$

Nun lassen wir $\Delta\theta$ und alle Δx_i gegen 0 gehen und erhalten mit (3.32) und (4.13):

$$f_\Theta(\theta \,|\, \mathbf{x}) = f_\Theta(\theta) \, \frac{f_\mathbf{X}(\mathbf{x} \,|\, \theta)}{f_\mathbf{X}(\mathbf{x})} \, .$$

Wieder ist der Zähler des Bruchs die Likelihood und der Nenner unabhängig von θ, und wie im diskreten Fall ist die Posterioridichte

$$f_\Theta(\theta \,|\, \mathbf{x}) \propto f_\Theta(\theta) \, L_\Theta(\theta) \, . \tag{7.2}$$

Im Folgenden ermitteln wir Posterioriverteilungen des Anteils sowie der Parameter von Poisson-, Exponential- und Normalverteilung. Da wir stets Prioriverteilungen verwenden, die zur Likelihood konjugiert sind, wird die Posterioriverteilung durchwegs vom selben Typ wie die Prioriverteilung sein: Für den Anteil gehen wir von einer Beta-Prioriverteilung aus und erhalten eine Beta-Posterioriverteilung usw. Die Posterioriparameter kennzeichnen wir mit zwei Strichen: a'', b'' etc.

7.1.3 Beta-Posteriori des Anteils

Wir ermitteln die Posterioriverteilung des Anteils Π von Merkmalsträgern in einer Gesamtheit nach (7.1) aus einer $Beta(a';b')$-Prioriverteilung und einer Stichprobe n voneinander unabhängiger Elemente, darunter x Merkmalsträger. Mit (3.56) und (5.9) ergibt sich:

$$\begin{aligned} f_\Pi(\pi \,|\, x) \propto f_\Pi(\pi) \, L_\Pi(\pi) \propto \pi^{a'-1}(1-\pi)^{b'-1} \, \pi^{x} \, (1-\pi)^{n-x} \\ = \pi^{a'+x-1}(1-\pi)^{b'+n-x-1} \, . \end{aligned}$$

Das ist die Dichte einer $Beta(a'';b'')$-Verteilung mit

$$\begin{aligned} a'' &= a' + x \, , \\ b'' &= b' + n - x \, . \end{aligned}$$

Wir haben uns in dieser Rechnung nicht um die Proportionalitätskonstanten gekümmert. Nun sehen wir, dass sie sich von selbst ergeben, denn die Posterioriverteilung ist mit a'' und b'' nach (3.56) eindeutig festgelegt. Analoges werden wir auch in allen anderen Fällen finden.

7.1.4 Gamma-Posteriori des Parameters einer Poissonverteilung

Nun bestimmen wir die Posterioriverteilung des Parameters Λ einer Poissonverteilung nach (7.1) auf Basis einer $Gamma(a';b')$-Prioriverteilung und einer Stichprobe aus n voneinander unabhängigen identisch poissonverteilten X_i mit Mittelwert $\overline{x}$. Mit (3.61) und (5.10) ergibt sich:

$$f_\Lambda(\lambda \,|\, \mathbf{x}) \propto f_\Lambda(\lambda)\, L_\Lambda(\lambda) \propto \lambda^{a'-1}\, e^{-b'\lambda}\, \lambda^{n\overline{x}}\, e^{-n\lambda} = \lambda^{a'+n\overline{x}-1}\, e^{-(b'+n)\lambda} .$$

Das ist die Dichte einer $Gamma(a'';b'')$-Verteilung mit

$$\begin{aligned} a'' &= a' + n\overline{x} , \\ b'' &= b' + n . \end{aligned}$$

Die Posterioriparameter hängen nicht von den einzelnen Stichprobenwerten ab, nur von deren Anzahl und Mittelwert. Daher kann man die Bedingung $\mathbf{X} = \mathbf{x}$ durch die schwächere Bedingung $\overline{X} = \overline{x}$ ersetzen und die Dichte als $f_\Lambda(\lambda \,|\, \overline{x})$ schreiben. Wir werden das im Folgenden, wo immer möglich, tun.

7.1.5 Gamma-Posteriori des Parameters einer Exponentialverteilung

Die Posterioriverteilung des Parameters Λ einer Exponentialverteilung ergibt sich nach (7.2) aus einer $Gamma(a';b')$-Prioriverteilung und einer Stichprobe n voneinander unabhängiger identisch exponentialverteilter X_i mit Mittelwert $\overline{x}$. (3.61) und (5.11) führen auf:

$$f_\Lambda(\lambda \,|\, \overline{x}) \propto f_\Lambda(\lambda)\, L_\Lambda(\lambda) \propto \lambda^{a'-1}\, e^{-b'\lambda}\, \lambda^{n}\, e^{-\lambda n\overline{x}} = \lambda^{a'+n-1}\, e^{-(b'+n\overline{x})\lambda} .$$

Das ist die Dichte einer $Gamma(a'';b'')$-Verteilung mit

$$\begin{aligned} a'' &= a' + n , \\ b'' &= b' + n\overline{x} . \end{aligned}$$

7.1.6 NIG-Posteriori der Parameter einer Normalverteilung

Zuletzt ermitteln wir die Posterioriverteilung von (M, Σ^2) einer Normalverteilung, basierend auf einer $NIG(m'; \lambda'; a'; b')$ -Prioriverteilung und einer Stichprobe aus n voneinander unabhängigen identisch normalverteilten X_i mit Mittelwert $\overline{x}$ und Varianz s_X^2. Dabei übertragen wir die Regel (7.2) auf den vektoriellen Parameter (M, Σ^2). Mit (4.17) und (5.12) erhalten wir:

$$
\begin{aligned}
f_{(\mathrm{M},\Sigma^2)}(\mu, \sigma^2 \mid \overline{x}, s_X^2) &\propto f_{(\mathrm{M},\Sigma^2)}(\mu, \sigma^2)\, L_{(\mathrm{M},\Sigma^2)}(\mu, \sigma^2) \\
&\propto (\sigma^2)^{-\left(a' + \frac{3}{2}\right)} e^{-\frac{2b' + \lambda'(\mu - m')^2}{2\sigma^2}} \frac{1}{\sigma^n} e^{-\frac{s_X^2 + (\overline{x} - \mu)^2}{2\sigma^2/n}} .
\end{aligned}
$$

Nach einigen Umformungen erkennt man eine $NIG(m''; \lambda''; a''; b'')$ -Posterioridichte mit

$$
\begin{aligned}
m'' &= \frac{\lambda' m' + n\overline{x}}{\lambda' + n} , \\
\lambda'' &= \lambda' + n , \\
a'' &= a' + \frac{n}{2} , \\
b'' &= b' + \frac{n}{2}\left(s_X^2 + \frac{\lambda'(\overline{x} - m')^2}{\lambda' + n}\right) .
\end{aligned}
$$

7.2 Der Anteil als Parameter

In unseren Betrachtungen nimmt der Anteil eine Sonderstellung ein – als einzige Größe, für die wir Likelihood, Fisher-Information, Priori- und Posterioriverteilung berechnen und die scheinbar nicht selbst Parameter einer Verteilung ist. Das liegt aber nur an der Wortwahl: Wir hätten den Anteil auch als Parameter einer *Bernoulliverteilung* auffassen können. Eine mit dem Parameter π bernoulliverteilte Größe X hat die möglichen Werte 1 und 0 und nimmt diese mit den Wahrscheinlichkeiten π bzw. $1 - \pi$ an. Ist nun π der Anteil von Merkmalsträgern in einer Gesamtheit und wählt man aus dieser Gesamtheit ein Objekt zufällig aus, dann wählt man nach (2.36) mit Wahrscheinlichkeit π einen Merkmalsträger; diese Wahl entspricht $X = 1$. Wählt man einen Nichtmerkmalsträger, ist $X = 0$. Hätten wir den Anteil als Parameter der Bernoulliverteilung interpretiert, dann hätten wir Abschn. 5.1.2 mit dem Titel „Likelihood des Parameters einer Bernoulliverteilung“ versehen und darin geschrieben: „Wir ermitteln die Likelihood des Parameters Π einer Bernoulliverteilung auf Basis einer Stichprobe $x_1, \ldots, x_n$ voneinander unabhängiger identisch bernoulliverteilter X_i“. Analog wären wir bei den Abschnitten zu Fisher-Information, Priori- und Posterioriverteilung vorgegangen, und damit entspräche die Darstellung jenen der anderen Parameter. Allerdings hätten viele Passagen an Anschaulichkeit verloren; der Stimmenanteil einer Partei sagt uns mehr als der Parameter der Bernoulliverteilung, die man erhielte, wenn man jedem Wähler die Zahl 1 und jedem Nichtwähler die Zahl 0 zuwiese. Wir verzichten also im Interesse der Anschaulichkeit auf eine einheitliche Darstellung. Am Inhalt und an den Ergebnissen ändert das nichts.

7.3 Störparameter und die Posterioriverteilung von M bei unbekanntem Σ^2

Damit man Aussagen über einen Parameter Θ treffen kann, muss man entweder die Werte aller anderen Parameter, die diese Aussage beeinflussen können, kennen oder deren Einfluss eliminieren. Parameter $\Psi_1, \ldots, \Psi_m$, an denen man nicht direkt interessiert ist, die aber eine Aussage über Θ beeinflussen können, bezeichnet man als *Störparameter*. Ihren Einfluss kann man eliminieren, indem man die gemeinsame Posterioridichte *aller* Parameter,

$$f_{(\Theta,\Psi_1,\ldots,\Psi_m)}(\theta, \psi_1, \ldots, \psi_m \,|\, \mathbf{x}),$$

über die Bereiche der Störparameterwerte $\psi_1, \ldots, \psi_m$ integriert; denn verallgemeinert man (4.16) von bivariaten auf multivariate Verteilungen, ergibt sich die Posterioridichte von Θ als Randdichte

$$f_\Theta(\theta \,|\, \mathbf{x}) = \int_{-\infty}^{\infty} \cdots \int_{-\infty}^{\infty} f_{(\Theta,\Psi_1,\ldots,\Psi_m)}(\theta, \psi_1, \ldots, \psi_m \,|\, \mathbf{x}) \, d\psi_1 \ldots d\psi_m \,.$$

Ist der interessierende Parameter der Mittelwert M einer Normalverteilung und der einzige Störparameter deren Varianz Σ^2, so ist die Dichte von M nach dem soeben Gesagten Randdichte der gemeinsamen Verteilung von M und Σ^2. Handelt es sich bei dieser um eine $NIG(m''; \lambda''; a''; b'')$-Verteilung, können wir (4.19) anwenden und erhalten für $\sqrt{a''\lambda''/b''}\,(\mathrm{M}-m'')$ eine $t\,(2a'')$-Verteilung. Bei großem a'' kommt diese einer Standardnormalverteilung nahe (3.69), und dann ergibt sich die Verteilung von M wie folgt:

Sei $X := \sqrt{\dfrac{a''\lambda''}{b''}}\,(\mathrm{M} - m'') \sim N(0\,;1)$, also

$$f_X(x) = \frac{1}{\sqrt{2\pi}}\, e^{-\frac{x^2}{2}} \,.$$

M ist eine streng monotone Funktion g von X mit

$$g^{-1}(\mu) = \sqrt{\frac{a''\lambda''}{b''}}\,(\mu - m'') \,.$$

Also folgt mit (3.52) und (3.70):

$$f_M(\mu) = \frac{1}{\sqrt{2\pi}} e^{-\frac{\left(\sqrt{\frac{a''\lambda''}{b''}}(\mu-m'')\right)^2}{2}} \left| \frac{d}{d\mu} \left(\sqrt{\frac{a''\lambda''}{b''}} (\mu - m'') \right) \right|$$

$$= \frac{1}{\sqrt{\frac{b''}{a''\lambda''}}\sqrt{2\pi}} e^{-\frac{1}{2}\left(\frac{\mu-m''}{\sqrt{\frac{b''}{a''\lambda''}}}\right)^2} .$$

Bei unbekanntem Σ^2 und großem a'' ist also die Posterioriverteilung von M näherungsweise eine Normalverteilung mit Mittelwert m'' und Varianz $b''/a''\lambda''$.

7.4 Posterioriverteilungen von Summen und Differenzen

In Abschn. 4.4.2 haben wir gezeigt, dass Summen und Differenzen voneinander unabhängiger normalverteilter Größen normalverteilt sind, Summen und Differenzen voneinander unabhängiger beta- oder gammaverteilter Größen jedoch im Allgemeinen nicht beta- bzw. nicht gammaverteilt.

Sind also zwei Parameter Θ_1 und Θ_2 voneinander unabhängig und ihre Posterioriverteilungen normal,

$$\Theta_1 \sim N(\mu_1'' ; \sigma_1''^2) ,$$
$$\Theta_2 \sim N(\mu_2'' ; \sigma_2''^2) ,$$

dann sind auch die Posterioriverteilungen ihrer Summe und ihrer Differenz normal:

$$\Theta_1 + \Theta_2 \sim N(\mu_1'' + \mu_2'' ; \sigma_1''^2 + \sigma_2''^2) ,$$
$$\Theta_1 - \Theta_2 \sim N(\mu_1'' - \mu_2'' ; \sigma_1''^2 + \sigma_2''^2) .$$

Dass die analoge Aussage für betaverteilte Größen nicht gilt, hängt damit zusammen, dass Summen und Differenzen von Anteilen im Allgemeinen keine Anteile sind: Bezeichnen wir mit Π_1 den Anteil der Deutschen mit Hauptwohnsitz im Ausland und mit Π_2 den Anteil der Schweizer, die Opern hören, dann sind $\Pi_1 + \Pi_2$ und $\Pi_1 - \Pi_2$ keine Anteile. Nennen wir allerdings den Anteil der Deutschen mit Hauptwohnsitz in Frankreich Π_3, dann ist $\Pi_1 - \Pi_3$ sehr wohl ein Anteil, nämlich der Anteil der Deutschen mit Hauptwohnsitz im Ausland, aber nicht in Frankreich. Und ist Π_4 der Anteil der Deutschen mit Hauptwohnsitz in Liechtenstein, dann ist $\Pi_3 + \Pi_4$ der Anteil der Deutschen mit Hauptwohnsitz in Frankreich oder Liechtenstein. Summen und Differenzen von Anteilen sind also im Allgemeinen keine Anteile, in Sonderfällen aber doch.

Ähnlich verhält es sich mit gammaverteilten Größen: Ist Λ_1 die durchschnittliche Anzahl von Einbrüchen pro Tag in Bayern (also der Parameter einer Poissonverteilung) und Λ_2 der entsprechende Wert für Baden-Württemberg, dann ist $\Lambda_1 - \Lambda_2$ kein Poissonparameter. Ist aber Λ_3 die durchschnittliche Anzahl von Einbrüchen pro Tag in München, dann zählt $\Lambda_1 - \Lambda_3$ die Einbrüche in Bayern ohne München und ist Parameter einer Poissonverteilung. Also sind Differenzen gammaverteilter Größen im Allgemeinen nicht gammaverteilt, in Sonderfällen aber doch.

Ist eine solche Summe oder Differenz nicht beta- bzw. nicht gammaverteilt, dann finden wir ihre Posterioriverteilung, indem wir die Posterioriverteilung jedes einzelnen Parameters durch eine Normalverteilung annähern und dann die Posterioriverteilung der Summe oder Differenz (näherungsweise) als Normalverteilung erhalten.

7.5 Die Erweiterung des Wissens

Eine bemerkenswerte Eigenschaft der Posterioriverteilung folgt daraus, dass sie eigentlich das Gleiche ausdrückt wie die Prioriverteilung, nämlich Wissen über die in Frage stehende Größe. Der Unterschied ist nur, dass die Prioriverteilung das Wissen *vor* Auswertung der Stichprobe enthält und die Posterioriverteilung das Wissen *nach* Auswertung der Stichprobe. Nun wird es ja in vielen Fällen nicht nur *eine* Stichprobe geben: So wie die Gravitationskonstante, die Elementarladung usw. viele Male gemessen wurden, kann man erwarten, dass auch die maßgeblichen Größen der Human- und Sozialwissenschaften mehr als nur einmal gemessen werden; dass also auch diese Disziplinen ihr Wissen durch wiederholte Bestimmung ihrer relevanten Parameter erweitern werden. Dann kann das Vorwissen über die zu untersuchende Größe aus vorhergangenen Erhebungen stammen, und die Posterioriverteilung des einen ist die Prioriverteilung des nächsten.

7.6 Überblick: Posterioriverteilung

Wir fassen zusammen: Hat man keine Stichprobe, dann ist die Posterioriverteilung mit der Prioriverteilung identisch. Andernfalls erhält man sie für den Anteil über eine n-elementige Stichprobe mit x Merkmalsträgern, für die anderen Parameter über jeweils eine n-elementige Stichprobe mit Mittelwert $\overline{x}$ und (im Fall der NIG-Verteilung) Varianz s_X^2. Die Stichprobenelemente sind stets als voneinander unabhängig vorausgesetzt.

Beta-Posteriori des Anteils

Prioriverteilung:	$\Pi \sim Beta(a';b')\,,$	(7.3a)
Posterioriverteilung:	$\Pi \sim Beta(a'';b'')\,,$	(7.3b)
Parameter:	$a'' = a' + x\,,$	(7.3c)
	$b'' = b' + n - x\,.$	(7.3d)

Gamma-Posteriori des Parameters einer Poissonverteilung

Prioriverteilung: $\Lambda \sim Gamma(a'; b')$, (7.4a)

Posterioriverteilung: $\Lambda \sim Gamma(a''; b'')$, (7.4b)

Parameter: $a'' = a' + n\overline{x}$, (7.4c)

$b'' = b' + n$. (7.4d)

Gamma-Posteriori des Parameters einer Exponentialverteilung

Prioriverteilung: $\Lambda \sim Gamma(a'; b')$, (7.5a)

Posterioriverteilung: $\Lambda \sim Gamma(a''; b'')$, (7.5b)

Parameter: $a'' = a' + n$, (7.5c)

$b'' = b' + n\overline{x}$. (7.5d)

NIG-Posteriori der Parameter einer Normalverteilung

Prioriverteilung: $(\mathrm{M}, \Sigma^2) \sim NIG(m'; \lambda'; a'; b')$, (7.6a)

Posterioriverteilung: $(\mathrm{M}, \Sigma^2) \sim NIG(m''; \lambda''; a''; b'')$, (7.6b)

Parameter: $$m'' = \frac{\lambda' m' + n\overline{x}}{\lambda' + n}, \tag{7.6c}$$

$$\lambda'' = \lambda' + n, \tag{7.6d}$$

$$a'' = a' + \frac{n}{2}, \tag{7.6e}$$

$$b'' = b' + \frac{n}{2}\left(s_X^2 + \frac{\lambda'(\overline{x} - m')^2}{\lambda' + n}\right). \tag{7.6f}$$

Normal-Posteriori des Mittelwerts einer Normalverteilung
Ist $(\mathrm{M}, \Sigma^2) \sim NIG(m''; \lambda''; a''; b'')$, gilt für große a'':

Posterioriverteilung: $\mathrm{M} \sim N(\mu''; \sigma''^2)$, (7.7a)

Parameter: $\mu'' = m''$, (7.7b)

$$\sigma''^2 = \frac{b''}{a''\lambda''}. \tag{7.7c}$$

Posteriori von Summe und Differenz
Für voneinander unabhängige Θ_1 und Θ_2 mit $\Theta_i \sim N(\mu_i''; \sigma_i''^2)$ gilt:

$$\Theta_1 + \Theta_2 \sim N(\mu_1'' + \mu_2''; \sigma_1''^2 + \sigma_2''^2), \tag{7.8}$$

$$\Theta_1 - \Theta_2 \sim N(\mu_1'' - \mu_2''; \sigma_1''^2 + \sigma_2''^2). \tag{7.9}$$

7.7 Beispiele zur Posterioriverteilung

7.7.1 Wahlprognose: Die Beta-Posteriori

In Abschn. 6.5.1 haben wir eine Prioriverteilung des Stimmenanteils der SPÖ bei einer fiktiven Nationalratswahl im August 2015 ermittelt:

$$\Pi \sim Beta(78{,}8\,;214)\,.$$

Wir haben uns dabei auf vorangegangene Wahlergebnisse und eine grobe Einschätzung des innenpolitischen Klimas gestützt. Nun nehmen wir Umfrageergebnisse hinzu und sehen nach, welchen Einfluss sie auf die Verteilung des Stimmenanteils haben. Die Anteile wurden auf ganze Prozent gerundet publiziert. Daher sind die Schätzungen der abgegebenen Stimmenanzahlen jeweils mit einer Unsicherheit von ± 2 Stimmen behaftet.

Tab. 7.1 Stimmenanteile in Prozent (in Klammern die geschätzten Stimmenanzahlen) der heute stärksten Parteien Österreichs in den Umfragen des Gallup-Instituts vom 17. und 31. Juli 2015 unter jeweils 400 Befragten [46]

	SPÖ	ÖVP	FPÖ
17.07.2015	23 (92)	22 (88)	29 (116)
31.07.2015	23 (92)	23 (92)	29 (116)

Im ersten Schritt konzentrieren wir uns auf die Umfrage vom 17. Juli und berechnen auf ihrer Basis eine Posterioriverteilung. Entsprechend (7.3a) und (7.3b) handelt es sich um eine Betaverteilung. Unter $n = 400$ Befragten haben $x = 92$ für die SPÖ gestimmt. Daraus ergeben sich mit (7.3c) und (7.3d) die Posterioriparameter

$$a'' = 78{,}8 + 92 = 171\,,$$
$$b'' = 214 + 400 - 92 = 522\,.$$

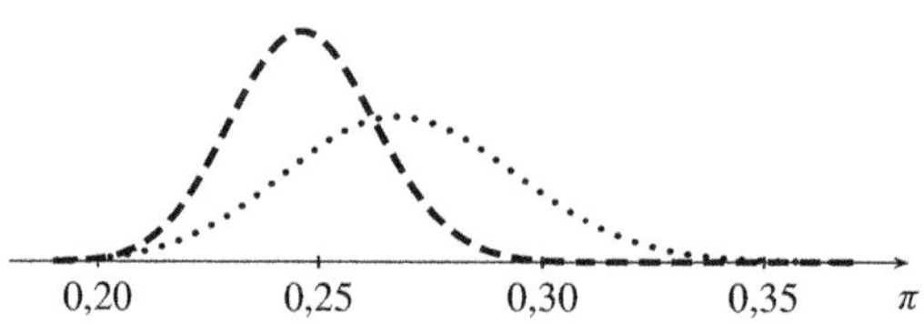

Abb. 7.1 Beta-Prioridichte nach Abb. 6.6 (*punktiert*) und Beta-Posterioridichte (*strichliert*) des Stimmenanteils der SPÖ bei einer fiktiven Nationalratswahl Anfang August 2015 nach der Umfrage vom 17. Juli 2015

Vergleichen wir die Verteilungen in Abb. 7.1, fällt zweierlei auf: Erstens liegt das Maximum der Posterioridichte bei einem niedrigeren Anteilswert als das Maximum der Prioridichte. Das war zu erwarten, denn die Umfrage hat der Partei einen geringeren Stimmenanteil bescheinigt als jenen, den wir a priori für den plausibelsten gehalten haben. Die Stichprobe hat aber nicht nur die Erwartung verschoben, sie hat sie auch sicherer gemacht, und das ist die zweite Beobachtung: Die Varianz der Posterioriverteilung ist kleiner als jene der Prioriverteilung. Grund dafür ist, dass mit der Stichprobe Information hinzugekommen ist, und je mehr Information wir über den Anteil haben, desto geringer ist die Unsicherheit über ihn.

Nun nehmen wir die Umfrage vom 31. Juli hinzu. Unsere Vorinformation besteht aus allem, was wir vor dieser Umfrage wissen, und daher ist die Posterioriverteilung von Abb. 7.1 unsere neue Prioriverteilung. Wieder haben von $n = 400$ Befragten $x = 92$ für die SPÖ gestimmt. Die neuen Posterioriparameter ergeben sich daher durch

$$a'' = 171 + 92 = 263\,,$$
$$b'' = 522 + 400 - 92 = 830\,.$$

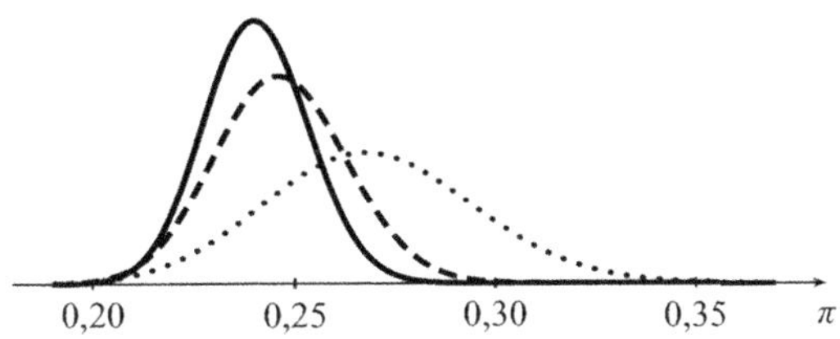

Abb. 7.2 Beta-Prioridichte nach Abb. 6.6 (*punktiert*), Beta-Posterioridichte nach der Umfrage vom 17. Juli 2015 (*strichliert*) und Beta-Posterioridichte nach der Umfrage vom 31. Juli 2015 (*durchgezogen*)

Neuerlich haben die Daten die Erwartung sowohl geändert als auch schärfer gemacht. Dies ist unser erstes Beispiel für die in Abschn. 7.5 besprochene Erweiterung des Wissens. Für die zuletzt erhaltene Posterioriverteilung (die durchgezogene Kurve in Abb. 7.2) spielt es keine Rolle, in welcher Reihenfolge die Umfragen ausgewertet werden; wir hätten sie sogar als eine einzige Befragung von 800 Personen betrachten können oder als 800 Befragungen jeweils einer einzigen Person oder sonstwie aufteilen. Maßgeblich ist einzig und allein das gesamte Wissen, und dieses besteht erstens in unserer Einschätzung vor den Umfragen und zweitens darin, dass sich insgesamt 184 von 800 Befragten für die SPÖ ausgesprochen haben.

7.7.2 Unfälle im Kreisverkehr: Die Gamma-Posteriori

In Abschn. 6.5.2 haben wir eine Prioriverteilung der mittleren 5-Jahres-Unfallanzahl am Kreisverkehr 12 der Stadt Tulln ermittelt:

$$\Lambda \sim Gamma(6{,}11\,;0{,}85)\,.$$

Verwendet haben wir die Unfallanzahlen an der vor Errichtung des Kreisverkehrs bestehenden Kreuzung sowie Studien über die Verringerung von Unfallhäufigkeiten beim Ersatz von Kreuzungen des betreffenden Typs durch Kreisverkehre. Nun nehmen wir Daten hinzu, die am betrachteten Kreisverkehr erhoben wurden, nämlich dass sich dort in den ersten 5 Jahren seines Bestehens (2005 bis 2009) 7 Unfälle ereignet haben [39]. Damit berechnen wir eine Posterioriverteilung, die nach (7.4a) und (7.4b) eine Gammaverteilung sein wird. Wir haben $n = 1$ Beobachtung mit $\overline{x} = 7$ (enthält eine Stichprobe nur einen Wert, ist dieser zugleich ihr Mittelwert). Nach (7.4c) und (7.4d) ergeben sich die Posterioriparameter

$$a'' = 6{,}11 + 1 \cdot 7 = 13{,}1\,,$$
$$b'' = 0{,}85 + 1 = 1{,}85\,.$$

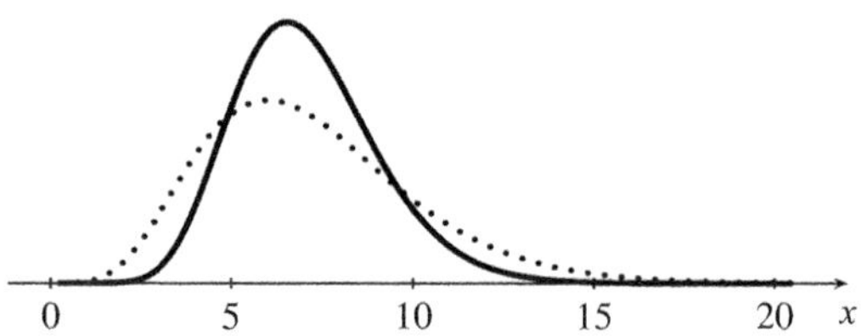

Abb. 7.3 Gamma-Prioridichte nach Abb. 6.7 (*punktiert*) und Gamma-Posterioridichte (*durchgezogen*) der mittleren 5-Jahres-Unfallanzahl am KV 12 in Tulln

7.7.3 Blutdruck: Die NIG-Posteriori

Unsere Untersuchung zum systolischen Blutdruck deutscher Männer von 30 bis 39 haben wir in Abschn. 6.5.3 mit dem Festlegen einer Prioriverteilung von Mittelwert und Varianz begonnen:

$$(\mathrm{M}, \Sigma^2) \sim NIG(127{,}3\,; 29{,}2\,; 0\,; 254)\,,$$

für die zwei Studien mit unvollständigen Daten vorgelegen sind. Nun nehmen wir eine dritte Studie hinzu, die mehr Information liefert: Im Jahr 2005 wurde an $n = 1736$ Probanden ein mittlerer systolischer Blutdruck von 126,5 bei einer Standardabweichung von 14,7 gemessen [2]. (Die Werte gelten für eine Altersgruppe von 31 bis 40 und passen somit nicht genau zu unserer Fragestellung. Da wir zu wenig Information haben, um das zu korrigieren, nehmen wir den kleinen Fehler in Kauf.)

Als Posterioriverteilung ergibt sich nach (7.6a)–(7.6f) eine NIG-Verteilung mit

$$m'' = \frac{29{,}2 \cdot 127{,}3 + 1736 \cdot 126{,}5}{29{,}2 + 1736} = 126{,}5\,,$$
$$\lambda'' = 29{,}2 + 1736 = 1765\,,$$
$$a'' = 0 + \frac{1736}{2} = 868\,,$$
$$b'' = 254 + \frac{1736}{2}\left(14{,}7^2 + \frac{29{,}2 \cdot (126{,}5 - 127{,}3)^2}{29{,}2 + 1736}\right) = 187\,829\,.$$

Damit ist die Posterioriverteilung von (M, Σ^2) beschrieben. Worauf es aber eigentlich ankommt, ist die Posteriori-Randverteilung von M; denn Σ^2 ist nur ein Störparameter. Gemäß (7.7a)–(7.7c) ist das näherungsweise eine Normalverteilung mit

$$\mu'' = 126{,}5\,,$$
$$\sigma''^2 = \frac{187\,829}{868 \cdot 1765} = 0{,}35^2\,.$$

Diese Verteilung ist in Abb. 7.4 dargestellt.

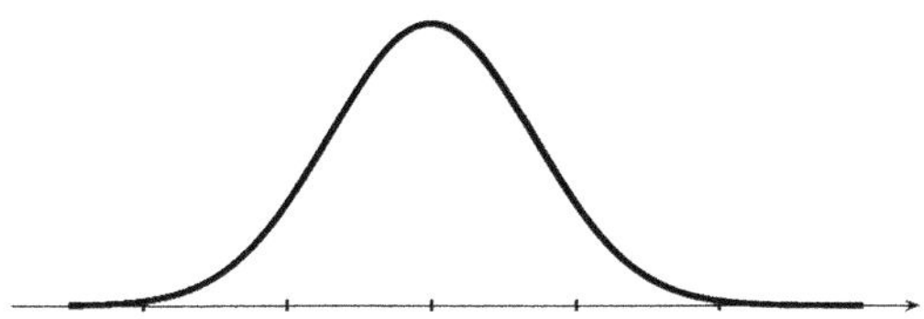

Abb. 7.4 Normal-Posteriori-Randdichte des mittleren systolischen Blutdrucks (in mm Hg) deutscher Männer von 30 bis 39

In den Beispielen davor hatten wir es mit sehr kleinen bis mittelgroßen Stichproben zu tun. Nun liegt eine vergleichsweise große Stichprobe vor und wir sehen erstmals, dass der Posteriori-Mittelwert bis zur letzten dargestellten Dezimalstelle mit dem Stichprobenmittelwert übereinstimt. Das ist (neben der Entwicklung der Posterioriverteilungen in Abb. 7.2) ein weiterer Hinweis darauf, dass mit zunehmender Stichprobengröße der Einfluss der Beobachtungen zu- und jener der Prioriverteilung abnimmt: Je mehr Information die Daten enthalten, desto weniger zählt, was man vorher geglaubt hat.

7.7.4 Information und Unsicherheit

In allen Beispielen war die Varianz der Posterioriverteilung kleiner als die Varianz der Prioriverteilung. Mit Bezug auf Abb. 7.1 haben wir das so begründet, dass mit der Stichprobe Information hinzukommt, und je mehr Information man über einen Parameter hat, umso kleiner wird die Unsicherheit über ihn. Das ist aber nicht immer so; die Unsicherheit – und damit die Varianz der Verteilung – kann durch neue Information auch größer werden.

Betrachten wir dazu den Parameter einer Poissonverteilung mit $Gamma(a'; b')$-Priori- und $Gamma(a''; b'')$-Posterioriverteilung und fragen wir, unter welchen Bedingungen die Posteriori-Varianz größer als die Priori-Varianz ist, also mit (3.64), (7.4c) und (7.4d)

$$\frac{a''}{b''^2} = \frac{a' + n\overline{x}}{(b' + n)^2} > \frac{a'}{b'^2}$$

gilt. Aus dem Ungleichungsteil dieser Zeile folgt:

$$\overline{x} > \frac{1}{n}\left(\frac{a'(b'+n)^2}{b'^2} - a'\right).$$

Die Umformung ist umkehrbar, und das bedeutet: Ist der Stichprobenmittelwert groß genug, dann ist die Posteriori-Varianz größer als die Priori-Varianz. Um das auch anschaulich zu begründen, rufen wir uns in Erinnerung, dass der Parameter Λ der Poissonverteilung zugleich ihr Mittelwert ist; die Prioriverteilung von Λ ist also zugleich Prioriverteilung des Mittelwerts der Poissonverteilung, und ihr Mittelwert liegt in der Nähe jenes Werts, den wir a priori für den Mittelwert der Poissonverteilung erwarten. Also müsste, damit die Stichprobe der a-priori-Erwartung entspricht, der Stichprobenmittelwert in der Nähe des Priori-Mittelwerts liegen. Nun multiplizieren wir die rechte Seite der Ungleichung aus:

$$\overline{x} > \frac{2a'b' + a'n}{b'^2},$$

erhalten mit (3.63) und (3.64):

$$\overline{x} > 2\mu' + n\sigma'^2$$

und sehen den Grund dafür, dass die Posteriori-Varianz größer ist als die Priori-Varianz: Ist nämlich der Stichprobenmittelwert größer als das Doppelte des Priori-Mittelwerts plus dem n-fachen der Priori-Varianz, dann widerspricht das der Voreinschätzung derart, dass die Unsicherheit zunimmt. Ein so extremer Unterschied zwischen Voreinschätzung und Beobachtung ist aber nur dann möglich, wenn entweder die Voreinschätzung grob falsch ist oder die Stichprobe verzerrt oder beides.

Dass eine verzerrte Stichprobe die Unsicherheit über den wahren Wert eines Parameters erhöhen kann, leuchtet ein. Dass aber eine gut zur Gesamtheit passende Stichprobe die Unsicherheit erhöht, weil die Voreinschätzung falsch ist, bedarf einer Erklärung. Sie liegt darin, dass die in der Prioriverteilung ausgedrückte Sicherheit nur eine vermeintliche ist – erst meint man, den wahren Wert des Parameters gut eingrenzen zu können, doch dann lassen die Daten Zweifel aufkommen.

7.8 Aufgaben zur Posterioriverteilung

Aufg. 7.1 Bestimmen Sie nach dem Muster von Abschn. 7.7.1 eine Posterioriverteilung des Stimmenanteils der FPÖ bei einer fiktiven Nationalratswahl Anfang August 2015 und skizzieren Sie diese Verteilung. Verwenden Sie dazu die Prioriverteilung von Aufg. 6.1 und die Umfragen laut Tab. 7.1.

Aufg. 7.2 Bestimmen Sie eine weitere Posterioriverteilung des Stimmenanteils der FPÖ bei einer fiktiven Nationalratswahl Anfang August 2015 auf Basis der Umfragen laut Tab. 7.1 und skizzieren Sie diese Verteilung. Verwenden Sie diesmal kein Vorwissen; wählen Sie also eine nichtinformative Prioriverteilung. Vergleichen Sie das Resultat mit jenem von Aufg. 7.1: Welchen Effekt hat die aus vorangegangenen Wahlergebnissen abgeleitete informative Prioriverteilung?

Aufg. 7.3 Wie weit wäre bei einer Nationalratswahl Anfang August 2015 die SPÖ vor (oder hinter) der FPÖ gelegen? Bestimmen Sie eine Posterioriverteilung der Differenz der Stimmenanteile und skizzieren Sie sie. Verwenden Sie dazu die Posterioriverteilungen von Abschn. 7.7.1 und Aufg. 7.1.

Aufg. 7.4 Bestimmen Sie aus einer nichtinformativen Prioriverteilung und der in Abschn. 7.7.2 berichteten Unfallstatistik (2005 bis 2009) eine Posterioriverteilung der mittleren 5-Jahres-Unfallanzahl am Kreisverkehr 12 in Tulln und skizzieren Sie sie. Vergleichen Sie das Resultat mit jenem von Abschn. 7.7.2: Welchen Effekt hat die aus Vorstudien gewonnene informative Prioriverteilung?

Aufg. 7.5 Bestimmen Sie aus einer nichtinformativen Prioriverteilung und der in Abschn. 7.7.3 erwähnten Studie [2] eine Posterioriverteilung von (M, Σ^2) des systolischen Blutdrucks deutscher Männer von 30 bis 39. Skizzieren Sie die Randverteilung von M und vergleichen Sie sie mit der in Abschn. 7.7.3, Abb. 7.4 dargestellten: Welchen Effekt hat die aus Vorstudien gewonnene informative Prioriverteilung?

Bayessches Schätzen

8

Zusammenfassung

Eine Größe kann man auf zwei Arten schätzen: durch eine *Punktschätzung* (einen Wert, der dem wahren Wert möglichst nahekommt) und durch eine *Intervallschätzung* (einen Bereich, in dem der wahre Wert vermutlich liegt). Beide Schätzungen beruhen auf der Posterioriverteilung der Größe. Im gesamten Kapitel sprechen wir von stetigen Größen.

8.1 Punktschätzung

Bei der Punktschätzung suchen wir einen Wert, der dem wahren Wert möglichst nahekommt in dem Sinn, dass ein Maß, das mit der Abweichung zwischen dem Schätzwert und dem wahren Wert zusammenhängt, möglichst klein oder möglichst groß ist. Wir besprechen drei Schätzungen, die sich aus dem Optimieren jeweils eines solchen Maßes ergeben: den Mittelwert, den Median und den Modus der Posterioriverteilung.

Minimiert man den mittleren quadratischen Fehler, also den Erwartungswert der quadrierten Differenz zwischen dem Schätzwert $\hat{\theta}$ und dem wahren Wert eines Parameters Θ, erhält man als Schätzwert den Mittelwert der Posterioriverteilung. Minimiert man den Erwartungswert der absoluten Abweichung zwischen $\hat{\theta}$ und Θ, erhält man den Median. Maximiert man die Wahrscheinlichkeit dafür, dass der wahre Wert in einer kleinen Umgebung des Schätzwerts liegt, erhält man den Modus [62]. Jede dieser Schätzungen hat Vor- und Nachteile.

Mit Mittelwert oder Modus der Posterioriverteilung gerät man in Widersprüche ähnlich denen, die wir in Abschn. 6.2 beim Wählen nichtinformativer Prioriverteilungen entdeckt haben: Schätzt man einen Anteil von Merkmalsträgern und zudem das Verhältnis zwischen der Anzahl der Merkmalsträger und jener der Nichtträger, jeweils durch den Mittelwert der Posterioriverteilung, dann widersprechen die Schätzungen einander. Denn ist $\hat{\pi}$ die Schätzung des Anteils und $\hat{\eta}$ jene des Verhältnisses, so gilt im Allgemeinen

© Springer-Verlag GmbH Deutschland, ein Teil von Springer Nature 2019

W. Tschirk, *Bayes-Statistik für Human- und Sozialwissenschaften*, Springer-Lehrbuch,
https://doi.org/10.1007/978-3-662-56782-1_8

$\hat{\eta} \neq \hat{\pi}/(1-\hat{\pi})$. Man kann also mit dem Posteriori-Mittelwert für eine Größe verschiedene Schätzungen erhalten, abhängig davon, wie man die Größe darstellt, und Gleiches geschieht, wenn man mit dem Modus schätzt. Mit dem Median als Schätzwert tritt der Widerspruch nicht auf. Ist nämlich $\hat{\theta}$ der Median der Verteilung von Θ, dann ist $p(\Theta \leq \hat{\theta}) = 0{,}5$; für jede streng monotone Funktion g ist dann auch $p(g(\Theta) \leq g(\hat{\theta})) = 0{,}5$ und damit $g(\hat{\theta})$ der Median der Verteilung von $g(\Theta)$. Die Medianschätzung eines Anteils ist daher konsistent mit der Medianschätzung des zugehörigen Verhältnisses in dem Sinn, dass $\hat{\eta} = \hat{\pi}/(1-\hat{\pi})$ ist, und Analoges gilt für jede zu schätzende Größe und jede streng monotone Transformation. Das spricht für den Median.

Schätzt man mit dem Mittelwert, dann ist es gleichgültig, ob man von der exakten Posterioriverteilung ausgeht oder von ihrer Normalverteilungsnäherung gemäß (3.67) bis (3.69) – in beiden Fällen kommt man zum selben Resultat. Das ist von Vorteil, weil wir später beim Intervallschätzen und Testen solche Normalverteilungsnäherungen verwenden und der Mittelwert die Kompatibilität der Punktschätzung mit Intervallschätzung und Test garantiert.

Für den Modus spricht, dass wir beim Festlegen einer informativen Prioriverteilung den a priori plausibelsten Wert zu deren Modus erklären (mit Mittelwert oder Median als plausibelstem Wert hätten sich keine einfachen Formeln für Beta-, Gamma- und NIG-Prioriparameter ergeben). Hat man keine Stichprobe (oder nur eine, die wenig Information trägt), dann ist die Posterioriverteilung genau (oder beinahe) identisch mit der Prioriverteilung. Man wird dann als Schätzung den a priori plausibelsten Wert (oder einen, der diesem nahekommt) erwarten, und einen solchen erhält man nur dann sicher, wenn man mit dem Posteriori-Modus schätzt. Daneben ist der Wert größter Dichte auch in einem intuitiven Sinn der plausibelste.

Aufgrund der letztgenannten Kriterien entscheiden wir uns dafür, mit dem Modus zu schätzen; denn dessen Stärke ist zumindest dann relevant, wenn wir eine informative Prioriverteilung festlegen, also bei den meisten unserer Schätzungen. Hingegen gibt es seltener eine Fragestellung, wo die Vorzüge von Mittelwert- oder Medianschätzung ähnlich wichtig wären. Die Formeln, die sich aus dieser Wahl ergeben, sind in Abschn. 8.3 zusammengestellt.

8.2 Intervallschätzung

Eine Punktschätzung sagt nicht, wie nahe der Schätzwert dem wahren Wert kommt. Man kann aber Wertebereiche angeben, die den wahren Wert mit einer gewissen Wahrscheinlichkeit enthalten. Der üblichen Sprachregelung folgend, bezeichnen wir diese Bereiche in der Bayes-Statistik als *Kredibilitätsintervalle* („credibility" ist „Glaubwürdigkeit").

Kredibilitätsintervalle können entweder nur unten begrenzt oder nur oben begrenzt oder beidseitig begrenzt sein. Ein *(nur) unten begrenztes* γ-Kredibilitätsintervall für einen Parameter Θ ist begrenzt durch einen Wert θ_-, der mit Wahrscheinlichkeit γ kleiner oder gleich dem wahren Wert ist, ein *(nur) oben begrenztes* durch einen Wert θ_+, der mit

Wahrscheinlichkeit γ größer oder gleich dem wahren Wert ist. Ein *beidseitig begrenztes* Intervall ist begrenzt durch zwei Werte θ_1 und θ_2, die mit Wahrscheinlichkeit γ den wahren Wert einschließen. Die Grenzen θ_-, θ_+, θ_1 und θ_2 ergeben sich aus der Posterioriverteilung von Θ.

Einseitig begrenzte Intervalle sind in allen uns interessierenden Fällen eindeutig bestimmt. Zur Festlegung beidseitig begrenzter gibt es mehrere Wege, die aber bei symmetrischen Posterioriverteilungen alle auf dasselbe Resultat führen [62]. Und da wir zum Intervallschätzen die Posterioriverteilung, sofern sie nicht ohnehin normal (und damit symmetrisch) ist, durch eine Normalverteilung annähern, beschreiben wir nur den einfachsten Weg.

Wenn wir Kredibilitätsintervalle beta-, gamma- und t-verteilter Parameter durchwegs nicht aus den tatsächlichen Posterioriverteilungen bestimmen, sondern aus deren Normalverteilungsnäherungen gemäß (3.67), (3.68) und (3.69), ersparen wir uns numerische Verfahren oder spezielle Statistik-Software und verlieren, sofern die Posterioriverteilungen mit großen Stichproben gewonnen wurden, nicht viel an Genauigkeit. Eine allgemeine Formel für den Näherungsfehler lässt sich nicht angeben; wir werden ihn aber an einigen Beispielen abschätzen.

Im Folgenden zeigen wir für einen (exakt oder annähernd) normalverteilten Parameter $\Theta \sim N(\mu''; \sigma''^2)$, wie man das unten, das oben und das beidseitig begrenzte γ-Kredibilitätsintervall findet.

Für die Grenze θ_- des unten begrenzten Intervalls ist

$$p(\Theta \geq \theta_-) = \gamma\,.$$

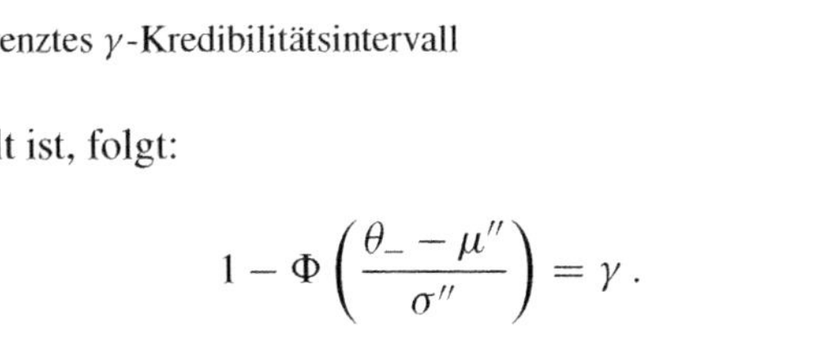

Abb. 8.1 Unten begrenztes γ-Kredibilitätsintervall

Da Θ normalverteilt ist, folgt:

$$1 - \Phi\left(\frac{\theta_- - \mu''}{\sigma''}\right) = \gamma\,.$$

Wegen der Symmetrie der Normalverteilung, $\Phi(-z) = 1 - \Phi(z)$, können wir das auch schreiben als:

$$\Phi\left(\frac{\mu'' - \theta_-}{\sigma''}\right) = \gamma\,,$$

woraus sich θ_- ausdrücken lässt:

$$\theta_- = \mu'' - \Phi^{-1}(\gamma)\,\sigma''\,.$$

Auf analoge Weise erhalten wir für das oben begrenzte Intervall

$$\theta_+ = \mu'' + \Phi^{-1}(\gamma)\,\sigma''\,.$$

Das beidseitig begrenzte Intervall wählen wir symmetrisch zum Mittelwert der Posterioriverteilung. Auf diese Weise erhalten wir das kleinstmögliche Intervall, also jenes, das den wahren Wert, sofern es ihn enthält, am engsten umschließt. Für seine Grenzen θ_1 und θ_2 ist

$$p(\theta_1 \leq \Theta \leq \theta_2) = \gamma\,.$$

Da es symmetrisch ist, folgt daraus $p(\Theta < \theta_1) = p(\Theta > \theta_2) = (1-\gamma)/2$.

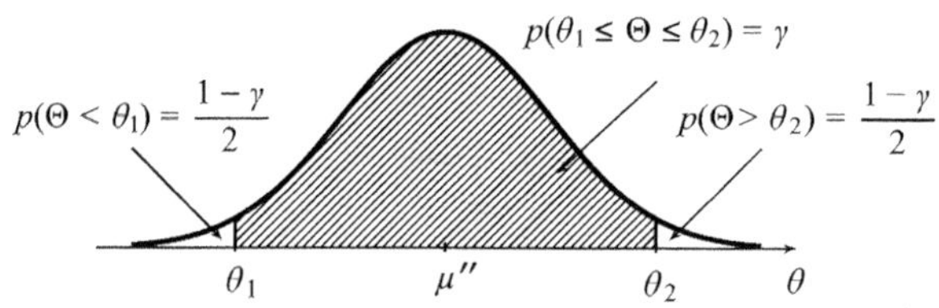

Abb. 8.2 Beidseitig begrenztes γ-Kredibilitätsintervall

Es ergeben sich

$$\theta_1 = \mu'' - \Phi^{-1}\left(\frac{1+\gamma}{2}\right)\sigma''\,,$$
$$\theta_2 = \mu'' + \Phi^{-1}\left(\frac{1+\gamma}{2}\right)\sigma''\,.$$

Die Resultate gelten auch, wenn es sich bei Θ um die (exakt oder annähernd) normalverteilte Summe oder Differenz zweier Parameter handelt.

8.3 Überblick: Bayessches Schätzen

Wir fassen zusammen. Dabei verwenden wir zum Punktschätzen den Posteriori-Modus und zum Intervallschätzen, sofern die Posterioriverteilung nicht ohnehin normal ist, deren Normalverteilungsnäherung.

Punktschätzung des Anteils

$$\text{Posterioriverteilung:} \qquad \Pi \sim Beta(a''; b''), \tag{8.1a}$$

$$\text{Punktschätzung:} \qquad \hat{\pi} = \frac{a'' - 1}{a'' + b'' - 2}. \tag{8.1b}$$

Die Schätzung gilt für $a, b \geq 1$ und $a + b > 2$.

Punktschätzung des Parameters einer Poisson- bzw. einer Exponentialverteilung

$$\text{Posterioriverteilung:} \qquad \Lambda \sim Gamma(a''; b''), \tag{8.2a}$$

$$\text{Punktschätzung:} \qquad \hat{\lambda} = \frac{a'' - 1}{b''}. \tag{8.2b}$$

Die Schätzung gilt für $a > 1$.

Punktschätzung des Mittelwerts einer Normalverteilung

$$\text{Posterioriverteilung:} \qquad (\mathrm{M}, \Sigma^2) \sim NIG(m''; \lambda''; a''; b''), \tag{8.3a}$$

$$\text{Punktschätzung:} \qquad \hat{\mu} = m''. \tag{8.3b}$$

Die Schätzung gilt für $a > 1/2$.

Punktschätzung eines normalverteilten Parameters

$$\text{Posterioriverteilung:} \qquad \Theta \sim N(\mu''; \sigma''^2), \tag{8.4a}$$

$$\text{Punktschätzung:} \qquad \hat{\theta} = \mu''. \tag{8.4b}$$

Die Schätzung gilt auch, wenn es sich bei Θ um die (exakt oder annähernd) normalverteilte Summe oder Differenz zweier Parameter handelt.

Intervallgrenzen eines normalverteilten Parameters

$$\text{Posterioriverteilung:} \qquad \Theta \sim N(\mu''; \sigma''^2), \tag{8.5a}$$

$$\text{unten begrenztes } \gamma\text{-Intervall:} \qquad \theta_- = \mu'' - \Phi^{-1}(\gamma)\, \sigma'', \tag{8.5b}$$

$$\text{oben begrenztes } \gamma\text{-Intervall:} \qquad \theta_+ = \mu'' + \Phi^{-1}(\gamma)\, \sigma'', \tag{8.5c}$$

$$\text{beidseitig begrenztes } \gamma\text{-Intervall:} \qquad \theta_1 = \mu'' - \Phi^{-1}\left(\frac{1+\gamma}{2}\right) \sigma'', \tag{8.5d}$$

$$\theta_2 = \mu'' + \Phi^{-1}\left(\frac{1+\gamma}{2}\right) \sigma''. \tag{8.5e}$$

Die Grenzen gelten auch, wenn Θ ein (annähernd) normalverteilter Anteil, Parameter von Poisson-, Exponential- oder Normalverteilung oder die (exakt oder annähernd) normalverteilte Summe oder Differenz zweier Parameter ist.

8.4 Beispiele zum bayesschen Schätzen

8.4.1 Wahlprognose: Schätzung des Anteils

In den Abschn. 6.5.1 und 7.7.1 haben wir eine Posterioriverteilung des Stimmenanteils Π der SPÖ bei einer fiktiven Nationalratswahl Anfang August 2015 ermittelt:

$$\Pi \sim Beta(263\,;830)\,.$$

Berücksichtigt haben wir die Ergebnisse der drei letzten Nationalratswahlen davor, eine grobe Einschätzung des innenpolitischen Klimas und zwei Umfragen. All dieses Wissen ist in der Posterioriverteilung verkörpert. Nun schätzen wir den Stimmenanteil, zum einen durch eine Punkt-, zum anderen durch eine Intervallschätzung.

Mit (8.1b) ergibt sich die Punktschätzung

$$\hat{\pi} = \frac{263-1}{263+830-2} = 0{,}240\,.$$

Die Partei hätte also mit 24 % der Stimmen rechnen können. Die mögliche Genauigkeit dieser Vorhersage wird uns die Intervallschätzung zeigen. Dazu verwenden wir die Normalverteilungsnäherung (3.67)

$$\Pi \sim N\left(\frac{263}{263+830}\,;\frac{263\cdot 830}{(263+830)^2(263+830+1)}\right) = N(0{,}2406\,;0{,}0129^2)\,.$$

Nach (8.5d) und (8.5e) ergeben sich die Grenzen eines beidseitig begrenzten 95 %-Kredibilitätsintervalls:

$$\pi_1 = 0{,}2406 - \Phi^{-1}\left(\frac{1+0{,}95}{2}\right)\cdot 0{,}0129 = 0{,}2406 - 1{,}96\cdot 0{,}0129 = 0{,}215\,,$$

$$\pi_2 = 0{,}2406 + \Phi^{-1}\left(\frac{1+0{,}95}{2}\right)\cdot 0{,}0129 = 0{,}2406 + 1{,}96\cdot 0{,}0129 = 0{,}266\,.$$

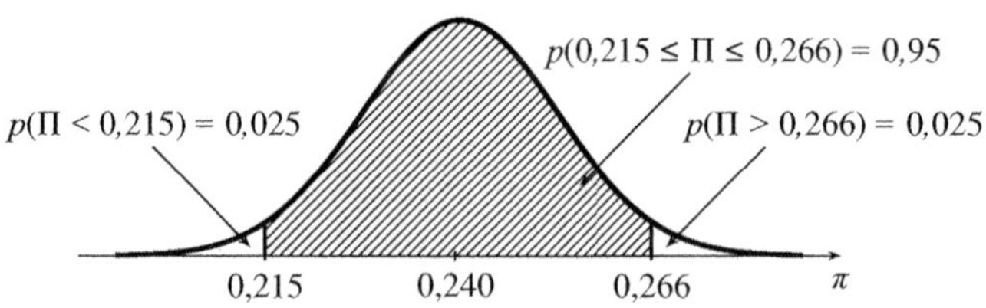

Abb. 8.3 Normalverteilungsnäherung für die Posterioriverteilung des Stimmenanteils der SPÖ bei einer fiktiven Nationalratswahl Anfang August 2015. Punktschätzung 0,240 und 95 %-Kredibilitätsintervall $[0{,}215\,,\,0{,}266]$. Die exakte $Beta(263\,;830)$ -Verteilung wäre im Bild von der Näherung kaum zu unterscheiden

Mit Wahrscheinlichkeit 0,95 wäre das Wahlergebnis zwischen 21,5 und 26,6 % gelegen. Wollen wir eine höhere Wahrscheinlichkeit, beispielsweise 99 %, erhalten wir einen breiteren Bereich:

$$\pi_1 = 0{,}2406 - \Phi^{-1}\left(\frac{1+0{,}99}{2}\right)\cdot 0{,}0129 = 0{,}2406 - 2{,}58\cdot 0{,}0129 = 0{,}207\,,$$

$$\pi_2 = 0{,}2406 + \Phi^{-1}\left(\frac{1+0{,}99}{2}\right)\cdot 0{,}0129 = 0{,}2406 + 2{,}58\cdot 0{,}0129 = 0{,}274\,.$$

Die Kredibilitätsgrenzen sind mit Hilfe der Normalverteilungsnäherung berechnet. In Tab. 8.1 stellen wir sie exakten Grenzen (gleichendiger Intervalle [62]) gegenüber, die man (mit größerem Aufwand oder spezieller Statistik-Software) aus der Beta-Posterioriverteilung erhält.

Tab. 8.1 Exakte und angenäherte Kredibilitätsintervalle. Die exakten beruhen auf der Betaverteilung, die angenäherten auf deren Normalverteilungsnäherung

	$\gamma = 0{,}95$	$\gamma = 0{,}99$
exakt	$[0{,}216\,, 0{,}266]$	$[0{,}208\,, 0{,}275]$
Näherung	$[0{,}215\,, 0{,}266]$	$[0{,}207\,, 0{,}274]$

Die relativen Fehler der Intervallgrenzen liegen im Zehntelprozentbereich. Diese Genauigkeit resultiert aus der Größe der Posterioriparameter ($a'' = 263\,,\ b'' = 830$), die die Betaverteilung einer Normalverteilung ähnlich macht. Für die Parameter verantwortlich sind etwa zu einem Viertel die Information aus den vorhergegangenen Wahlen, zu drei Vierteln die Umfragen. Hätten wir das Vorwissen aus den früheren Wahlen nicht gehabt und eine nichtinformative Prioriverteilung wählen müssen, so hätten allein die Umfragen a'' und b'' so groß werden lassen, dass zwischen der Beta-Posterioriverteilung und ihrer Normalverteilungsnäherung kaum ein Unterschied besteht. Für große Stichproben ist also die Näherung ohne merklichen Fehler anwendbar.

8.4.2 Unfälle im Kreisverkehr: Schätzung des Mittelwerts einer Poissonverteilung

Für die Posterioriverteilung der mittleren 5-Jahres-Unfallanzahl Λ am Kreisverkehr 12 in Tulln haben wir verwendet: die Unfallanzahlen an der Kreuzung vor Errichtung des Kreisverkehrs, Studien über die Verringerung von Unfallhäufigkeiten beim Ersetzen von Kreuzungen durch Kreisverkehre (Abschn. 6.5.2) sowie die Anzahl der Unfälle am betrachteten Kreisverkehr in den ersten 5 Jahren seines Bestehens (Abschn. 7.7.2). Nun schätzen wir Λ aus dieser Posterioriverteilung

$$\Lambda \sim Gamma(13{,}1\,;1{,}85)\,.$$

Die Punktschätzung ergibt sich nach (8.2b):

$$\hat{\lambda} = \frac{13{,}1 - 1}{1{,}85} = 6{,}5\,.$$

Auf Basis der eingangs genannten Informationen ist also mit einem 5-Jahres-Durchschnitt von 6,5 Unfällen zu rechnen. Für die Intervallschätzung nähern wir die Posterioriverteilung gemäß (3.68) an:

$$\Lambda \sim N\left(\frac{13{,}1}{1{,}85}\,;\,\frac{13{,}1}{1{,}85^2}\right) = N(7{,}08\,;\,1{,}96^2)$$

und erhalten mit (8.5d) und (8.5e) ein 95 %-Kredibilitätsintervall, begrenzt durch

$$\lambda_1 = 7{,}08 - \Phi^{-1}\left(\frac{1+0{,}95}{2}\right)\cdot 1{,}96 = 7{,}08 - 1{,}96 \cdot 1{,}96 = 3{,}2\,,$$
$$\lambda_2 = 7{,}08 + \Phi^{-1}\left(\frac{1+0{,}95}{2}\right)\cdot 1{,}96 = 7{,}08 + 1{,}96 \cdot 1{,}96 = 10{,}9\,.$$

Der 5-Jahres-Durchschnitt liegt mit 95 % Wahrscheinlichkeit zwischen 3,2 und 10,9 Unfällen. Die Unsicherheit der Schätzung ist also beträchtlich, und das liegt daran, dass wir nur vages Vorwissen und eine sehr kleine Stichprobe hatten.

Nun prüfen wir, welchen Fehler uns die Normalverteilungsnäherung einbringt, indem wir die genäherten Grenzen mit exakten (eines gleichendigen Intervalls [62]), berechnet aus der Gamma-Posterioriverteilung, vergleichen (Tab. 8.2).

Tab. 8.2 Exaktes und angenähertes 95 %-Kredibilitätsintervall. Das exakte beruht auf der Gammaverteilung, das angenäherte auf deren Normalverteilungsnäherung

exakt	[3,8 , 11,4]
Näherung	[3,2 , 10,9]

Die relativen Fehler dieser Näherung betragen mehrere Prozent und sind damit um vieles größer als jene des vorigen Beispiels. Das ist keine Überraschung, erkennt man doch in Abb. 7.3 mit bloßem Auge, dass die Posterioriverteilung schief und somit deutlich verschieden von einer Normalverteilung ist. Grund ist der kleine Wert des Parameters a'' (13,1), der aus vagem Vorwissen und kleiner Stichprobe resultiert.

8.4.3 Blutdruck: Schätzung des Mittelwerts einer Normalverteilung

Auf Basis dreier Studien haben wir in den Abschn. 6.5.3 und 7.7.3 eine Posterioriverteilung von Mittelwert und Varianz des systolischen Blutdrucks 30- bis 39-jähriger deutscher Männer abgeleitet:

$$(\mathrm{M}, \Sigma^2) \sim NIG(126{,}5\,;\,1765\,;\,868\,;\,187\,829)\,.$$

Aus dieser ergibt sich als Verteilung des Mittelwerts nach (4.19) eine t-Verteilung und als Näherung für große a'' nach (7.7a)–(7.7c) die Normalverteilung

$$\mathrm{M} \sim N\left(126{,}5\,;\frac{187\,829}{868\cdot 1765}\right) = N(126{,}5\,;0{,}35^2)\,.$$

Letztere verwenden wir, um den Mittelwert zu schätzen. Die Punktschätzung (8.3b) lautet:

$$\hat{\mu} = 126{,}5\,,$$

die 95 %-Kredibilitätsgrenzen (8.5d) und (8.5e):

$$\mu_1 = 126{,}5 - \Phi^{-1}\left(\frac{1+0{,}95}{2}\right)\cdot 0{,}35 = 126{,}5 - 1{,}96\cdot 0{,}35 = 125{,}8\,,$$
$$\mu_2 = 126{,}5 + \Phi^{-1}\left(\frac{1+0{,}95}{2}\right)\cdot 0{,}35 = 126{,}5 + 1{,}96\cdot 0{,}35 = 127{,}2\,.$$

Diese Schätzung ist (sofern kein systematischer Fehler vorliegt) sehr genau, was wir hauptsächlich der Stichprobengröße der dritten Studie ($n = 1736$) verdanken.

Einen Vergleich der exakten Intervallgrenzen, aus der t-Verteilung berechnet, mit den angenäherten zeigt Tab. 8.3.

Tab. 8.3 Exaktes und angenähertes 95 %-Kredibilitätsintervall. Die exakten Grenzen aus der t-Verteilung entsprechen den mittels Normalverteilung angenäherten bis zur letzten dargestellten Stelle

exakt	[125,8 , 127,2]
Näherung	[125,8 , 127,2]

Die Näherung ist mit einem relativen Fehler von weniger als 0,01 % behaftet, was, wie schon die Genauigkeit der Schätzung selbst, hauptsächlich auf die Stichprobengröße der dritten Studie zurückgeht.

8.4.4 Zur Exponentialverteilung: Mittlere Dauer, Halbwertszeit

In Abschn. 3.6.1 haben wir gezeigt, dass die Lebensdauer radioaktiver Kerne exponentialverteilt ist, weil jeder Kern mit derselben Wahrscheinlichkeit in der nächsten Zeiteinheit zerfällt. Jede Dauer, die durch ein Ereignis mit konstanter Eintrittswahrscheinlichkeit begrenzt ist, folgt einer Exponentialverteilung. Unter geeigneten Umständen sind das beispielsweise die Dauer von Arbeitslosigkeit, die Zeit bis zum nächsten Telefonanruf, zum nächsten Einbruch, zum nächsten Stromausfall, aber auch die Zeitspanne zwischen zwei Telefonanrufen, Einbrüchen, Stromausfällen oder die Lebensdauer wild lebender Stechmücken. Wir richten nun unsere Aufmerksamkeit auf zwei Kenngrößen einer solchen

Verteilung: mittlere Dauer und Halbwertszeit. Zunächst sehen wir nach, wie diese Größen mit dem Parameter der Verteilung zusammenhängen.

Die *mittlere Dauer* M, also der Mittelwert der Verteilung, ist nach (3.50):

$$\mathrm{M} = \frac{1}{\Lambda}\,.$$

Ist die betrachtete Zeitspanne eine Lebensdauer (radioaktiver Kerne, wild lebender Stechmücken), dann ist die *Halbwertszeit* T (der griechische Großbuchstabe Tau) jene Zeit, nach der noch die Hälfte der Individuen (von einer großen und ansonsten beliebigen Anfangsanzahl) existieren. Das bedeutet, dass die Hälfte der Lebensdauern höchstens gleich der Halbwertszeit sind, und somit ist die Halbwertszeit der Median der Lebensdauer, mit (3.51):

$$\mathrm{T} = \frac{\ln 2}{\Lambda}\,.$$

Die drei Größen Λ, M und T folgen drei verschiedenen Verteilungen: Der Parameter der Exponentialverteilung ist gammaverteilt; die mittlere Dauer als sein Kehrwert ist invers-gammaverteilt; die Halbwertszeit, proportional zur mittleren Dauer, ist ebenfalls invers-gammaverteilt, jedoch mit anderen Parameterwerten. Insofern stellen uns die drei Größen vor drei verschiedene Probleme. Doch wenn wir einen kleinen Fehler in Kauf nehmen, können wir ihre Behandlung wie folgt vereinheitlichen: Jede Behauptung über M oder T kann in eine Behauptung über Λ übersetzt werden. Man kann also Λ schätzen oder eine Hypothese über Λ testen und erhält damit auch Resultate für M und T. Beispielsweise ist $\mathrm{M} < 10$ äquivalent mit $\Lambda > 1/10$, und $6 < \mathrm{T} < 8$ äquivalent mit $(\ln 2)/8 < \Lambda < (\ln 2)/6$. Der Modus der Verteilung von M ist aber nur ungefähr gleich dem Kehrwert des Modus der Verteilung von Λ, und sinngemäß Gleiches gilt für die Halbwertszeit. Daher entsteht ein (zahlenmäßig meist kleiner) Fehler dort, wo wir aus dem Modus der einen Verteilung auf den Modus der anderen schließen: beim Festlegen einer informativen Prioriverteilung und beim Punktschätzen.

Erdbeben in Österreich

Wir wollen nun schätzen, in welchen Zeitabständen sich Erdbeben mit Epizentrum in Österreich und einer Epizentralintensität von 4 Grad oder mehr (auf der Europäischen Makroseismischen Skala EMS-98) ereignen. Wir setzen kein Vorwissen voraus und verwenden als Stichprobe Daten aus dem Jahr 2014. Damals wurden 12 solcher Erdbeben registriert, wobei die 11 Zeitabstände zwischen jeweils einem Beben und dem nächsten einen Mittelwert von genau 28 Tagen haben [69].

Wir nehmen die Zeitabstände als exponentialverteilt an und schätzen den Parameter Λ der Verteilung. Gemäß Tab. 6.2 folgt Λ einer Gamma-Prioriverteilung mit

$$a' = 0\,,$$
$$b' = 0\,.$$

Daraus und aus der Stichprobe ergibt sich nach (7.5a)–(7.5d) eine Gamma-Posterioriverteilung mit

$$a'' = 0 + 11 = 11\,,$$
$$b'' = 0 + 11 \cdot 28 = 308$$

(die Zeiteinheit – Tage – lassen wir bei den Zwischenrechnungen weg). Als Punktschätzung für Λ erhalten wir nach (8.2a) und (8.2b):

$$\hat{\lambda} = \frac{11 - 1}{308} = 0{,}0325\,.$$

Mit $\mathrm{M} = 1/\Lambda$ folgt die Punktschätzung des mittleren Zeitabstands:

$$\hat{\mu} = \frac{1}{0{,}0325} = 30{,}8 \text{ Tage}\,.$$

(Anmerkung: Für eine repräsentative Stichprobe soll die Wahrscheinlichkeit dafür, dass ein Objekt in sie aufgenommen wird, nicht davon abhängen, in welcher Ausprägung es das in Frage stehende Merkmal trägt [62]. In unserer Stichprobe sind aber kleine Zeitabstände überrepräsentiert, denn je größer ein Zeitabstand ist, desto wahrscheinlicher fällt das auf ihn folgende Erdbeben aus dem Beobachtungsjahr und damit der Zeitabstand selbst aus der Stichprobe. Die Korrektur des resultierenden Schätzfehlers würde den Rahmen des Buches übersteigen.)

8.5 Aufgaben zum bayesschen Schätzen

Aufg. 8.1 Schätzen Sie auf Basis der Posterioriverteilung von Aufg. 7.1 den Stimmenanteil der FPÖ bei einer fiktiven Nationalratswahl im August 2015: a) Geben Sie eine Punktschätzung und ein beidseitig begrenztes 95 %-Kredibilitätsintervall an; b) welcher Mindeststimmenanteil wäre mit Wahrscheinlichkeit 0,99 zu erwarten gewesen?

Aufg. 8.2 Schätzen Sie aus der Posterioriverteilung von Aufg. 7.3 die Differenz der Stimmenanteile von SPÖ und FPÖ bei einer fiktiven Nationalratswahl im August 2015.

Aufg. 8.3 Schätzen Sie aus der Posterioriverteilung von Aufg. 7.4 die mittlere 5-Jahres-Unfallanzahl am Kreisverkehr 12 in Tull. Vergleichen Sie das 95 %-Kredibilitätsintervall mit jenem aus Abschn. 8.4.2.

Aufg. 8.4 Schätzen Sie auf Basis der Posterioriverteilung von Aufg. 7.5 den mittleren systolischen Blutdruck deutscher Männer von 30 bis 39 und vergleichen Sie das Ergebnis mit jenem in Abschn. 8.4.3.

9 Bayessches Testen

Zusammenfassung
In der Bayes-Statistik testet man eine Hypothese, indem man feststellt, mit welcher Wahrscheinlichkeit sie stimmt. Alle Hypothesen der Statistik lassen sich so formulieren, dass sie Werte statistischer Größen zum Inhalt haben, und ihre Wahrscheinlichkeiten erhält man aus den Posterioriverteilungen dieser Größen. Wieder sprechen wir im gesamten Kapitel von stetigen Größen.

9.1 Die Wahrscheinlichkeit einer Hypothese

Die Posterioriverteilung einer Größe Θ sei durch ihre Dichte $f_\Theta(\theta \,|\, \mathbf{x})$ gegeben. Die Hypothesen, Θ sei mindestens gleich einem vorgegebenen Wert θ_- oder höchstens gleich einem vorgegebenen Wert θ_+ , haben dann nach (3.35) die Wahrscheinlichkeiten

$$p(\Theta \geq \theta_-) = \int_{\theta_-}^{\infty} f_\Theta(\theta \,|\, \mathbf{x})\, d\theta\,,$$

$$p(\Theta \leq \theta_+) = \int_{-\infty}^{\theta_+} f_\Theta(\theta \,|\, \mathbf{x})\, d\theta\,.$$

In der klassischen Statistik testet man auch die Hypothese, Θ sei genau gleich einem bestimmten θ_0 . Eine solche Hypothese hat die Wahrscheinlichkeit 0, denn mit (3.35) ist

$$p(\Theta = \theta_0) = p(\theta_0 \leq \Theta \leq \theta_0) = \int_{\theta_0}^{\theta_0} f_\Theta(\theta \,|\, \mathbf{x})\, d\theta = 0\,.$$

© Springer-Verlag GmbH Deutschland, ein Teil von Springer Nature 2019

W. Tschirk, *Bayes-Statistik für Human- und Sozialwissenschaften*, Springer-Lehrbuch,
https://doi.org/10.1007/978-3-662-56782-1_9

Sie ist nicht sicher falsch, denn *einen* Wert muss Θ ja haben; nennen wir ihn θ_0, dann hat, solange man die Wirklichkeit nicht kennt, die Hypothese $\Theta = \theta_0$ die Wahrscheinlichkeit 0, und trotzdem stimmt sie. Doch eine Hypothese mit Wahrscheinlichkeit 0 ist *fast sicher* falsch (Abschn. 2.4.8) und daher kein sinnvolles Testobjekt, auch wenn manche Bayes-Statistiker in Anlehnung an die klassische Statistik Tests für Gleichheitshypothesen vorschlagen [6, 49, 52]. Wir testen stattdessen die Hypothese, Θ liege zwischen zwei Werten θ_1 und θ_2. Deren Wahrscheinlichkeit ist

$$p(\theta_1 \leq \Theta \leq \theta_2) = \int_{\theta_1}^{\theta_2} f_\Theta(\theta \,|\, \mathbf{x})\, d\theta\,.$$

Wie wir in Abschn. 8.2 zu einfachen Schätzformeln gelangen, indem wir die Posterioriverteilung (sofern sie nicht ohnehin normal ist) durch eine Normalverteilung annähern, so kommen wir nun auf dem gleichen Weg zu einfachen Formeln für das Testen; denn die Werte der Integrale in den Wahrscheinlichkeitsberechnungen lassen sich wieder aus der Tabelle in Anhang B ablesen. Die Formeln sind in Abschn. 9.3 angegeben.

9.2 Dualität zwischen Schätzen und Testen

Zwischen Schätzen und Testen besteht die folgende Beziehung: Ist $[\theta_1, \theta_2]$ ein γ-Kredibilitätsintervall für Θ, dann liegt Θ mit Wahrscheinlichkeit γ zwischen θ_1 und θ_2, und die Hypothese $\theta_1 \leq \Theta \leq \theta_2$ ist mit Wahrscheinlichkeit γ richtig. Stimmt umgekehrt die Hypothese mit Wahrscheinlichkeit γ, dann ist das Intervall ein γ-Kredibilitätsintervall. Analoges gilt für einseitig begrenzte Intervalle: Ist $[\theta_-, \infty)$ ein γ-Kredibilitätsintervall für Θ, dann stimmt die Hypothese $\Theta \geq \theta_-$ mit Wahrscheinlichkeit γ; ist $(-\infty, \theta_+]$ ein solches, dann die Hypothese $\Theta \leq \theta_+$; und in beiden Fällen ist auch der Umkehrschluss korrekt.

9.3 Überblick: Bayessches Testen

Tests für einen normalverteilten Parameter $\Theta \sim N(\mu''; \sigma''^2)$

$$p(\Theta \geq \theta_-) = 1 - \Phi\left(\frac{\theta_- - \mu''}{\sigma''}\right), \tag{9.1a}$$

$$p(\Theta \leq \theta_+) = \Phi\left(\frac{\theta_+ - \mu''}{\sigma''}\right), \tag{9.1b}$$

$$p(\theta_1 \leq \Theta \leq \theta_2) = \Phi\left(\frac{\theta_2 - \mu''}{\sigma''}\right) - \Phi\left(\frac{\theta_1 - \mu''}{\sigma''}\right). \tag{9.1c}$$

Die Formeln gelten auch, wenn Θ ein (annähernd) normalverteilter Anteil, Parameter von Poisson-, Exponential- oder Normalverteilung oder die (exakt oder annähernd) normalverteilte Summe oder Differenz zweier Parameter ist. Wegen (3.33) kann man in ihnen beliebige ‚$\leq$' durch ‚$<$' bzw. ‚$\geq$' durch ‚$>$' ersetzen.

9.4 Beispiele zum bayesschen Testen

9.4.1 Wahlprognose: Hypothese über den Anteil

Nachdem wir in den Abschn. 6.5.1 und 7.7.1 eine Posterioriverteilung des Stimmenanteils der SPÖ bei einer fiktiven Nationalratswahl Anfang August 2015,

$$\Pi \sim Beta(263\,;830)\,,$$

ermittelt und den Anteil in Abschn. 8.4.1 daraus geschätzt haben, testen wir nun eine Hypothese über ihn. Die Partei will vielleicht wissen, mit welcher Wahrscheinlichkeit ihr Stimmenanteil höher ausgefallen wäre als bei der letzten Wahl davor, also mehr als 26,82 % (siehe Tab. 6.3) betragen hätte. Darum testen wir die Hypothese $\Pi > 0{,}2682$. Dazu verwenden wir die Normalverteilungsnäherung aus Abschn. 8.4.1,

$$\Pi \sim N(0{,}2406\,;0{,}0129^2)\,.$$

Nach (9.1a) ist

$$p(\Pi > 0{,}2682) = 1 - \Phi\left(\frac{0{,}2682 - 0{,}2406}{0{,}0129}\right) = 1 - \Phi(2{,}14) = 0{,}016\,.$$

Die Wahrscheinlichkeit für einen schlechteren Wahlausgang als zuletzt ist durch (9.1b) gegeben:

$$p(\Pi < 0{,}2682) = \Phi\left(\frac{0{,}2682 - 0{,}2406}{0{,}0129}\right) = \Phi(2{,}14) = 0{,}984\,.$$

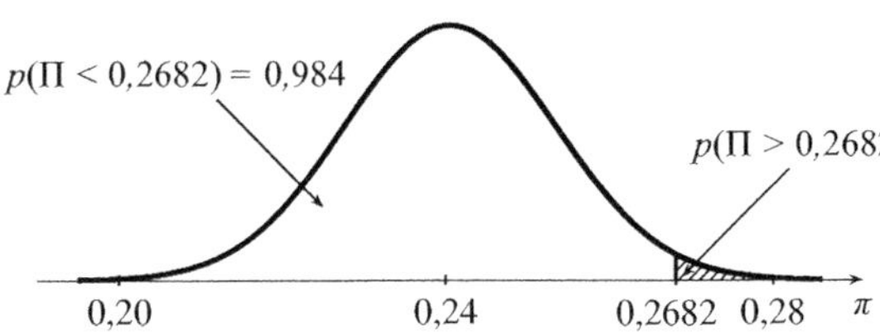

Abb. 9.1 Normalverteilungsnäherung für die Posterioriverteilung des Stimmenanteils der SPÖ bei einer fiktiven Nationalratswahl Anfang August 2015. Wahrscheinlichkeiten 0,016 für ein besseres und 0,984 für ein schlechteres Ergebnis als 2013. Die exakte $Beta(263\,;830)$ -Verteilung wäre im Bild von der Näherung kaum zu unterscheiden

Beim Schätzen des Stimmenanteils hat die Normalverteilungsnäherung nur kleine Fehler verursacht (Abschn. 8.4.1). Beim Testen ist das ebenso: Hätten wir die Wahrscheinlichkeiten (mit größerem Aufwand oder spezieller Statistik-Software) aus der Beta-Posterioriverteilung ermittelt, dann wäre $p(\Pi > 0{,}2682) = 0{,}018$ (statt 0,016) und $p(\Pi < 0{,}2682) = 0{,}982$ (statt 0,984) herausgekommen.

9.4.2 Unfälle im Kreisverkehr: Hypothese über den Mittelwert einer Poissonverteilung

In den Abschn. 6.5.2 und 7.7.2 haben wir eine Posterioriverteilung der mittleren 5-Jahres-Unfallanzahl am Kreisverkehr 12 in Tulln bestimmt:

$$\Lambda \sim Gamma(13{,}1\,;\,1{,}85)\,,$$

und aus dieser in Abschn. 8.4.2 den Wert von Λ geschätzt. Nun fragen wir, mit welcher Wahrscheinlichkeit der Kreisverkehr die Unfallgefahr verringert, konkret: mit welcher Wahrscheinlichkeit die mittlere 5-Jahres-Unfallanzahl unter dem Wert der letzten 5 Jahre vor Errichtung des Kreisverkehrs (12 Unfälle, siehe Abschn. 6.5.2) liegt. Wir ermitteln also die Wahrscheinlichkeit der Hypothese $\Lambda < 12$. Mit der Normalverteilungsnäherung aus Abschn. 8.4.2,

$$\Lambda \sim N(7{,}08\,;\,1{,}96^2)\,,$$

und (9.1b) ergibt sich:

$$p(\Lambda < 12) = \Phi\left(\frac{12 - 7{,}08}{1{,}96}\right) = \Phi(2{,}51) = 0{,}994\,.$$

Wieder ermitteln wir den Fehler, den die Normalverteilungsnäherung mit sich bringt: Das exakte Ergebnis, berechnet über die Gamma-Posterioriverteilung, lautet: $p(\Lambda < 12) = 0{,}985$. Der Fehler ist größer, als es auf den ersten Blick scheint; denn die Wahrscheinlichkeit dafür, dass der Kreisverkehr die Unfallgefahr *nicht* verringert, $p(\Lambda \geq 12) = 1 - 0{,}985 = 0{,}015$, ist 2,5-mal so groß wie der genäherte Wert $1 - 0{,}994 = 0{,}006$. Das war (wie schon die in Abschn. 8.4.2 beobachtete Ungenauigkeit der Schätzung) wegen des kleinen Werts von a'', resultierend aus vagem Vorwissen und kleiner Stichprobe, zu erwarten.

9.4.3 Blutdruck: Hypothese über den Mittelwert einer Normalverteilung

In Abschn. 8.4.3 haben wir den mittleren systolischen Blutdruck 30- bis 39-jähriger deutscher Männer geschätzt und dabei ein sehr kleines Intervall erhalten, also eine sehr genaue

Schätzung, sofern kein systematischer Fehler vorliegt. Grund dafür ist vor allem die große Stichprobe, die wir zur Bestimmung der Posterioriverteilung von Mittelwert und Varianz des Blutdrucks verwendet haben (Abschn. 6.5.3 und 7.7.3).

Will man feststellen, ob Gesundheitsmaßnahmen im Mittel über die gesamte Bevölkerung zu Verbesserungen führen, muss man unter Umständen kleine Veränderungen zuverlässig messen können. Wir fragen daher nach der Wahrscheinlichkeit dafür, dass der Blutdruckmittelwert in einem schmalen Bereich liegt, beispielsweise zwischen 126 und 127, testen also die Hypothese $126 \leq \mathrm{M} \leq 127$. Auf Basis der Normalverteilungsnäherung von Abschn. 8.4.3,

$$\mathrm{M} \sim N(126{,}5\,;0{,}35^2)$$

und (9.1c) folgt:

$$\begin{aligned} p(126 \leq \mathrm{M} \leq 127) &= \Phi\left(\frac{127-126{,}5}{0{,}35}\right) - \Phi\left(\frac{126-126{,}5}{0{,}35}\right) \\ &= \Phi(1{,}43) - \Phi(-1{,}43) = 0{,}847\,. \end{aligned}$$

In diesem Beispiel haben wir eine sehr große Stichprobe verwendet, und vor allem deshalb stimmt die aus der Normalverteilungsnäherung erhaltene Wahrscheinlichkeit mit der exakten, ermittelt aus der t-Verteilung, bis zur letzten dargestellten Dezimalstelle überein.

9.4.4 Koalition: Hypothese über eine Summe von Anteilen

In Abschn. 7.4 haben wir gesehen, dass Summen und Differenzen von Anteilen im Allgemeinen keine Anteile sind, in Sonderfällen aber doch. Die Aufg. 7.3, 8.2 und 9.2 haben eine Differenz zum Gegenstand, die selbst kein Anteil ist. Nun untersuchen wir eine Summe, bei der es sich anders verhält: Die Summe aus den Stimmenanteilen von SPÖ und ÖVP ist der Anteil jener Stimmen, die auf SPÖ oder ÖVP entfallen. Nach der Nationalratswahl 2013 haben diese beiden Parteien, damals zusammen im Besitz der absoluten Mehrheit, eine Koalitionsregierung gebildet. Nun fragen wir nach der Wahrscheinlichkeit dafür, dass sie, allein auf Basis der Umfragen vom 17. und 31. Juli 2015, bei einer Wahl Anfang August erneut mit einer absoluten Mehrheit hätten rechnen können. Wir testen also die Hypothese $\Pi > 0{,}5$ für den Anteil der gemeinsamen Stimmen bei einer solchen Wahl. Wie die Fragestellung vorschreibt, berücksichtigen wir nur die Umfragen laut Tab. 7.1 und wählen daher eine nichtinformative Prioriverteilung, also Jeffreys' Prior für den Anteil:

$$\Pi \sim Beta(0{,}5\,;0{,}5)\,.$$

Von den insgesamt 800 Befragten haben 364 für eine der beiden Parteien gestimmt. Damit ergeben sich die Parameter der Posterioriverteilung:

$$a'' = 0{,}5 + 364 = 365\,,$$
$$b'' = 0{,}5 + 800 - 364 = 437\,.$$

Für die Normalverteilungsnäherung erhalten wir

$$\mu'' = \frac{365}{365 + 437} = 0{,}4551\,,$$
$$\sigma''^2 = \frac{365 \cdot 437}{(365 + 437)^2 \cdot (365 + 437 + 1)} = 0{,}0176^2\,,$$

und daraus die Wahrscheinlichkeit für die Hypothese der absoluten Mehrheit:

$$p(\Pi > 0{,}5) = 1 - \Phi\left(\frac{0{,}5 - 0{,}4551}{0{,}0176}\right) = 1 - \Phi(2{,}55) = 0{,}005\,.$$

9.4.5 Wie wahrscheinlich ist ein Anteil von 0?

Betrachten wir einen Anteil als stetigen Parameter, dann ist gemäß unserer Argumentation von Abschn. 9.1

$$p(\Pi = 0) = p(0 \leq \Pi \leq 0) = \int_0^0 f_\Pi(\pi \,|\, \mathbf{x})\, d\pi = 0\,.$$

Nun kann man aber leicht Beispiele finden, wo ein Anteil von 0 alles andere als unwahrscheinlich ist. So gut wie sicher 0 ist beispielsweise der Anteil der Menschen, die älter als 1000 Jahre sind.

Das Problem verschwindet, wenn man bedenkt, dass Anteile von Merkmalsträgern nicht wirklich stetig, sondern nur näherungsweise stetig sind. Der Anteil der Merkmalsträger in einer Gesamtheit von N Objekten hat $N + 1$ mögliche diskrete Werte, weil es 0 bis N Merkmalsträger geben kann. Daher hat nicht, wie bei stetigen Größen, jeder einzelne Wert a priori die Wahrscheinlichkeit 0. Welcher Fehler durch die Annahme entsteht, der Anteil wäre stetig, hängt im Allgemeinen von der Größe der Gesamtheit ab; Anteile an großen Gesamtheiten (und wir betrachten nur solche) kann man für die meisten Zwecke ohne merklichen Fehler als stetig ansehen. In Einzelfällen aber führt die Stetigkeitsannahme, wie soeben gezeigt, auf ein falsches Resultat. Das Gleiche kann auch bei anderen Parametern geschehen, denn Stetigkeit ist oft, wenn nicht sogar immer, eine Näherung [62]. Glücklicherweise wirkt sich das fast nur auf Hypothesen aus wie eben jene, dass ein Anteil exakt 0 (oder exakt 1) sei, die also die Existenz von etwas (von Menschen, die älter als 1000 Jahre sind) bestreiten. Solche Hypothesen können durch eine einzelne Beobachtung (einen Menschen, der älter als 1000 Jahre ist) widerlegt werden und sind selten Gegenstand der schließenden Statistik.

9.5 Aufgaben zum bayesschen Testen

Aufg. 9.1 Ermitteln Sie auf Basis der Posterioriverteilung von Aufg. 7.1 die Wahrscheinlichkeiten dafür, dass die FPÖ bei einer Nationalratswahl im August 2015 mehr als 25% bzw. mehr als 30 % der Stimmen erhalten hätte.

Aufg. 9.2 Ermitteln Sie aus der Posterioriverteilung von Aufg. 7.3 die Wahrscheinlichkeit dafür, dass bei einer Nationalratswahl im August 2015 die SPÖ vor der FPÖ gelegen wäre.

Aufg. 9.3 Mit welcher Wahrscheinlichkeit wird der Kreisverkehr 12 in Tulln die mittlere Unfallanzahl zumindest halbieren, verglichen mit jener, die vor seiner Errichtung an der ehemaligen Kreuzung beobachtet wurde? Die nötigen Daten finden Sie in Abschn. 9.4.2.

Aufg. 9.4 Ermitteln Sie auf Basis der Posterioriverteilung von Aufg. 7.5 die Wahrscheinlichkeit dafür, dass der mittlere systolische Blutdruck 30- bis 39-jähriger deutscher Männer 126,5 beträgt.

Teil III

Praxis des bayesschen Schätzens und Testens

Von der Theorie zur Praxis

10

Zusammenfassung

In Teil III dieses Buches wenden wir die bisher gewonnenen Erkenntnisse auf typische Probleme der Human- und Sozialwissenschaften an. Dazu benötigen wir die Umsetzung einer oft umgangssprachlich formulierten Fragestellung in eine exakte, die wir mit den erarbeiteten Mitteln auch beantworten können, und einen möglichst einfachen Weg, der zur Antwort führt. Das ist der Gegenstand des vorliegenden Kapitels.

10.1 Rückblick und Vorschau

Wir haben gezeigt, wie man in der Bayes-Statistik Fragen über Kenngrößen einer Gesamtheit beantwortet, von der man nur eine Stichprobe kennt. Solche Fragen sind:

1. Welcher Wert der Größe kommt dem wahren Wert möglichst nahe? Die Antwort darauf ist eine Punktschätzung.
2. In welchem Bereich liegt die Größe mit vorgegebener Wahrscheinlichkeit? Die Antwort darauf ist eine Intervallschätzung.
3. Mit welcher Wahrscheinlichkeit liegt die Größe in einem vorgegebenen Bereich? Diese Frage beantwortet ein Hypothesentest.

Die wichtigsten Rechengänge des Schätzens und Testens haben wir aus der Wahrscheinlichkeitstheorie abgeleitet oder die Ableitung zumindest skizziert. In Beispielen und Aufgaben haben wir Schätzungen und Tests ganz oder teilweise durchgeführt und dazu neben den Stichproben auch anderes Wissen in Rechnung gestellt: Wahlergebnisse, Krankenstandstatistiken, Unfallberichte, Studien über Unfälle, Ernährungs- und Gesundheitsberichte; und wir haben geklärt, wie man vorgeht, wenn man *kein* Vorwissen hat.

Nun lassen wir die Theorie hinter uns und vertiefen die Anwendung. Dazu präsentieren wir für jede Klasse statistischer Größen, die wir mit den in Teil II entwickelten Verfahren

© Springer-Verlag GmbH Deutschland, ein Teil von Springer Nature 2019

W. Tschirk, *Bayes-Statistik für Human- und Sozialwissenschaften*, Springer-Lehrbuch,
https://doi.org/10.1007/978-3-662-56782-1_10

behandeln können, einen Weg, der in vier Schritten von der Frage zur Antwort führt. Im Detail hängen die Schritte davon ab, welcher Verteilung die betrachtete Größe folgt, und wir werden jeder Verteilung ein eigenes Kapitel widmen. Als Vorarbeit besprechen wir, welche Verteilungen die uns interessierenden Größen haben, sowie die verteilungsunabhängigen Aspekte des Lösungwegs.

10.2 Größen und ihre Verteilungen

Die Verteilung einer Größe gibt an, mit welchen Wahrscheinlichkeiten die Größe diese oder jene Werte hat. Wenn wir sagen, eine Größe sei auf bestimmte Weise verteilt, so beschreiben wir genau genommen nicht die Größe selbst, sondern unser Wissen über sie und einen praktikablen Weg, aus diesem Wissen Schlüsse zu ziehen. Für Größen aus der realen Welt der Human- und Sozialwissenschaften heißt das zweierlei: dass die gewählte Verteilung nicht die einzig mögliche ist und dass sie nicht exakt, sondern nur näherungsweise gilt. So bedeutet beispielsweise die Aussage, ein Anteil sei betaverteilt, dass es die Untersuchung des Anteils erleichtert, ihn als betaverteilt *zu betrachten*, und man dabei keinen großen Fehler macht; und für die anderen Verteilungen gilt sinngemäß das Gleiche. Das werden wir im Gedächtnis behalten und nicht mehr eigens erwähnen.

Die Eigenschaften der uns interessierenden Verteilungen haben wir in Teil II dargestellt, mit ihnen müssen wir uns nicht mehr beschäftigen. Wir müssen nur imstande sein, einer Größe die passende Verteilung zuzuordnen, um unter den Rezepten des Praxisteils das richtige zu finden. Darum wenden wir uns nun der Frage zu, welche Größen wie verteilt sind.

10.2.1 Anteile sind oft betaverteilt

Nehmen wir an, wir wollen den Anteil der Linkshänder unter den Schulkindern untersuchen und verwenden dazu eine Stichprobe. Von dieser setzen wir voraus, dass die Wahrscheinlichkeit dafür, dass ein Kind in sie aufgenommen wird, nicht davon abhängt, ob das Kind linkshändig ist. Es ist nicht notwendig, dass jedes Kind mit gleicher Wahrscheinlichkeit in die Stichprobe kommt (das ließe sich auch kaum realisieren); lediglich sollen Linkshänder weder bevorzugt noch benachteiligt sein. Eine Stichprobe, die diese Bedingung erfüllt, nennt man (in der Bayes-Statistik ebenso wie in der klassischen) *repräsentativ*. Haben wir eine repräsentative Stichprobe, so können wir dem Anteil eine Betaverteilung zuschreiben. In Kap. 11 wird gezeigt, wie man betaverteilte Größen schätzt und Hypothesen über sie testet.

10.2.2 Häufigkeiten sind oft poissonverteilt

Nehmen wir an, wir untersuchen die Häufigkeit von Sportunfällen. Unfälle sind seltene Ereignisse in dem Sinn, dass es viele Gelegenheiten für einen Unfall gibt und bei jeder einzelnen die Wahrscheinlichkeit eines Unfalls klein ist. Im selben Sinn selten sind Druckfehler pro Buchseite (eine Buchseite hat viele Schriftzeichen und die Wahrscheinlichkeit eines Fehlers für das einzelne Zeichen ist klein) und andere Fabrikationsfehler; weiters Brände, Erdbeben, Wirbelstürme und andere Katastrophen; Krankheitsfälle und Krankenstände; Einbrüche, Lottogewinne, Tore beim Fußball. Wenn Ereignisse selten sind in dem Sinn, dass es für ihr Eintreten viele Gelegenheiten gibt und bei jeder einzelnen die Wahrscheinlichket des Eintretens klein ist, ist ihre Anzahl poissonverteilt.

Ist die Anzahl der täglichen Sportunfälle poissonverteilt, dann auch die Anzahl der wöchentlichen, monatlichen usw. Man kann daher für die Untersuchung einen (fast) beliebigen Zeitraum wählen und damit einen, der gerade günstig ist, weil es beispielsweise nur für ihn Daten gibt. Ebenso kann man Druckfehler pro Seite oder pro Buch zählen und auch die anderen Größen nach verschiedenen Gesichtspunkten kumulieren: Wirbelstürme pro Land, pro Kontinent oder weltweit, Einbrüche pro Bezirk oder in der ganzen Stadt, Krankmeldungen pro Jahr und Betrieb oder pro Quartal und Berufsgruppe. Wie man den Mittelwert einer poissonverteilten Größe schätzt und Hypothesen über ihn testet, wird in Kap. 12 erklärt.

10.2.3 Zeitspannen sind oft exponentialverteilt

Nehmen wir an, wir untersuchen die Dauer der Arbeitslosigkeit in einem bestimmten Berufszweig. Wenn für jede arbeitslose Person die Wahrscheinlichkeit dafür, dass sie in der nächsten Zeitspanne (in der nächsten Woche, im nächsten Monat) Arbeit findet, konstant ist, dann ist die Dauer ihrer Arbeitslosigkeit exponentialverteilt. Wenn diese Wahrscheinlichkeit noch dazu für jede Person dieselbe ist, dann folgen die Arbeitslosigkeitsdauern aller Betroffenen derselben Exponentialverteilung. (Dass nicht jeder Arbeitslose dieselbe Wahrscheinlichkeit hat, eine Stelle zu finden, gilt nur unter Berücksichtigung der unterschiedlichen Voraussetzungen. Betrachtet man die Arbeitslosen als homogene Gruppe, weiß man also von jeder Person lediglich, dass sie dem Berufszweig angehört und arbeitslos ist, dann ist angesichts nur dieses Wissens die Wahrscheinlichkeit, Arbeit zu finden, für alle gleich.)

Was für die Dauer der Arbeitslosigkeit gilt, das gilt unter analogen Voraussetzungen auch für andere Zeitspannen: die Zeit bis zum nächsten Telefonanruf, zum nächsten Einbruch, zum nächsten Stromausfall, zur nächsten Naturkatastrophe und ebenso für die Zeit zwischen zwei Anrufen, Einbrüchen, Stromausfällen, Naturkatastrophen. In Kap. 13 werden wir sehen, wie man Kennwerte einer Exponentialverteilung schätzt und Hypothesen über sie testet.

10.2.4 Viele Größen sind normalverteilt

In den vorangegangenen Abschnitten haben wir Kriterien angegeben dafür, dass eine Größe beta-, poisson- oder exponentialverteilt ist. Diese Kriterien sind zuverlässig und praxistauglich; mit ihnen lassen sich einer Vielzahl von human- und sozialwissenschaftlich relevanten Untersuchungsgegenständen die passenden Verteilungen zuordnen. Viel schwieriger wird es im Fall der Normalverteilung. Nicht, weil es so wenige normalverteilte Größen gäbe, sondern weil es so viele sind, für deren Verteilung eine Normalverteilung die beste Näherung darstellt, und dementsprechend so viele Umstände, die zu normalverteilten Größen führen.

Wie lässt sich feststellen, ob eine Größe normalverteilt ist? Betrachtet man den Graphen der Normalverteilungsdichte, so fallen drei Eigenschaften auf: Sie ist symmetrisch, in der Mitte am höchsten, und läuft beiderseits zu immer kleineren Werten aus. Diese Glockenform der Dichte kann man in vielen Fällen aufgrund empirischer Daten vermuten. So geht aus den Wachstumskurven der Schweizerischen Gesellschaft für Pädiatrie hervor, dass von den 12-jährigen Mädchen 3 % um höchstens 2,80 cm/Jahr wachsen, 10 % um höchstens 3,75 cm/Jahr usw. [55], und diese Daten passen zu einer Normalverteilung (Tab. 10.1 und Abb. 10.1).

Tab. 10.1 Verteilungsfunktionswerte $F_V(v)$ der Wachstumsgeschwindigkeit (in cm/Jahr) 12-jähriger Mädchen. Empirisch nach Daten aus [55], theoretisch gemäß einer Normalverteilung mit $\mu = 6{,}26$ cm/Jahr und $\sigma^2 = (1{,}91 \text{ cm/Jahr})^2$

$F_V(v)$	v (empirisch)	v (theoretisch)
0,03	2,80	2,67
0,10	3,75	3,81
0,25	4,90	4,97
0,50	6,20	6,26
0,75	7,55	7,55
0,90	8,65	8,71
0,97	9,95	9,85

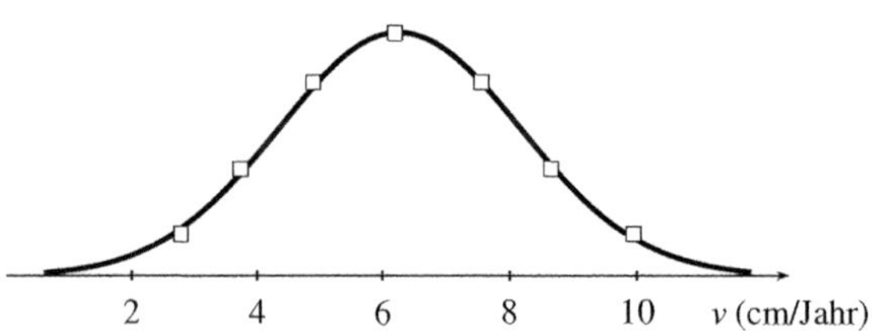

Abb. 10.1 Die Wachstumsgeschwindigkeit 12-jähriger Mädchen ist in guter Näherung normalverteilt mit $\mu = 6{,}26$ cm/Jahr und $\sigma^2 = (1{,}91 \text{ cm/Jahr})^2$. Empirische Werte nach [55] (*Quadrate*) und theoretische Dichte (*durchgezogen*)

Die Wachstumsgeschwindigkeit ist also in guter Näherung normalverteilt, und dasselbe gilt für viele andere Körpermerkmale, vom Body-Mass-Index bis zur Dicke der Netzhaut, und für unzählige Größen aus den verschiedensten Bereichen, von der Zugfestigkeit des Fichtenholzes bis zur Lautstärke der Popmusik.

Eine Inspektion der Daten kann auch zeigen, dass die betrachtete Größe nicht normalverteilt ist. Entweder ist die Verteilung schief, wie eine Einkommensverteilung, wo das typische Monatseinkommen bei zwei- oder dreitausend Euro liegen mag, aber Einkommen der zehnfachen Höhe nicht selten sind. Oder die Dichte hat in der Mitte ein Minimum, wie die der Altersverteilung pflegebedürftiger Menschen, deren Maxima an den Rändern (beim Baby- und beim Greisenalter) liegen. Oder sie bricht an den Rändern abrupt ab, wie die Verteilung von Überstundenanzahlen, die unten vom Wert 0 begrenzt werden und oben durch Gesetze.

Wie man den Mittelwert einer normalverteilten Größe schätzt oder eine Hypothese über ihn testet, besprechen wir in Kap. 14.

10.2.5 Summen und Differenzen

Die Frage, ob es unter den Einwohnern eines Bezirks mehr Befürworter einer flächendeckenden Kurzparkzone gibt als Gegner einer solchen, lässt sich als Frage nach einer Differenz von Anteilen formulieren: *Ist der Anteil der Befürworter minus dem Anteil der Gegner größer als null?* Die Differenz dieser Anteile ist selbst kein Anteil und auch nicht betaverteilt. Ihre Summe aber ist ein Anteil, nämlich der Anteil jener Einwohner, die sich entweder für oder gegen die Kurzparkzone aussprechen (im Gegensatz zu jenen, denen es egal ist). Summen und Differenzen von Anteilen können selbst Anteile sein, müssen aber nicht. Allgemein gesprochen, können Summen und Differenzen betaverteilter Größen selbst betaverteilt sein, müssen aber nicht. Das Gleiche gilt für poisson-, exponential- und normalverteilte Größen. In jedem der Kap. 11 bis 14 besprechen wir auch Summen und Differenzen der jeweiligen Größen.

10.3 Schätzen und Testen in vier Schritten

Wir entwickeln nun einen Plan, der in vier Schritten von einer Frage zur Antwort führt, sofern die Frage mit den in diesem Buch vorgestellten Mitteln beantwortet werden kann.

1. Im ersten Schritt präzisieren wir die Frage: Wir formulieren ein vielleicht umgangssprachlich gestelltes Problem so, dass es, sofern genug Infomation vorhanden ist, gelöst werden kann. Dabei werden die betrachteten Gesamtheiten sowie die relevanten Größen und deren Verteilungen festgelegt.
2. Im zweiten Schritt bestimmen wir die Prioriparameter: Auf der Grundlage unseres Vorwissens, d. h. dessen, was wir vor Auswertung einer Stichprobe über die relevanten

Größen wissen, ermitteln wir konkrete Werte für die Parameter der Verteilungen dieser Größen. Da wir dabei vom Wissen im Vorhinein, also vom a-priori-Wissen ausgehen, sprechen wir von Prioriverteilungen bzw. Prioriparametern.
3. Im dritten Schritt nehmen wir Stichprobendaten hinzu und führen mit ihrer Hilfe die Prioriparameter in Posterioriparameter über; das sind die Parameter der Posterioriverteilungen, die das Wissen im Nachhinein (a posteriori), also nach Auswerten der Stichprobe, verkörpern.
4. Im vierten Schritt benutzen wir die Posterioriparameter, um der Fragestellung entsprechend die relevanten Größen zu schätzen oder Hypothesen über sie zu testen.

Das Spektrum der möglichen Fragen ist unendlich breit und daher bedarf eine „Methode für alles“ einiger Erklärungen. Um diese anschaulich zu gestalten, demonstrieren wir sie an einem durchgehenden Beispiel. Zur Begründung der einzelnen Schritte verweisen wir gelegentlich auf Kap. 11, wo sie ausführlich beschrieben sind.

Im Jahr 1953 untersuchten Irving Janis und Bert King den Einfluss des Rollenspiels auf Meinungsänderungen an zwei Gruppen männlicher College-Studenten: den *Aktiven*, die für eine bestimmte Meinung argumentieren mussten, und den *Passiven*, die die Argumente anhörten [34]. Nach der Präsentation der Argumente wurde erfragt, wie viele Studenten jeder Gruppe nun ihre Meinung in Richtung der präsentierten Meinung geändert hätten. Janis und King führten drei solcher Experimente durch. Die Ergebnisse des ersten sind in Tab. 10.2 zusammengefasst.

Tab. 10.2 Einfluss des Rollenspiels auf Meinungsänderungen [34]

	Aktive	Passive
Meinung geändert	23	39
Meinung behalten	8	18
Summe	31	57

Kann man nun annehmen, dass Menschen, die gezwungen sind, eine Meinung zu vertreten, sich dieser eher anschließen als andere, die die entsprechende Botschaft nur zur Kenntnis nehmen?

10.3.1 Erster Schritt: Frage präzisieren

Damit wir überhaupt eine Chance haben, die Frage zu beantworten, müssen wir sie in zweifacher Hinsicht präzisieren.

Erste Präzisierung: Für Menschen welchen Alters, welchen Geschlechts, in welcher geografischen Region und für welchen Zeitraum soll und kann die Untersuchung gelten? Welche weiteren Kriterien gibt es? Hier geht es um die Festlegung der Gesamtheit. In unserem Beispiel besteht die Stichprobe ausschließlich aus männlichen College-Studenten der 1950er-Jahre. Eine durch sie repräsentierte Gesamtheit kann nur Personen umfassen, die den Probanden ausreichend ähnlich sind, also unter anderem keine Kinder, keine Alten und keine Frauen.

Zweite Präzisierung: Was meinen wir mit der Behauptung, Menschen in bestimmten Rollen würden sich einer Meinung eher anschließen als andere? Welche Art von Meinung betrifft das, und was heißt „sich eher anschließen"? Hier geht es darum, wie wir das Merkmal, sich einer Meinung eher anzuschließen, messen. Zunächst stellen wir fest, dass das Experiment nicht Meinungen im Sinn von Überzeugungen zum Gegenstand hatte. Die Probanden mussten lediglich schätzen, wie viele Kinos die USA in drei Jahren noch haben würden. Die Behauptung, Aktive schlössen sich der präsentierten Meinung eher an als Passive, können wir beispielsweise so auffassen: Der Anteil jener, die ihre Meinung in Richtung der präsentierten Meinung ändern würden, ist unter Aktiven höher als unter Passiven. (Damit ist für den Einzelnen die Wahrscheinlichkeit dafür, seine Meinung zu ändern, höher, wenn er aktiv, als wenn er passiv ist.)

Die Frage zu präzisieren bedeutet also, Gesamtheit(en) und Merkmal(e) zu definieren. Wir haben das nun beispielhaft durchgeführt und dabei einige Erkenntnisse gewonnen: Erstens, dass es viele Möglichkeiten geben kann, eine umgangssprachlich benannte Gesamtheit („Menschen") exakt zu fassen. Zweitens, dass es viele Möglichkeiten geben kann, das Gleiche für umgangssprachlich benannte Merkmale („sich einer Meinung eher anschließen") zu tun. Drittens, dass die Frage durch das Präzisieren auch verändert (meist eingeschränkt) wird: Wir vergleichen nur Personen bestimmter Charakteristika bezüglich einer bestimmten Art von Meinung und einer bestimmten Auffassung von „sich eher anschließen". Viertens, dass die Frage im Allgemeinen komplizierter wird, da sie ja, nunmehr vollständig formuliert, Detailfestlegungen enthält, die in ihrer ursprünglichen Fassung nicht vorhanden waren, und dass entsprechend komplizierter auch die Interpretation der Ergebnisse wird.

Jedes dieser Probleme kann noch gravierender sein als in unserem Beispiel. So sind Merkmale wie Extraversion oder Wertschätzung schwerer zu messen als Meinungsänderungen, und die Frage, ob extravertiertere Menschen sich höherer Wertschätzung erfreuen, ist in dieser Form unbeantwortbar.

Alles, was wir bisher über das Präzisieren der Frage gesagt haben, gilt gleichermaßen für die klassische wie für die Bayes-Statistik. Nun kommen zwei Punkte, in denen sich die Bayes-Statistik, wie sie hier präsentiert wird, bereits in der Fragestellung von der klassischen unterscheidet.

Punkt eins: Stellen Sie sich vor, wir hätten nicht gefragt, ob Aktive sich einer Meinung eher anschließen als Passive, sondern ob die zwei Gruppen sich in Bezug auf ihre Bereitschaft zur Meinungsänderung überhaupt unterscheiden. Wir haben die Bereitschaft zur Meinungsänderung definiert als den Anteil derjenigen, die ihre Meinung in Richtung der präsentierten Meinung ändern würden. Nun ist es so gut wie sicher, dass dieser Anteil bei Aktiven und Passiven nicht *exakt* gleich ist und die Gruppen sich daher unterscheiden – um das abzusehen, braucht man keine statistische Untersuchung. Die klassische Statistik lässt aber den Test der Hypothese, Aktive und Passive würden sich nicht unterscheiden, zu; und bei hinreichend kleinem Unterschied der Stichprobenanteile würde diese Hypothese beibehalten, obwohl sie so gut wie sicher falsch ist. Die Bayes-Statistik dagegen berechnet, mit welcher Wahrscheinlichkeit eine Hypothese stimmt. Dass sich Aktive und Passive in Bezug auf den genannten Anteil nicht unterscheiden, stimmt nur mit Wahrscheinlichkeit 0 und ist daher keine Hypothese, deren Richtigkeit man vernünftigerweise in Erwägung ziehen könnte. Das trifft auf alle Hypothesen zu, die besagen, zwei stetige Größen hätten denselben Wert oder eine stetige Größe hätte genau einen bestimmten Wert. Daher schließen wir alle Fragen der Form „Gibt es einen Unterschied zwischen…“ und „Gibt es einen Zusammenhang zwischen…“ als Gegenstand statistischer Untersuchungen aus; denn wenn man genau misst, gibt es immer einen Unterschied bzw. immer einen Zusammenhang [18].

Punkt zwei: Man könnte die Vermutung, Aktive seien eher zur Meinungsänderung bereit als Passive, aus den Daten in Tab. 10.2 ableiten. Tut man das, dann darf man sie nicht als Nullhypothese einem klassischen Test mit denselben Daten unterziehen, da in der klassischen Statistik die Nullhypothese von der Stichprobe unabhängig sein muss. In der Bayes-Statistik tritt an die Stelle dieser Forderung eine andere: Die Prioriparameter müssen von der Stichprobe unabhängig sein. Die zu testende Hypothese selbst darf aber auf ihr beruhen [62].

Abschließend formulieren wir die Frage in der uns möglichen Präzision. Für die Gesamtheit aller Menschen, die durch eine Stichprobe aus männlichen College-Studenten in den USA der 1950er-Jahre hinreichend repräsentiert werden, fragen wir: Schließt man sich einer Meinung, der man ohne Werturteil gegenübersteht, mit höherer Wahrscheinlichkeit an, wenn man die Meinung aktiv vertreten muss, als wenn man die entsprechende Botschaft passiv zur Kenntnis nimmt? Wir messen die Wahrscheinlichkeit durch den Anteil jener Menschen, die sich der Meinung anschließen. Nennen wir diesen Anteil Π_A für die Aktiven und Π_P für die Passiven, dann lautet die zu testende Hypothese:

$$\Pi_A - \Pi_P > 0\,;$$

unsere Aufgabe besteht nun darin, herauszufinden, mit welcher Wahrscheinlichkeit diese Hypothese stimmt.

10.3.2 Zweiter Schritt: Prioriparameter festlegen

Mit der Präzisierung der Frage haben wir auch bestimmt, welche Größen Gegenstand der Untersuchung sind. In unserem Beispiel sind es zwei Anteile, über deren Differenz wir eine Hypothese formuliert haben. In anderen Fällen können es Mittelwerte poisson- oder normalverteilter Größen sein, Parameter von Exponentialverteilungen oder Summen und Differenzen solcher Größen.

Eine schöne Eigenschaft der Bayes-Statistik ist, dass man Vorwissen in die Rechnung einbringen kann. Als Vorwissen bezeichnen wir, was wir a priori, d. h. vor Auswertung einer Stichprobe, über die zu untersuchenden Größen wissen. Wie man es in Rechnung stellt, hängt von den Verteilungen der zu untersuchenden Größen ab, und wir werden den

Schritt für jede der betrachteten Verteilungen im zugehörigen Kapitel ausführen. Dabei müssen wir uns mit den Formeln, durch die die jeweiligen Verteilungen bestimmt sind, nicht auseinandersetzen. Es genügt, den in den Formeln vorkommenden Parametern Werte zuzuweisen, die das Vorwissen bestmöglich wiedergeben.

In unserem Beispiel haben wir es mit zwei Anteilen zu tun. Deren Prioriverteilungen sind Betaverteilungen, und eine Betaverteilung ist durch zwei Parameter a und b bestimmt. Wir kennzeichnen die Prioriparameter mit einem Strich und müssen also festlegen: die Parameter a'_A und b'_A des Anteils der Meinungsänderer unter den Aktiven sowie a'_P und b'_P, die Parameter des Anteils der Meinungsänderer unter den Passiven.

Nehmen wir der Einfachheit halber (und durchaus realistisch) an, wir hätten kein Vorwissen über diese Anteile gehabt, also vor Inspektion der Stichprobendaten in Tab. 10.2 keine Information darüber, wie groß die Anteile sein würden. Dann erhalten wir mit dem in Kap. 11 beschriebenen Vorgehen:

$$a'_A = b'_A = a'_P = b'_P = 0{,}5\,.$$

Damit sind die Prioriparameter festgelegt.

10.3.3 Dritter Schritt: Posterioriparameter berechnen

Nun nehmen wir Stichprobendaten hinzu und führen mit ihrer Hilfe die Prioriparameter in Posterioriparameter über, also in die Parameter der Posterioriverteilungen, die das gesamte Wissen über die zu untersuchenden Größen verkörpern. Die Posterioriparameter kennzeichnen wir mit zwei Strichen. Ihre Berechnung hängt von den Verteilungen ab und wir werden sie im jeweiligen Kapitel ausführen. Wir setzen stets voraus, dass die Elemente einer Stichprobe voneinander unabhängig sind und die Wahrscheinlichkeit dafür, dass ein Element der Gesamtheit in die Stichprobe aufgenommen wird, nicht davon abhängt, in welcher Ausprägung es das untersuchte Merkmal trägt.

In unserem Beispiel haben von 31 aktiven Probanden 23 ihre Meinung in Richtung der präsentierten Meinung geändert. Gemäß Kap. 11 ist die Posterioriverteilung des Anteils der Meinungsänderer unter den Aktiven eine Betaverteilung mit

$$\begin{aligned} a''_A &= 0{,}5 + 23 = 23{,}5\,, \\ b''_A &= 0{,}5 + 31 - 23 = 8{,}5\,. \end{aligned}$$

Von 57 passiven Probanden haben 39 ihre Meinung in Richtung der präsentierten Meinung geändert. Die Posterioriverteilung des Anteils der Meinungsänderer unter den Passiven ist daher eine Betaverteilung mit

$$\begin{aligned} a''_P &= 0{,}5 + 39 = 39{,}5\,, \\ b''_P &= 0{,}5 + 57 - 39 = 18{,}5\,. \end{aligned}$$

Damit sind die Posterioriparameter berechnet.

Nicht immer hat man genau *eine* Stichprobe. Es ist denkbar, dass man keine hat, und ebenso, dass man mehr als eine hat. Hat man *keine* Stichprobe, dann ist die Posterioriverteilung identisch mit der Prioriverteilung, und daher sind dann die Posterioriparameter identisch mit den Prioriparametern. Hat man *mehrere* Stichproben, kann man unterschiedlich vorgehen: Entweder man wertet eine Stichprobe nach der anderen (in beliebiger Reihenfolge) aus; dann werden die mit der ersten Stichprobe erhaltenen Posterioriparameter zu Prioriparametern für die Auswertung der zweiten usw. Oder man fasst mehrere Stichproben zusammen, im Extremfall alle zu einer einzigen. Die resultierenden Posterioriparameter sind in allen Fällen dieselben. Es kommt also nur auf die gesamte Information an und nicht darauf, in welchen Portionen sie erfasst oder ausgewertet wird.

10.3.4 Vierter Schritt: Schätzen und Testen

Hat man die Posterioriparameter der zu untersuchenden Größe(n), fehlt nur mehr der letzte Schritt zur Beantwortung der eigentlichen Frage.

Zunächst unterscheiden wir, ob sich die Frage in ihrer präzisierten Form auf eine einzige Größe bezieht oder auf die Summe oder Differenz zweier Größen. Im ersten Fall liegen die Posterioriparameter der fraglichen Größe bereits vor; im zweiten Fall müssen wir die Parameter der Summe oder Differenz aus jenen der einzelnen Größen ableiten. Damit sind die Posterioriparameter des zu untersuchenden Objekts (einzelne Größe, Summe oder Differenz) bestimmt. Im Folgenden bezeichnen wir dieses als Θ.

Nun unterscheiden wir, ob für Θ eine Punktschätzung, eine Intervallschätzung oder ein Hypothesentest durchzuführen ist. Bei der Punktschätzung suchen wir einen Wert $\hat{\theta}$, der dem wahren Wert von Θ möglichst nahekommt. Bei der Intervallschätzung suchen wir einen Bereich, der den wahren Wert mit einer vorgegebenen Wahrscheinlichkeit γ enthält. Ein solcher Bereich heißt γ-Kredibilitätsintervall. Er ist, je nach Fragestellung, entweder nur unten begrenzt (durch einen Wert θ_-) oder nur oben begrenzt (durch einen Wert θ_+) oder beidseitig begrenzt (durch zwei Werte θ_1 und θ_2). Beim Hypothesentest suchen wir die Wahrscheinlichkeit, mit der der wahre Wert von Θ in einem vorgegebenen Bereich liegt. Dieser Bereich kann entweder nur unten begrenzt sein (dann testet man die Hypothese $\Theta \geq \theta_-$) oder nur oben begrenzt (dann testet man $\Theta \leq \theta_+$) oder beidseitig begrenzt (dann testet man $\theta_1 \leq \Theta \leq \theta_2$).

Den Gegenstand unseres Beispiels haben wir präzisiert als Behauptung über die Differenz zweier Anteile, von der wir wissen wollen, mit welcher Wahrscheinlichkeit sie stimmt. Es handelt sich also um einen Hypothesentest. Zunächst ermitteln wir die Posterioriverteilung der fraglichen Differenz. Nach Kap. 11 ist das eine Normalverteilung mit den Parametern

$$\mu'' = \frac{23{,}5}{23{,}5 + 8{,}5} - \frac{39{,}5}{39{,}5 + 18{,}5} = 0{,}0533\,,$$

$$\sigma''^2 = \frac{23{,}5 \cdot 8{,}5}{(23{,}5+8{,}5)^2 \cdot (23{,}5+8{,}5+1)} + \frac{39{,}5 \cdot 18{,}5}{(39{,}5+18{,}5)^2 \cdot (39{,}5+18{,}5+1)} = 0{,}0979^2\,.$$

Damit gelangen wir zur gesuchten Wahrscheinlichkeit:

$$p(\Pi_A - \Pi_P > 0) = 1 - \Phi\left(\frac{0 - 0{,}0533}{0{,}0979}\right) = 1 - \Phi(-0{,}54) = 0{,}705\,.$$

Das bedeutet: Angesichts der Daten in Tab. 10.2 trifft es mit einer Wahrscheinlichkeit von 70,5 % zu, dass man sich einer Meinung, der man ohne Werturteil gegenübersteht, eher anschließt, wenn man sie vertreten muss, als wenn man sie nur zur Kenntnis nimmt. Das gilt für die Gesamtheit aller Menschen, die durch eine Stichprobe aus männlichen College-Studenten in den USA der 1950er-Jahre hinreichend repräsentiert werden.

Damit ist die Frage beantwortet.

Statistik von Anteilen

11

Zusammenfassung

Der Anteil von Merkmalsträgern in einer Gesamtheit ist unter oft zutreffenden Bedingungen betaverteilt. In diesem Kapitel besprechen wir das Schätzen von Anteilen, von deren Summen und Differenzen sowie das Testen von Hypothesen über solche Größen.

11.1 Problemstellung

Der Anteil von Merkmalsträgern in einer Gesamtheit ist unter oft zutreffenden Bedingungen betaverteilt (Abschn. 10.2.1). Unter der Annahme solcher Bedingungen präsentieren wir nun Lösungswege für folgende Probleme:

1. Welcher Wert eines Anteils kommt dem wahren Wert möglichst nahe?
2. In welchem Bereich liegt ein Anteil mit vorgegebener Wahrscheinlichkeit?
3. Mit welcher Wahrscheinlichkeit liegt ein Anteil in einem vorgegebenen Bereich?
4. Welcher Wert der Summe oder der Differenz zweier Anteile kommt dem wahren Wert möglichst nahe?
5. In welchem Bereich liegt die Summe oder die Differenz zweier Anteile mit vorgegebener Wahrscheinlichkeit?
6. Mit welcher Wahrscheinlichkeit liegt die Summe oder die Differenz zweier Anteile in einem vorgegebenen Bereich?

Wir gehen davon aus, dass die Frage bereits nach Abschn. 10.3.1 präzisiert ist und eines der Probleme 1 bis 6 vorliegt. Dann haben wir es bei 1 bis 3 mit *einem* Anteil Π zu tun, bei 4 bis 6 mit *zwei* Anteilen Π_1 und Π_2. Ist die Summe bzw. die Differenz zweier Anteile selbst ein Anteil, können wir sie nach dem Muster der Probleme 1 bis 3 behandeln. Nun müssen wir die drei verbleibenden Schritte gemäß Abschn. 10.3 vornehmen: Prioriparameter festlegen; Posterioriparameter berechnen; schätzen (bei Problem 1, 2, 4 und 5) oder testen (bei Problem 3 und 6).

© Springer-Verlag GmbH Deutschland, ein Teil von Springer Nature 2019
W. Tschirk, *Bayes-Statistik für Human- und Sozialwissenschaften*, Springer-Lehrbuch,
https://doi.org/10.1007/978-3-662-56782-1_11

11.2 Prioriparameter festlegen

Die Prioriparameter für einen Anteil Π heißen a' und b', und wir besprechen nun, wie man zu ihnen kommt. Dabei unterscheiden wir drei Fälle:

Fall 1: Die Prioriparameter sind, als Posterioriparameter vorangegangener Untersuchungen, bekannt. Dann ist nichts weiter zu tun, a' und b' sind festgelegt.

Fall 2: Man besitzt Vorwissen über Π, das es erlaubt, einen Wert als plausibelsten anzusehen und einen zweiten als zwar unplausibel, aber gerade noch möglich. Dann bezeichnen wir den plausibelsten Wert als $\dot{\pi}$ mit $0 \leq \dot{\pi} \leq 1$, den gerade noch möglichen als π_v mit $0 < \pi_v < 1$.

Ist $0 < \dot{\pi} < 1$, gilt:

$$a' = \frac{\ln 0{,}01}{\ln \dfrac{\pi_v}{\dot{\pi}} + \dfrac{1-\dot{\pi}}{\dot{\pi}} \ln \dfrac{1-\pi_v}{1-\dot{\pi}}} + 1\,, \tag{11.1a}$$

$$b' = \frac{\ln 0{,}01}{\ln \dfrac{1-\pi_v}{1-\dot{\pi}} + \dfrac{\dot{\pi}}{1-\dot{\pi}} \ln \dfrac{\pi_v}{\dot{\pi}}} + 1\,. \tag{11.1b}$$

Ist $\dot{\pi} = 0$, gilt:

$$a' = 1\,, \tag{11.1c}$$

$$b' = \frac{\ln 0{,}01}{\ln(1-\pi_v)} + 1\,. \tag{11.1d}$$

Ist $\dot{\pi} = 1$, gilt:

$$a' = \frac{\ln 0{,}01}{\ln \pi_v} + 1\,, \tag{11.1e}$$

$$b' = 1\,. \tag{11.1f}$$

Fall 3: Man hat keine vorangegangenen Untersuchungen und kein ausreichendes Vorwissen. Dann ist

$$a' = 0{,}5\,, \tag{11.2a}$$

$$b' = 0{,}5\,. \tag{11.2b}$$

11.3 Posterioriparameter berechnen

Die Posterioriparameter für Π heißen a'' und b''. Wir unterscheiden drei Fälle:

Fall 1: Man hat keine Stichprobe. Dann sind die Posterioriparameter gleich den Prioriparametern:

$$a'' = a'\,, \tag{11.3a}$$

$$b'' = b'\,. \tag{11.3b}$$

Fall 2: Man hat eine Stichprobe von n Objekten, unter denen sich x Merkmalsträger befinden. Dann gilt:

$$a'' = a' + x\,, \tag{11.4a}$$

$$b'' = b' + n - x\,. \tag{11.4b}$$

Fall 3: Man hat zwei oder mehr Stichproben: n_1 Objekte mit x_1 Merkmalsträgern, n_2 Objekte mit x_2 Merkmalsträgern usw. Dann fasst man am einfachsten alle Stichproben zu einer einzigen zusammen: $n = n_1 + n_2 + \cdots$, $x = x_1 + x_2 + \cdots$ und verfährt wie im Fall 2.

Nun sind die Parameter der Beta-Posterioriverteilung bestimmt. Für den letzten Schritt, das Schätzen und Testen, ist es bei den meisten Fragestellungen hilfreich, die Verteilung durch eine Normalverteilung anzunähern; diese hat die Parameter

$$\mu'' = \frac{a''}{a'' + b''}\,, \tag{11.5a}$$

$$\sigma''^2 = \frac{a''b''}{(a'' + b'')^2(a'' + b'' + 1)}\,. \tag{11.5b}$$

Die Näherung ist umso genauer, je größer a'' und b'' sind. Mit $a'', b'' \geq 20$ reicht sie für die meisten Zwecke aus.

11.4 Schätzen und Testen

Im vierten und letzten Schritt unterscheiden wir, ob wir eine Frage betreffend einen einzigen Anteil behandeln (Probleme 1 bis 3 aus Abschn. 11.1) oder eine Frage betreffend die Summe oder die Differenz zweier Anteile (Probleme 4 bis 6 aus Abschn. 11.1).

Schätzen und Testen für einen Anteil Π

Mit den in Abschn. 11.3 bestimmten Posterioriparametern ergeben sich Punkt- und Intervallschätzung sowie die Hypothesenwahrscheinlichkeiten:

Punktschätzung (für $a, b \geq 1,\ a + b > 2$):
$$\hat{\pi} = \frac{a'' - 1}{a'' + b'' - 2}\,, \tag{11.6a}$$

unten begrenztes γ-Intervall:
$$\pi_- = \mu'' - \Phi^{-1}(\gamma)\,\sigma''\,, \tag{11.6b}$$

oben begrenztes γ-Intervall:
$$\pi_+ = \mu'' + \Phi^{-1}(\gamma)\,\sigma''\,, \tag{11.6c}$$

beidseitig begrenztes γ-Intervall:
$$\pi_1 = \mu'' - \Phi^{-1}\left(\frac{1+\gamma}{2}\right)\sigma''\,, \tag{11.6d}$$

$$\pi_2 = \mu'' + \Phi^{-1}\left(\frac{1+\gamma}{2}\right)\sigma''\,, \tag{11.6e}$$

Hypothesen:

$$p(\Pi \geq \pi_-) = 1 - \Phi\left(\frac{\pi_- - \mu''}{\sigma''}\right), \tag{11.7a}$$

$$p(\Pi \leq \pi_+) = \Phi\left(\frac{\pi_+ - \mu''}{\sigma''}\right), \tag{11.7b}$$

$$p(\pi_1 \leq \Pi \leq \pi_2) = \Phi\left(\frac{\pi_2 - \mu''}{\sigma''}\right) - \Phi\left(\frac{\pi_1 - \mu''}{\sigma''}\right). \tag{11.7c}$$

In (11.7a)–(11.7c) können beliebige ‚$\leq$' durch ‚$<$' bzw. ‚$\geq$' durch ‚$>$' ersetzt werden.

Schätzen und Testen für Summe und Differenz zweier Anteile Π_1, Π_2

Zur Untersuchung der Summe oder der Differenz zweier Anteile brauchen wir die Verteilung dieser Summe bzw. Differenz. Wir leiten sie aus den Normalverteilungsnäherungen für die Posterioriverteilungen von Π_1 und Π_2 ab.

Sind Π_1 und Π_2 voneinander unabhängig verteilt mit den Parametern μ_1'', $\sigma_1''^2$ bzw. μ_2'', $\sigma_2''^2$, dann sind die Parameter ihrer Summe gegeben durch:

$$\mu'' = \mu_1'' + \mu_2'', \tag{11.8a}$$

$$\sigma''^2 = \sigma_1''^2 + \sigma_2''^2, \tag{11.8b}$$

die ihrer Differenz $\Pi_1 - \Pi_2$ durch:

$$\mu'' = \mu_1'' - \mu_2'', \tag{11.9a}$$

$$\sigma''^2 = \sigma_1''^2 + \sigma_2''^2. \tag{11.9b}$$

Mit ihnen ergeben sich Punkt- und Intervallschätzung sowie die Hypothesenwahrscheinlichkeiten für die Summe bzw. Differenz Θ:

Punktschätzung:

$$\hat{\theta} = \mu'', \tag{11.10a}$$

unten begrenztes γ-Intervall:

$$\theta_- = \mu'' - \Phi^{-1}(\gamma)\,\sigma'', \tag{11.10b}$$

oben begrenztes γ-Intervall:

$$\theta_+ = \mu'' + \Phi^{-1}(\gamma)\,\sigma'', \tag{11.10c}$$

beidseitig begrenztes γ-Intervall:

$$\theta_1 = \mu'' - \Phi^{-1}\left(\frac{1+\gamma}{2}\right)\sigma'', \tag{11.10d}$$

$$\theta_2 = \mu'' + \Phi^{-1}\left(\frac{1+\gamma}{2}\right)\sigma'', \tag{11.10e}$$

Hypothesen:

$$p(\Theta \geq \theta_-) = 1 - \Phi\left(\frac{\theta_- - \mu''}{\sigma''}\right), \tag{11.11a}$$

$$p(\Theta \leq \theta_+) = \Phi\left(\frac{\theta_+ - \mu''}{\sigma''}\right), \tag{11.11b}$$

$$p(\theta_1 \leq \Theta \leq \theta_2) = \Phi\left(\frac{\theta_2 - \mu''}{\sigma''}\right) - \Phi\left(\frac{\theta_1 - \mu''}{\sigma''}\right). \tag{11.11c}$$

In (11.11a)–(11.11c) können beliebige ‚$\leq$' durch ‚$<$' bzw. ‚$\geq$' durch ‚$>$' ersetzt werden.

11.5 Beispiele zur Statistik von Anteilen

11.5.1 Studie zum Suchtgiftkonsum

Welcher Anteil der Österreicher hat schon einmal Kokain genommen, welcher Heroin? Wie hoch ist also die Lebenszeitprävalenz für den Konsum dieser beiden Drogen? Sehen wir uns dazu drei Umfragen an. Die ersten beiden stammen aus den Jahren 2004 und 2008 und sind zu alt, um als aktuell zu gelten. Dennoch sind sie nicht ganz nutzlos; denn wenn damals 2,1 % bzw. 1,8 % der Befragten Kokainerfahrung zugegeben haben, lässt das vermuten, dass auch heute die Anteile eher in diesem Bereich als bei 1 % oder bei 10 % liegen. Die alten Daten liefern also Vorwissen, und aus diesem werden wir Prioriparameter gewinnen. Als Stichprobe verwenden wir die Umfrage von 2015.

Tab. 11.1 Lebenszeitprävalenz von Kokain- und Heroinkonsum nach Umfragen von 2004 [11], 2008 [11] und 2015 [12]. Auch in [12] sind nur die Anteilswerte (auf Zehntelprozent) angegeben; die hier tabellierten Anzahlen sind daraus rückgerechnet

	2004	2008	2015	2015	2015
	gesamt	gesamt	gesamt	Großstadt	andere
Kokain	2,1 %	1,8 %	95	43	52
Heroin	0,6 %	0,6 %	17	8	9
Befragte	4546	4196	3949	1131	2818

In diesem Beispiel betrachten wir den Kokainkonsum. Eine analoge Behandlung des Heroinkonsums ist Gegenstand der Aufg. 11.1.

Lebenszeitprävalenz des Kokainkonsums

Wir schätzen den Anteil jener Menschen in Österreich, die zumindest einmal im Leben Kokain genommen haben, und verwenden dazu die Daten in Tab. 11.1. Als Gesamtheit betrachten wir die Wohnbevölkerung, das sind jene Menschen, die in Privathaushalten wohnen, denn nur diese Gesamtheit wird durch die Befragten repräsentiert. Wohnsitzlose, Anstaltsinsassen und Heimbewohner sind nicht in der Stichprobe vertreten. Das relevante Merkmal ist die Angabe von Kokainerfahrung, und zu schätzen ist der Anteil der Merkmalsträger in der Gesamtheit. Da behauptete und tatsächliche Kokainerfahrung nicht dasselbe sind und die Stichprobe nicht alle Österreicher repräsentiert, können wir nicht *die tatsächliche Prävalenz für die gesamte Bevölkerung* schätzen, sondern nur *die behauptete Prävalenz für die Wohnbevölkerung*. Damit ist im ersten Schritt die Frage präzisiert.

Nun wenden wir uns dem zweiten Schritt zu, der Festlegung von Prioriparametern. Die Werte von 2004 und 2008 lassen vermuten, dass der Anteil auch aktuell um 2 % liegt. Damit verfügen wir über Vorwissen und können Prioriparameter nach Abschn. 11.2, Fall 2 festlegen. Den Wert 2 % wählen wir als plausibelsten; gerade noch möglich erscheint ein Anteil von 10 %. Damit ist $\dot{\pi} = 0{,}02$ und $\pi_v = 0{,}1$. (Wir hätten mit dem gleichen Recht auch etwas andere Werte wählen können, beispielsweise $\pi_v = 0{,}05$. Am Ende dieses Abschnitts werden wir untersuchen, wie sich das ausgewirkt hätte.) Nun folgen die Prioriparameter nach (11.1a) und (11.1b):

$$a' = \frac{\ln 0{,}01}{\ln \frac{0{,}1}{0{,}02} + \frac{1-0{,}02}{0{,}02} \ln \frac{1-0{,}1}{1-0{,}02}} + 1 = 2{,}80\,,$$

$$b' = \frac{\ln 0{,}01}{\ln \frac{1-0{,}1}{1-0{,}02} + \frac{0{,}02}{1-0{,}02} \ln \frac{0{,}1}{0{,}02}} + 1 = 89{,}0\,.$$

Damit ist der zweite Schritt getan.

Nun kommt der dritte Schritt, die Bestimmung der Posterioriparameter. Wir gehen nach Abschn. 11.3, Fall 2 vor, denn mit der Umfrage aus 2015 haben wir eine Stichprobe von $n = 3949$ Befragten, unter denen sich $x = 95$ Merkmalsträger befinden. Mit (11.4a) und (11.4b) ergeben sich

$$a'' = 2{,}80 + 95 = 97{,}8\,,$$

$$b'' = 89{,}0 + 3949 - 95 = 3943\,.$$

Das war der dritte Schritt.

Nun fehlt noch der vierte Schritt, die eigentliche Schätzung nach Abschn. 11.4. Unsere Frage bezieht sich auf einen einzigen Anteil: den Anteil jener Menschen unter der Wohnbevölkerung, die Kokainerfahrung angeben würden. Für diesen erhalten wir entsprechend (11.6a) die Punktschätzung

$$\hat{\pi} = \frac{97{,}8 - 1}{97{,}8 + 3943 - 2} = 0{,}0240\,.$$

Wir schätzen also, dass 2,4 % der österreichischen Wohnbevölkerung angeben würden, sie hätten schon einmal Kokain genommen. Um die Präzision der Schätzung zu beurteilen, bestimmen wir ein 95 %-Kredibilitätsintervall, also einen Bereich, in dem der wahre Anteil mit Wahrscheinlichkeit 0,95 liegt. Dazu nähern wir zunächst die Posterioriverteilung durch eine Normalverteilung an, deren Parameter sich nach (11.5a) und (11.5b) ergeben:

$$\mu'' = \frac{97{,}8}{97{,}8 + 3943} = 0{,}0242\,,$$

$$\sigma''^2 = \frac{97{,}8 \cdot 3943}{(97{,}8 + 3943)^2 \cdot (97{,}8 + 3943 + 1)} = 0{,}00242^2\,.$$

Nun folgen die Intervallgrenzen gemäß (11.6d) und (11.6e):

$$\pi_1 = 0{,}0242 - 1{,}96 \cdot 0{,}00242 = 0{,}0195\,,$$

$$\pi_2 = 0{,}0242 + 1{,}96 \cdot 0{,}00242 = 0{,}0289\,.$$

Die behauptete Lebenszeitprävalenz liegt in der österreichischen Wohnbevölkerung mit Wahrscheinlichkeit 0,95 zwischen 1,95 % und 2,89 %. Damit ist die Schätzung abgeschlossen.

Wir haben zur Bestimmung der Prioriparameter einen „gerade noch möglichen“ Wert von 10 % gewählt. Doch auch ein Wert von beispielsweise 5 % wäre mit unserem Vorwissen verträglich gewesen. Hätten wir uns für diesen entschieden, so hätte das zur Punktschätzung 0,0239 und zum 95 %-Intervall [0,0194 , 0,0286] geführt, also zu Ergebnissen, die sich kaum von den oben erhaltenen unterscheiden. Die Unempfindlichkeit der Schätzung gegenüber der Verwendung des Vorwissens liegt an der Stichprobe, die durch ihre Größe weit mehr Information verkörpert als das Vorwissen und daher die Resultate weit mehr beeinflusst als dieses.

Kokain in der Großstadt

Von den befragten Großstädtern hat 2015 ein deutlich höherer Anteil Kokainkonsum angegeben als von den Land- und Kleinstadtbewohnern (3,8 % gegenüber 1,8 %). Wie wahrscheinlich ist aufgrund dieser Zahlen tatsächlich eine höhere Prävalenz in der Großstadt? Wir nennen den Anteil unter den Großstädtern Π_G , jenen unter den anderen Π_A und berechnen die Wahrscheinlichkeit der Hypothese $\Pi_G > \Pi_A$. Schreibt man diese Wahrscheinlichkeit als $p(\Pi_G - \Pi_A > 0)$, so sieht man, dass die Hypothese sich auf eine Differenz von Anteilen bezieht. Wir bestimmen für beide Anteile Priori- und Posterioriparameter, aus Letzteren Posterioriparameter der Differenz und aus diesen die gesuchte Wahrscheinlichkeit.

Die Umfragen von 2004 und 2008 sagen nichts über den Unterschied zwischen der Suchtgiftprävalenz in Großstädten und jener im Rest des Landes. So legen wir die Prioriparameter nach (11.2a) und (11.2b) fest:

$$a'_G = b'_G = a'_A = b'_A = 0{,}5\,.$$

Mit den Daten von 2015 folgen gemäß (11.4a) und (11.4b) die Posterioriparameter:

$$\begin{aligned} a''_G &= 0{,}5 + 43 = 43{,}5\,,\\ b''_G &= 0{,}5 + 1131 - 43 = 1089\,,\\ a''_A &= 0{,}5 + 52 = 52{,}5\,,\\ b''_A &= 0{,}5 + 2818 - 52 = 2767\,. \end{aligned}$$

Die Posterioriparameter der Differenz $\Pi_G - \Pi_A$ ergeben sich mit (11.5a), (11.5b), (11.9a) und (11.9b):

$$\mu'' = \frac{43{,}5}{43{,}5 + 1089} - \frac{52{,}5}{52{,}5 + 2767} = 0{,}0198\,,$$

$$\begin{aligned} \sigma''^2 &= \frac{43{,}5 \cdot 1089}{(43{,}5+1089)^2 \cdot (43{,}5+1089+1)} + \frac{52{,}5 \cdot 2767}{(52{,}5+2767)^2 \cdot (52{,}5+2767+1)}\\ &= 0{,}00625^2\,. \end{aligned}$$

Die Wahrscheinlichkeit dafür, dass die von der Wohnbevölkerung behauptete Lebenszeitprävalenz des Kokainkonsums in Großstädten höher ist als im Rest des Landes, beträgt somit nach (11.11a)

$$p(\Pi_G - \Pi_A > 0) = 1 - \Phi\left(\frac{0 - 0{,}0198}{0{,}00625}\right) = 1 - \Phi(-3{,}17) > 0{,}9986\,.$$

11.5.2 Wahlen zum deutschen Bundestag

Wie wäre eine Bundestagswahl im Oktober 2016 ausgegangen? Im Einzelnen versuchen wir hier zwei Fragen zu beantworten: welchen Stimmenanteil die Union (CDU/CSU) erreicht hätte und mit welcher Wahrscheinlichkeit Union und SPD zusammen die absolute Mehrheit gehabt hätten.

Wir verwenden folgende Wissensquellen: das Ergebnis der (vor 2016 letzten) Bundestagswahl 2013, die Ergebnisse aller fünf deutschen Landtagswahlen 2016 und Umfragen von sechs Meinungsforschungsinstituten. Die Wahlergebnisse dienen uns als Vorwissen zur Gewinnung von Prioriparametern, die Umfragen als Stichprobe. Die Daten sind in den Tab. 11.2, 11.3 und 11.4 zusammengefasst.

Tab. 11.2 Ergebnis der Bundestagswahl 2013 für Union und SPD (Stimmenanteile in Prozent) [14]

Union	SPD
41,5	25,7

Tab. 11.3 Ergebnisse der fünf deutschen Landtagswahlen 2016 (Änderung der Stimmenanteile gegenüber den Landtagswahlen 2011 in Prozentpunkten) zusammen mit dem Anteil des jeweiligen Bundeslandes an der deutschen Bevölkerung [15]. Die Union ist in den genannten Ländern nur durch die CDU vertreten, wir behalten aber im Interesse einer einheitlichen Darstellung die Bezeichnung „Union“ bei

Bundesland	Bevölkerungsanteil	Union	SPD
Baden-Württemberg	13,2 %	−12,0	−10,4
Rheinland-Pfalz	4,9 %	−3,4	+0,5
Sachsen-Anhalt	2,8 %	−2,8	−10,9
Mecklenburg-Vorpommern	2,0 %	−4,0	−5,0
Berlin	4,3 %	−5,7	−6,7

Tab. 11.4 Umfragen sechs deutscher Meinungforschungsinstitute [57]. Veröffentlicht wurden die Stimmenanteile in Prozent. In Klammern die aus den Anteilen rückgerechneten (ungefähren) Stimmenanzahlen

Institut	Datum	Befragte	Union	SPD
GMS	15.09.2016	1010	33 (333)	23 (232)
IfD Allensbach	22.09.2016	1407	33,5 (471)	24 (338)
infratest dimap	23.09.2016	1018	32 (326)	22 (224)
Forschungsgruppe Wahlen	23.09.2016	1241	33 (410)	22 (273)
TNS Emnid	01.10.2016	1913	32 (612)	23 (440)
forsa	05.10.2016	2503	33 (826)	22 (551)

Erwarteter Stimmenanteil der Union

Wir nennen diesen Anteil Π. Zuerst bestimmen wir aus den Daten von Tab. 11.2 und 11.3 Prioriparameter. Dazu brauchen wir nach Abschn. 11.2, Fall 2 den plausibelsten Wert $\dot{\pi}$ und einen gerade noch möglichen Wert π_v. Wir gehen vom Ergebnis der Bundestagswahl 2013 aus und berücksichtigen, dass die Landtagswahlen 2016 auf Veränderungen (für die Union durchgehend Verluste) schließen lassen. Die in Tab. 11.3 ausgewiesenen Verluste sind in einem Zeitraum von 5 Jahren entstanden. Um aus ihnen abzuschätzen, welche Verluste die Union seit der Bundestagswahl 2013, also in einem Zeitraum von 3 Jahren, befürchten muss, stellen wir mangels genaueren Wissens 3/5 der Werte von Tab. 11.3 in Rechnung. Weiters gewichten wir die Änderungen entsprechend den Bevölkerungsanteilen der Bundesländer. Daraus ergibt sich ein erwarteter Stimmenanteil von

$$\dot{\pi} = 0{,}415 + \frac{3}{5} \cdot \frac{0{,}132 \cdot (-0{,}120) + \ldots + 0{,}043 \cdot (-0{,}057)}{0{,}132 + \ldots + 0{,}043} = 0{,}367\,.$$

Man kann nicht ausschließen, dass die Verluste der Union zur Gänze zwischen 2013 und 2016 eingetreten sind; in diesem Fall könnte sie nur noch mit 33,6 % rechnen. Wären hingegen alle Verluste zwischen 2011 und 2013 passiert, könnte sie erwarten, ihren Anteil von 41,5 % zu halten. Beide Werte sind unwahrscheinlich, aber nicht unmöglich. Wir wählen $\pi_v = 0{,}415$ und bestimmen die Prioriparameter gemäß (11.1a) und (11.1b):

$$a' = \frac{\ln 0{,}01}{\ln \dfrac{0{,}415}{0{,}367} + \dfrac{1-0{,}367}{0{,}367} \ln \dfrac{1-0{,}415}{1-0{,}367}} + 1 = 353\,,$$

$$b' = \frac{\ln 0{,}01}{\ln \dfrac{1-0{,}415}{1-0{,}367} + \dfrac{0{,}367}{1-0{,}367} \ln \dfrac{0{,}415}{0{,}367}} + 1 = 607\,.$$

Nun nehmen wir die Umfragen von Tab. 11.4 hinzu und ermitteln die Posterioriparameter. Die Umfragen können im Hinblick auf eine Wahl im Oktober 2016 als etwa gleich aktuell angesehen werden. Das erlaubt uns, sie nach Abschn. 11.3, Fall 3 zu einer einzigen Stichprobe zusammenzufassen, bei der von insgesamt $n = 9092$ Befragten ungefähr $x = 2978$ angegeben haben, sie würden die Union wählen. Laut (11.4a) und (11.4b) ergeben sich

$$a'' = 353 + 2978 = 3331\,,$$

$$b'' = 607 + 9092 - 2978 = 6721\,.$$

Daraus folgt mit (11.6a) die Punktschätzung

$$\hat{\pi} = \frac{3331 - 1}{3331 + 6721 - 2} = 0{,}331\,,$$

also ein zu erwartender Stimmenanteil von 33,1 %. Wegen der großen Stichprobe sollte der zufällige Schätzfehler und damit das Kredibilitätsintervall klein sein. Um dieses zu finden, ermitteln wir die Parameter der Normalverteilungsnäherung (11.5a) und (11.5b):

$$\mu'' = \frac{3331}{3331 + 6721} = 0{,}3314\,,$$
$$\sigma''^2 = \frac{3331 \cdot 6721}{(3331 + 6721)^2 \cdot (3331 + 6721 + 1)} = 0{,}0047^2\,.$$

Die Grenzen des 95 %-Intervalls sind nach (11.6d) und (11.6e)

$$\pi_1 = 0{,}3314 - 1{,}96 \cdot 0{,}0047 = 0{,}322\,,$$
$$\pi_2 = 0{,}3314 + 1{,}96 \cdot 0{,}0047 = 0{,}341\,.$$

Mehrheitschancen für Union und SPD

Die Summe der Stimmenanteile von Union und SPD ist wiederum ein Anteil Π, nämlich der Anteil jener, die entweder die eine oder die andere Partei gewählt haben bzw. wählen würden. Die Parteien haben 2013 zusammen 67,2 % erreicht (Tab. 11.2), von 2011 bis 2016 zusammen in Baden-Württemberg 22,4 Prozentpunkte verloren usw. (Tab. 11.3), und die Umfragen bescheinigten ihnen zusammen unter 9092 Befragten 5036 potentielle Wähler (Tab. 11.4). Analog zum vorigen Teilbeispiel ergeben sich aus den Wahlresultaten für den gemeinsamen Anteil ein plausibler Wert von

$$\dot{\pi} = 0{,}672 + \frac{3}{5} \cdot \frac{0{,}132 \cdot (-0{,}224) + \ldots + 0{,}043 \cdot (-0{,}124)}{0{,}132 + \ldots + 0{,}043} = 0{,}579$$

und ein zwar unwahrscheinlicher, aber möglicher von $\pi_v = 0{,}672$. Daraus folgen

$$a' = \frac{\ln 0{,}01}{\ln \frac{0{,}672}{0{,}579} + \frac{1 - 0{,}579}{0{,}579} \ln \frac{1 - 0{,}672}{1 - 0{,}579}} + 1 = 142\,,$$
$$b' = \frac{\ln 0{,}01}{\ln \frac{1 - 0{,}672}{1 - 0{,}579} + \frac{0{,}579}{1 - 0{,}579} \ln \frac{0{,}672}{0{,}579}} + 1 = 104\,,$$
$$a'' = 142 + 5036 = 5178\,,$$
$$b'' = 104 + 9092 - 5036 = 4160\,.$$

Wir haben nach der Wahrscheinlichkeit für eine absolute Mehrheit, $p(\Pi > 0{,}5)$, gefragt. Dafür brauchen wir die Parameter der Normalverteilungsnäherung,

$$\mu'' = \frac{5178}{5178 + 4160} = 0{,}5545\,,$$
$$\sigma''^2 = \frac{5178 \cdot 4160}{(5178 + 4160)^2 \cdot (5178 + 4160 + 1)} = 0{,}0051^2\,.$$

Die gesuchte Wahrscheinlichkeit ergibt sich nach (11.7a):

$$p(\Pi > 0{,}5) = 1 - \Phi\left(\frac{0{,}5 - 0{,}5545}{0{,}0051}\right) = 1 - \Phi(-10{,}7) > 0{,}9999\,.$$

Auf Basis aller hier genannten Informationen hätten Union und SPD zusammen im Oktober 2016 so gut wie sicher eine absolute Mehrheit erreicht.

11.5.3 Rollenspiel und Meinungsänderung

Im Jahr 1953 untersuchten Irving Janis und Bert King den Einfluss des Rollenspiels auf Meinungsänderungen an zwei Gruppen männlicher College-Studenten: den *Aktiven*, die für eine bestimmte Meinung argumentieren mussten, und den *Passiven*, die die Argumente anhörten [34]. Nach der Präsentation der Argumente wurde erfragt, wie viele der Studenten ihre Meinung in Richtung der präsentierten Meinung geändert hätten. Janis und King führten drei solcher Experimente durch (Tab. 11.5).

Tab. 11.5 Einfluss des Rollenspiels auf Meinungsänderungen [34]

	Experiment A		Experiment B		Experiment C	
	Aktive	Passive	Aktive	Passive	Aktive	Passive
Meinung geändert	23	39	20	39	21	35
Meinung behalten	8	18	9	18	9	18
Summe	31	57	29	57	30	53

Kann man aufgrund dieser Daten annehmen, dass Menschen, die gezwungen sind, eine Meinung zu vertreten, sich dieser eher anschließen als andere, die die entsprechende Botschaft nur zur Kenntnis nehmen? Wir haben anhand dieser Frage in Abschn. 10.3 die vier Schritte des Schätzens und Testens besprochen. Dabei haben wir nur das Experiment A ausgewertet; nun nehmen wir die beiden anderen hinzu.

In Abschn. 10.3 wurde die Frage wie folgt präzisiert: Schließt sich unter jenen, die eine Meinung vertreten müssen, ein höherer Anteil dieser Meinung an als unter jenen, die die Botschaft nur zur Kenntnis nehmen? Die betrachtete Gesamtheit sind Personen, die durch eine Stichprobe aus männlichen College-Studenten in den USA der 1950er-Jahre hinreichend repräsentiert werden; die betrachteten Meinungen sind solche, denen man ohne Werturteil gegenübersteht (andere kamen in den Experimenten nicht vor). Nennt man den Anteil der Meinungsänderer unter den Aktiven Π_A und unter den Passiven Π_P, so interessieren wir uns für die Wahrscheinlichkeit der Hypothese $\Pi_A - \Pi_P > 0$.

Auf Basis von Experiment A sind wir in Abschn. 10.3 zu Posterioriparametern für Π_A und Π_B gelangt. Diese verwenden wir nun gemäß Abschn. 11.2, Fall 1, als Prioriparameter:

$$\begin{aligned} a'_A &= 23{,}5\,, \\ b'_A &= 8{,}5\,, \\ a'_P &= 39{,}5\,, \\ b'_P &= 18{,}5\,. \end{aligned}$$

Mit den Daten der Experimente B und C, zu einer Stichprobe vereinigt, ergeben sich die Posterioriparameter (11.4a) und (11.4b):

$$
\begin{aligned}
a''_A &= 23{,}5 + (20 + 21) = 64{,}5\,, \\
b''_A &= 8{,}5 + (29 + 30) - (20 + 21) = 26{,}5\,, \\
a''_P &= 39{,}5 + (39 + 35) = 114\,, \\
b''_P &= 18{,}5 + (57 + 53) - (39 + 35) = 54{,}5\,.
\end{aligned}
$$

Die Normalverteilungsnäherung an die Posterioriverteilung von $\Pi_A - \Pi_P$ hat nach (11.5a), (11.5b), (11.9a) und (11.9b) die Parameter

$$
\mu'' = \frac{64{,}5}{64{,}5 + 26{,}5} - \frac{114}{114 + 54{,}5} = 0{,}0322\,,
$$

$$
\sigma''^2 = \frac{64{,}5 \cdot 26{,}5}{(64{,}5+26{,}5)^2 \cdot (64{,}5+26{,}5+1)} + \frac{114 \cdot 54{,}5}{(114+54{,}5)^2 \cdot (114+54{,}5+1)} = 0{,}0595^2\,.
$$

Daraus folgt die gesuchte Wahrscheinlichkeit

$$
p(\Pi_A - \Pi_P > 0) = 1 - \Phi\left(\frac{0 - 0{,}0322}{0{,}0595}\right) = 1 - \Phi(-0{,}54) = 0{,}705\,.
$$

Das Hinzunehmen der Experimente B und C hat die Wahrscheinlichkeit nicht geändert. Angesichts der Daten in Tab. 11.5 trifft es mit einer Wahrscheinlichkeit von 70,5 % zu, dass man sich einer Meinung, der man ohne Werturteil gegenübersteht, eher anschließt, wenn man sie vertreten muss, als wenn man sie nur zur Kenntnis nimmt. Das gilt für die Gesamtheit aller Menschen, die durch eine Stichprobe aus männlichen College-Studenten in den USA der 1950er-Jahre hinreichend repräsentiert werden.

11.6 Aufgaben zur Statistik von Anteilen

Aufg. 11.1 Schätzen Sie mit den Daten von Abschn. 11.5.1, Tab. 11.1 die Lebenszeitprävalenz des Heroinkonsums in Österreich. Wie wahrscheinlich ist es, dass diese Prävalenz in Großstädten höher liegt als im Rest des Landes?

Aufg. 11.2 Studien lassen vermuten, dass sich Zweisprachigkeit günstig auswirkt auch auf Fähigkeiten, die mit Sprachkenntnissen nichts zu tun haben, beispielsweise auf die Reaktionsschnelligkeit. Angela de Bruin, Barbara Treccani und Sergio Della Sala warfen die Frage auf, ob dies stimme oder der Eindruck nur dadurch entstehe, dass Arbeiten zum Thema eher publiziert werden, wenn sie *für* solche Vorteile sprechen [23]. Die Autoren fanden 104 Konferenzbeiträge zwischen 1999 und 2012: Von den 54 Beiträgen zugunsten der These vom Vorteil der Zweisprachigkeit wurden später 34 publiziert; von den 50 Beiträgen, die die These zumindest in Frage stellen, nur 18. Mit welcher Wahrscheinlichkeit lässt sich aus diesen Zahlen (aufgefasst als Stichprobe) schließen, dass der Anteil der publizierten Studien unter günstigen höher ist als unter ungünstigen?

Aufg. 11.3 Robert Hancox, Barry Milne und Richie Poulton untersuchten den Zusammenhang zwischen Fernsehkonsum in der Kindheit und später erreichtem Bildungsgrad. In einer Langzeitstudie erhoben sie von rund 1000 Probanden die Fernsehgewohnheiten zwischen dem 5. und dem 15. Lebensjahr und, nach dem 26. Lebensjahr, den dann erreichten Bildungsgrad (Universitätsabschluss oder nicht).

Tab. 11.6 Mittlere Dauer des Fernsehens in der Kindheit und Universitätsabschluss [27]

	Dauer in Stunden pro Tag			
	≤ 1	1–2	2–3	> 3
Universitätsabschluss	25	95	75	19
kein Universitätsabschluss	34	217	321	181
Summe	59	312	396	200

Schätzen Sie die Anteile der Universitätsabsolventen in den vier Gruppen.

Aufg. 11.4 Beurteilen Sie anhand der Daten von Aufg. 11.3, mit welcher Wahrscheinlichkeit höherer Fernsehkonsum in der Kindheit mit niedrigerem Anteil an Universitätsabsolventen einhergeht.

Statistik poissonverteilter Größen 12

Zusammenfassung
Die Häufigkeit seltener Ereignisse ist unter oft zutreffenden Bedingungen poissonverteilt, und der Parameter dieser Verteilung ist zugleich ihr Mittelwert. Wir besprechen das Schätzen des Parameters einer Poissonverteilung, das Schätzen von Summen und Differenzen von Parametern und das Testen von Hypothesen über solche Größen.

12.1 Problemstellung

Die Häufigkeit seltener Ereignisse ist unter oft zutreffenden Bedingungen poissonverteilt (Abschn. 10.2.2), und der Parameter dieser Verteilung ist zugleich ihr Mittelwert. Wir legen nun Lösungswege für folgende Probleme dar:

1. Welcher Wert des Parameters (einer Poissonverteilung) kommt dem wahren Wert möglichst nahe?
2. In welchem Bereich liegt der Parameter mit vorgegebener Wahrscheinlichkeit?
3. Mit welcher Wahrscheinlichkeit liegt der Parameter in einem vorgegebenen Bereich?
4. Welcher Wert der Summe oder der Differenz zweier Parameter kommt dem wahren Wert möglichst nahe?
5. In welchem Bereich liegt die Summe oder die Differenz zweier Parameter mit vorgegebener Wahrscheinlichkeit?
6. Mit welcher Wahrscheinlichkeit liegt die Summe oder die Differenz zweier Parameter in einem vorgegebenen Bereich?

Wir gehen davon aus, dass die Frage bereits nach Abschn. 10.3.1 präzisiert ist und eines der Probleme 1 bis 6 vorliegt. Dann haben wir es bei 1 bis 3 mit *einem* Parameter Λ zu tun, bei 4 bis 6 mit *zwei* Parametern Λ_1 und Λ_2. Ist die Summe bzw. die Differenz zweier Parameter selbst Parameter einer Poissonverteilung, können wir sie nach dem Muster

© Springer-Verlag GmbH Deutschland, ein Teil von Springer Nature 2019

W. Tschirk, *Bayes-Statistik für Human- und Sozialwissenschaften*, Springer-Lehrbuch,
https://doi.org/10.1007/978-3-662-56782-1_12

der Probleme 1 bis 3 behandeln. Nun müssen wir die drei verbleibenden Schritte gemäß Abschn. 10.3 vornehmen: Prioriparameter festlegen; Posterioriparameter berechnen; schätzen (bei Problem 1, 2, 4 und 5) oder testen (bei Problem 3 und 6).

12.2 Prioriparameter festlegen

Die Prioriparameter für einen Parameter Λ heißen a' und b'. Bei ihrer Festlegung unterscheiden wir drei Fälle:

Fall 1: Die Prioriparameter sind, als Posterioriparameter vorangegangener Untersuchungen, bekannt. Dann ist nichts weiter zu tun, a' und b' sind festgelegt.

Fall 2: Man besitzt Vorwissen über Λ, das es erlaubt, einen Wert als plausibelsten anzusehen und einen zweiten als zwar unplausibel, aber gerade noch möglich. Dann bezeichnen wir den plausibelsten Wert als $\dot{\lambda}$ mit $\dot{\lambda} \geq 0$, den gerade noch möglichen als λ_v mit $\lambda_v > 0$.

Ist $\dot{\lambda} > 0$, gilt:

$$a' = \frac{\ln 0{,}01}{\ln \frac{\lambda_v}{\dot{\lambda}} - \frac{\lambda_v}{\dot{\lambda}} + 1} + 1\,, \tag{12.1a}$$

$$b' = \frac{\ln 0{,}01}{\ln \frac{\lambda_v}{\dot{\lambda}} - \frac{\lambda_v}{\dot{\lambda}} + 1} \frac{1}{\dot{\lambda}}\,. \tag{12.1b}$$

Ist $\dot{\lambda} = 0$, gilt:

$$a' = 1\,, \tag{12.1c}$$

$$b' = -\frac{\ln 0{,}01}{\lambda_v}\,. \tag{12.1d}$$

Fall 3: Man hat keine vorangegangenen Untersuchungen und kein ausreichendes Vorwissen. Dann ist

$$a' = 0{,}5\,, \tag{12.2a}$$

$$b' = 0\,. \tag{12.2b}$$

12.3 Posterioriparameter berechnen

Die Posterioriparameter für Λ heißen a'' und b''. Wir unterscheiden drei Fälle:

Fall 1: Man hat keine Stichprobe. Dann sind die Posterioriparameter gleich den Prioriparametern:

$$a'' = a'\,, \tag{12.3a}$$

$$b'' = b'\,. \tag{12.3b}$$

Fall 2: Man hat eine Stichprobe von n Werten mit Mittelwert $\overline{x}$. Dann gilt:

$$a'' = a' + n\overline{x}\,, \tag{12.4a}$$

$$b'' = b' + n\,. \tag{12.4b}$$

Fall 3: Man hat zwei oder mehr Stichproben: n_1 Werte mit Mittelwert $\overline{x}_1$, n_2 Werte mit Mittelwert $\overline{x}_2$ usw. Dann fasst man am einfachsten alle Stichproben zu einer einzigen zusammen: $n = n_1 + n_2 + \cdots$, $\overline{x} = (n_1\overline{x}_1 + n_2\overline{x}_2 + \cdots)/n$ und verfährt wie im Fall 2.

Nun sind die Parameter der Posterioriverteilung (es handelt sich um eine Gammaverteilung) bestimmt. Für den letzten Schritt, das Schätzen und Testen, ist es bei den meisten Fragestellungen hilfreich, die Verteilung durch eine Normalverteilung anzunähern; diese hat, sofern $b'' \neq 0$ ist, die Parameter

$$\mu'' = \frac{a''}{b''}\,, \tag{12.5a}$$

$$\sigma''^2 = \frac{a''}{b''^2}\,. \tag{12.5b}$$

Die Näherung ist umso genauer, je größer a'' ist. Mit $a'' \geq 50$ reicht sie für die meisten Zwecke aus.

12.4 Schätzen und Testen

Im vierten und letzten Schritt unterscheiden wir, ob wir eine Frage betreffend einen einzigen Parameter behandeln (Probleme 1 bis 3 aus Abschn. 12.1) oder eine Frage betreffend die Summe oder die Differenz zweier Parameter (Probleme 4 bis 6 aus Abschn. 12.1).

Schätzen und Testen für einen Parameter Λ
Mit den in Abschn. 12.3 bestimmten Posterioriparametern ergeben sich Punkt- und Intervallschätzung sowie die Hypothesenwahrscheinlichkeiten:

Punktschätzung (für $a > 1$):
$$\hat{\lambda} = \frac{a'' - 1}{b''}\,, \tag{12.6a}$$

unten begrenztes γ-Intervall:
$$\lambda_- = \mu'' - \Phi^{-1}(\gamma)\,\sigma''\,, \tag{12.6b}$$

oben begrenztes γ-Intervall:
$$\lambda_+ = \mu'' + \Phi^{-1}(\gamma)\,\sigma''\,, \tag{12.6c}$$

beidseitig begrenztes γ-Intervall:
$$\lambda_1 = \mu'' - \Phi^{-1}\left(\frac{1+\gamma}{2}\right)\sigma''\,, \tag{12.6d}$$

$$\lambda_2 = \mu'' + \Phi^{-1}\left(\frac{1+\gamma}{2}\right)\sigma''\,, \tag{12.6e}$$

Hypothesen:
$$p(\Lambda \geq \lambda_-) = 1 - \Phi\left(\frac{\lambda_- - \mu''}{\sigma''}\right), \tag{12.7a}$$
$$p(\Lambda \leq \lambda_+) = \Phi\left(\frac{\lambda_+ - \mu''}{\sigma''}\right), \tag{12.7b}$$
$$p(\lambda_1 \leq \Lambda \leq \lambda_2) = \Phi\left(\frac{\lambda_2 - \mu''}{\sigma''}\right) - \Phi\left(\frac{\lambda_1 - \mu''}{\sigma''}\right). \tag{12.7c}$$

In (12.7a)–(12.7c) können beliebige ‚$\leq$' durch ‚$<$' bzw. ‚$\geq$' durch ‚$>$' ersetzt werden.

Schätzen und Testen für Summe und Differenz zweier Parameter Λ_1, Λ_2

Zur Untersuchung der Summe oder der Differenz zweier Parameter brauchen wir die Verteilung dieser Summe bzw. Differenz. Wir leiten sie aus den Normalverteilungsnäherungen für die Posterioriverteilungen von Λ_1 und Λ_2 ab.

Sind Λ_1 und Λ_2 voneinander unabhängig verteilt mit den Parametern μ_1'', $\sigma_1''^2$ bzw. μ_2'', $\sigma_2''^2$, dann sind die Parameter ihrer Summe gegeben durch:

$$\mu'' = \mu_1'' + \mu_2'', \tag{12.8a}$$
$$\sigma''^2 = \sigma_1''^2 + \sigma_2''^2, \tag{12.8b}$$

die ihrer Differenz $\Lambda_1 - \Lambda_2$ durch:

$$\mu'' = \mu_1'' - \mu_2'', \tag{12.9a}$$
$$\sigma''^2 = \sigma_1''^2 + \sigma_2''^2. \tag{12.9b}$$

Mit ihnen ergeben sich Punkt- und Intervallschätzung sowie die Hypothesenwahrscheinlichkeiten für die Summe bzw. Differenz Θ:

Punktschätzung:
$$\hat{\theta} = \mu'', \tag{12.10a}$$
unten begrenztes γ-Intervall:
$$\theta_- = \mu'' - \Phi^{-1}(\gamma)\,\sigma'', \tag{12.10b}$$
oben begrenztes γ-Intervall:
$$\theta_+ = \mu'' + \Phi^{-1}(\gamma)\,\sigma'', \tag{12.10c}$$
beidseitig begrenztes γ-Intervall:
$$\theta_1 = \mu'' - \Phi^{-1}\left(\frac{1+\gamma}{2}\right)\sigma'', \tag{12.10d}$$
$$\theta_2 = \mu'' + \Phi^{-1}\left(\frac{1+\gamma}{2}\right)\sigma'', \tag{12.10e}$$

Hypothesen:
$$p(\Theta \geq \theta_-) = 1 - \Phi\left(\frac{\theta_- - \mu''}{\sigma''}\right), \tag{12.11a}$$
$$p(\Theta \leq \theta_+) = \Phi\left(\frac{\theta_+ - \mu''}{\sigma''}\right), \tag{12.11b}$$
$$p(\theta_1 \leq \Theta \leq \theta_2) = \Phi\left(\frac{\theta_2 - \mu''}{\sigma''}\right) - \Phi\left(\frac{\theta_1 - \mu''}{\sigma''}\right). \tag{12.11c}$$

In (12.11a)–(12.11c) können beliebige ‚$\leq$' durch ‚$<$' bzw. ‚$\geq$' durch ‚$>$' ersetzt werden.

12.5 Beispiele zur Statistik poissonverteilter Größen

12.5.1 Die Häufigkeit von Erdbeben

Wie viele Erdbeben mit Magnitude 7 oder höher (auf der logarithmischen Energieskala) ereignen sich im Durchschnitt pro Jahr? Da diese Frage nicht nur jenen Zeitraum betrifft, über den es verlässliche Aufzeichnungen gibt, sondern auch ungleich längere, vergangene und zukünftige, können wir die Antwort nicht einfach aus den Daten ablesen. Wir müssen diese als Stichprobe ansehen und den Schluss auf die Gesamtheit, den uns interessierenden Zeitraum, mit den Mitteln der schließenden Statistik vollziehen.

Erdbeben sind seltene Ereignisse im Sinn von Abschn. 10.2.2, ihre Häufigkeiten daher in guter Näherung poissonverteilt. Worum es uns geht, ist der Mittelwert der jährlichen Anzahl von Beben der genannten Stärke; diesen wollen wir nun schätzen. Dazu verwenden wir die Aufzeichnungen der Jahre 2013 und 2014. (Natürlich ergäbe sich eine genauere Schätzung, wenn wir mehr Daten, am besten alle verfügbaren, berücksichtigen würden. Da wir aber nur die Methode zeigen wollen, begnügen wir uns mit zwei Jahresstatistiken.)

Wir setzen kein Vorwissen voraus und erhalten daher nach (12.2a) und (12.2b) die Prioriparameter

$$
\begin{aligned}
a' &= 0{,}5\,, \\
b' &= 0\,.
\end{aligned}
$$

In den Jahren 2013 und 2014 wurden weltweit 14 bzw. 11 Erdbeben mit Magnitude ≥ 7 registriert [68, 69]. Mit dieser Stichprobe, $n = 2$ und $\overline{x} = (14 + 11)/2 = 12{,}5$, ergeben sich die Posterioriparameter (12.4a) und (12.4b):

$$
\begin{aligned}
a'' &= 0{,}5 + 2 \cdot 12{,}5 = 25{,}5\,, \\
b'' &= 0 + 2 = 2\,.
\end{aligned}
$$

Als Punktschätzung für den Mittelwert erhalten wir mit (12.6a):

$$
\hat{\lambda} = \frac{25{,}5 - 1}{2} = 12{,}3 \text{ Erdbeben pro Jahr}\,.
$$

Um auch ein 95 %-Kredibilitätsintervall zu ermitteln, nähern wir die Posterioriverteilung durch eine Normalverteilung mit Parametern entsprechend (12.5a) und (12.5b) an:

$$
\begin{aligned}
\mu'' &= \frac{25{,}5}{2} = 12{,}75\,, \\
\sigma''^2 &= \frac{25{,}5}{2^2} = 2{,}52^2\,.
\end{aligned}
$$

Nun folgen die Intervallgrenzen nach (12.6d) und (12.6e):

$$\lambda_1 = 12{,}75 - 1{,}96 \cdot 2{,}52 = 7{,}8 \text{ Erdbeben pro Jahr},$$
$$\lambda_2 = 12{,}75 + 1{,}96 \cdot 2{,}52 = 17{,}7 \text{ Erdbeben pro Jahr}.$$

Abschließend wollen wir noch wissen, mit wie vielen Beben im Mittel man mindestens rechnen muss. Wir suchen dazu einen Wert, den der wahre Mittelwert mit vorgegebener Wahrscheinlichkeit nicht unterschreitet. Gemäß (12.6b) liegt der wahre Mittelwert mit Wahrscheinlichkeit 0,99 nicht unter

$$\lambda_- = 12{,}75 - 2{,}33 \cdot 2{,}52 = 6{,}9 \text{ Erdbeben pro Jahr.}$$

12.5.2 Tore im Fußball

In den 1990er-Jahren wurden im Fußball zwei neue Regeln eingeführt, die das Angriffspiel fördern sollten: Erstens, dass gleiche Höhe nicht mehr als Abseits gewertet wird, und zweitens, dass ein Sieg mit drei Punkten belohnt wird anstatt mit zwei. Wir fragen nun, ob mit diesen Regeln mehr Tore fallen. Dazu betrachten wir die deutsche Bundesliga, wo die Abseitsregel seit der Saison 1990/91 gilt, die Dreipunkteregel seit 1995/96, und vergleichen die Torstatistiken dreier Fünfjahresperioden (Tab. 12.1).

Tab. 12.1 Torstatistiken der deutschen Bundesliga über drei Fünfjahresperioden: Spieljahre 1985/86 bis 1989/90 vor den Regeländerungen, 1990/91 bis 1994/95 nach Einführen der Abseitsregel und 1995/96 bis 1999/00 nach Einführen der Dreipunkteregel [65]

	85/86 – 89/90	90/91 – 94/95	95/96 – 99/00
Spiele	1530	1604	1530
Tore	4586	4586	4376
Tore/Spiel	2,9974	2,8591	2,8601

In diesem Beispiel untersuchen wir, mit welcher Wahrscheinlichkeit die neue Abseitsregel die mittlere Anzahl von Toren pro Spiel erhöht hat. In Aufg. 12.2 ist dasselbe für die Dreipunkteregel zu tun.

Die Daten der deutschen Bundesliga bilden eine Stichprobe aus der Gesamtheit aller Bewerbe im Profifußball: den vergleichbaren Ligen sowie den Kontinent- und Weltmeisterschaften einschließlich ihrer Qualifikationsrunden. Die Anzahl der Tore pro Spiel ist annähernd poissonverteilt, und unser Untersuchungsgegenstand ist der Mittelwert dieser Verteilung, zugleich ihr Parameter Λ. Nennen wir Λ_1 den Mittelwert vor Einführung der Abseitsregel und Λ_2 den Mittelwert danach (aber vor Einführung der Dreipunkteregel), so wollen wir $p(\Lambda_2 - \Lambda_1 > 0)$ ermitteln.

Wir setzen kein Vorwissen voraus und erhalten mit (12.2a) und (12.2b)

$$a'_1 = a'_2 = 0{,}5\,,$$
$$b'_1 = b'_2 = 0\,.$$

Aus Tab. 12.1 lesen wir die Stichprobendaten ab: $n_1 = 1530$, $\overline{x}_1 = 2{,}9974$, $n_2 = 1604$ und $\overline{x}_2 = 2{,}8591$. Das führt nach (12.4a) und (12.4b) auf

$$a''_1 = 0{,}5 + 1530 \cdot 2{,}9974 = 4587\,,$$
$$b''_1 = 0 + 1530 = 1530\,,$$
$$a''_2 = 0{,}5 + 1604 \cdot 2{,}8591 = 4587\,,$$
$$b''_2 = 0 + 1604 = 1604\,.$$

Für die Differenz $\Lambda_2 - \Lambda_1$ ergeben sich die Parameter der Normalverteilungsnäherung nach (12.5a), (12.5b), (12.9a) und (12.9b):

$$\mu'' = \frac{4587}{1604} - \frac{4587}{1530} = -0{,}1383\,,$$
$$\sigma''^2 = \frac{4587}{1604^2} + \frac{4587}{1530^2} = 0{,}0612^2\,.$$

Nun folgt mit (12.11a) die gesuchte Wahrscheinlichkeit:

$$p(\Lambda_2 - \Lambda_1 > 0) = 1 - \Phi\left(\frac{0 - (-0{,}1383)}{0{,}0612}\right) = 1 - \Phi(2{,}26) = 0{,}012\,.$$

12.5.3 Unfälle im Kreisverkehr

Von 1990 bis 2012 wurden in der niederösterreichischen Stadt Tulln eine Reihe von Straßenkreuzungen durch Kreisverkehre ersetzt, sowohl im Ortsgebiet als auch im umliegenden Freiland. Hauptmotiv dafür war die Hoffnung auf höhere Verkehrssicherheit; diese gründete sich unter anderem auf Erfahrungsberichte über die Häufigkeiten von Unfällen an Kreuzungen und in Kreisverkehren [39]. Einen der Tullner Kreisverkehre, in [39] als KV 15 bezeichnet, greifen wir heraus und fragen, mit wie vielen Unfällen die Stadtverwaltung im zeitlichen Durchschnitt dort wird rechnen müssen (wir sprechen durchgehend von Unfällen mit Personenschaden). Unfallanzahlen sind annähernd poissonverteilt; wir fragen also nach dem Mittelwert (dem Parameter Λ) einer Poissonverteilung.

Der KV 15 wurde 2005 im Ortsgebiet von Tulln gebaut; davor befand sich dort eine ampelgeregelte Kreuzung. Als maßgebliches Vorwissen verwenden wir daher 1) die Unfallanzahlen an der Kreuzung vor ihrem Ersatz durch den Kreisverkehr und 2) Studien bis 2005 über die Veränderung von Unfallhäufigkeiten durch den Umbau ampelgeregelter Kreuzungen in Ortsgebieten zu Kreisverkehren. Zu Punkt 1 war bekannt, dass sich in den

6 Jahren vor Errichtung des Kreisverkehrs (1999 bis 2004) an der Kreuzung 10 Unfälle ereignet hatten. Zu Punkt 2 zitiert [39] eine Studie aus den USA, die eine Verringerung um 75 % feststellt (Eisenman et al. 2004), und eine aus Belgien, die Reduktionen von 46 % im vorstädtischen und 15 % im städtischen Ortsgebiet angibt (Diduer 2005). Einige Arbeiten verwerten wir nicht, da dort nicht klar ist, ob der betrachtete Kreisverkehr im Ortsgebiet liegt und eine geregelte Kreuzung ersetzt. Als letzte Quelle zu Punkt 2 ziehen wir Daten aus Tulln selbst heran; dort ging das Ersetzen einer Ampelkreuzung im Ortsgebiet durch einen Kreisverkehr (KV 5 in [39]) in den ersten 6 Jahren (1998 bis 2003) mit einer Verringerung der Unfallhäufigkeit um 55 % einher. Im Licht dieser Daten ist die Annahme plausibel, dass an der vormals ampelgeregelten Kreuzung mit durchschnittlich 10 Unfällen in 6 Jahren zu rechnen war und der KV 15 eine Reduktion um 50 % bewirkt, so dass man dort man dort am ehesten durchschnittlich 5 Unfälle in 6 Jahren zu erwarten hat. Als poissonverteilte Größe wählen wir die Anzahl der Unfälle in 6 Jahren.

Gemäß dem vorigen Absatz ist $\dot{\lambda} = 5$. Da wir nur wenige Daten haben, die stark streuen, sind auch weit größere oder kleinere Werte nicht unplausibel. Entscheiden wir uns dafür, das Dreifache für gerade noch möglich anzusehen: $\lambda_v = 15$. Damit ergeben sich nach (12.1a) und (12.1b) die Prioriparameter

$$a' = \frac{\ln 0{,}01}{\ln \frac{15}{5} - \frac{15}{5} + 1} + 1 = 6{,}11\,,$$
$$b' = \frac{\ln 0{,}01}{\ln \frac{15}{5} - \frac{15}{5} + 1} \cdot \frac{1}{5} = 1{,}02\,.$$

Nun nehmen wir Daten hinzu, die am betrachteten Kreisverkehr erhoben wurden: In den ersten 6 Jahren seines Bestehens (2006 bis 2011) geschahen dort 4 Unfälle. Mit dieser Stichprobe, $n = 1$ und $\overline{x} = 4$, folgen nach (12.4a), (12.4b), (12.5a) und (12.5b) die Posterioriparameter

$$a'' = 6{,}11 + 1 \cdot 4 = 10{,}1\,,$$
$$b'' = 1{,}02 + 1 = 2{,}02\,,$$
$$\mu'' = \frac{10{,}1}{2{,}02} = 5{,}00\,,$$
$$\sigma''^2 = \frac{10{,}1}{2{,}02^2} = 1{,}57^2\,.$$

Punktschätzung und 95 %-Grenzen erhalten wir gemäß (12.6a), (12.6d) und (12.6e):

$$\hat{\lambda} = \frac{10{,}1 - 1}{2{,}02} = 4{,}5 \text{ Unfälle in 6 Jahren},$$
$$\lambda_1 = 5{,}00 - 1{,}96 \cdot 1{,}57 = 1{,}9 \text{ Unfälle in 6 Jahren},$$
$$\lambda_2 = 5{,}00 + 1{,}96 \cdot 1{,}57 = 8{,}1 \text{ Unfälle in 6 Jahren}.$$

Da aufgrund des geringen Vorwissens und der kleinen Stichprobe a'' viel kleiner als 50 ist, werden die Normalverteilungsnäherung und mit ihr das Kredibilitätsintervall ziemlich ungenau sein.

12.6 Aufgaben zur Statistik poissonverteilter Größen

Aufg. 12.1 Schätzen Sie die mittlere jährliche Anzahl von Erdbeben mit Magnitude ≥ 3 (nach der logarithmischen Energieskala) in Österreich. Ermitteln Sie insbesondere, mit welcher mittleren Anzahl man mit 99 % Wahrscheinlichkeit mindestens rechnen muss. In Österreich gab es 2013 und 2014 15 bzw. 9 solcher Beben [68, 69].

Aufg. 12.2 Untersuchen Sie anhand der Daten von Abschn. 12.5.2, Tab. 12.1, mit welcher Wahrscheinlichkeit seit dem Einführen der Dreipunkteregel mehr Tore pro Spiel fallen als davor.

Aufg. 12.3 Von 1995 bis 2014 zählte das National Hurricane Center der USA folgende Anzahlen von Hurrikans über dem Atlantik: 11 (1995), 9, 3, 10, 8, 8, 9, 4, 7, 9, 15, 5, 6, 8, 3, 12, 7, 10, 2, 6 (2014) [44]. Schätzen Sie die mittlere Anzahl unter der Annahme, sie bliebe über lange Zeit konstant.

Statistik exponentialverteilter Größen

13

Zusammenfassung

Die Dauer bis zu einem Ereignis und die Zeitspanne zwischen zwei Ereignissen sind unter oft zutreffenden Bedingungen exponentialverteilt, und aus dem Parameter dieser Verteilung lassen sich mittlere Dauer und Halbwertszeit berechnen. Wir besprechen das Schätzen des Parameters, des Mittelwerts und der Halbwertszeit einer Exponentialverteilung, das Schätzen von Parametersummen und -differenzen und das Testen von Hypothesen über solche Größen.

13.1 Problemstellung

Die Dauer bis zu einem Ereignis und die Zeitspanne zwischen zwei Ereignissen sind unter oft zutreffenden Bedingungen exponentialverteilt (Abschn. 10.2.3). Der Parameter Λ einer Exponentialverteilung hängt mit der mittleren Dauer M (My) und der Halbwertszeit T (Tau) wie folgt zusammen:

$$\mathrm{M} = \frac{1}{\Lambda}, \tag{13.1a}$$

$$\mathrm{T} = \frac{\ln 2}{\Lambda}. \tag{13.1b}$$

Fragen betreffend M oder T können daher als Fragen betreffend Λ formuliert werden. Wir werden sie beantworten, indem wir zuerst Priori- und Posterioriparameter für Λ bestimmen und erst im letzten Schritt, beim Schätzen und Testen, wieder auf die anfängliche Fragestellung Bezug nehmen. Die Probleme, für die in diesem Kapitel Lösungswege präsentiert werden, sind:

1. Welcher Wert des Parameters, des Mittelwerts oder der Halbwertszeit (einer Exponentialverteilung) kommt dem wahren Wert möglichst nahe?

© Springer-Verlag GmbH Deutschland, ein Teil von Springer Nature 2019

W. Tschirk, *Bayes-Statistik für Human- und Sozialwissenschaften*, Springer-Lehrbuch,
https://doi.org/10.1007/978-3-662-56782-1_13

2. In welchem Bereich liegt der Parameter, der Mittelwert oder die Halbwertszeit mit vorgegebener Wahrscheinlichkeit?
3. Mit welcher Wahrscheinlichkeit liegt der Parameter, der Mittelwert oder die Halbwertszeit in einem vorgegebenen Bereich?
4. Welcher Wert der Summe oder der Differenz zweier Parameter kommt dem wahren Wert möglichst nahe?
5. In welchem Bereich liegt die Summe oder die Differenz zweier Parameter mit vorgegebener Wahrscheinlichkeit?
6. Mit welcher Wahrscheinlichkeit liegt die Summe oder die Differenz zweier Parameter in einem vorgegebenen Bereich?

Wir gehen davon aus, dass die Frage bereits nach Abschn. 10.3.1 präzisiert ist und eines der Probleme 1 bis 6 vorliegt. Dann haben wir es bei 1 bis 3 mit *einer* Größe Λ, M oder T zu tun, bei 4 bis 6 mit *zwei* Parametern Λ_1 und Λ_2. (Summen von Mittelwerten oder Halbwertszeiten behandeln wir nicht, Differenzen nur im Vergleich mit dem Wert 0 wie in Aufg. 13.2). Nun müssen wir die drei verbleibenden Schritte gemäß Abschn. 10.3 vornehmen: Prioriparameter festlegen; Posterioriparameter berechnen; schätzen (bei Problem 1, 2, 4 und 5) oder testen (bei Problem 3 und 6).

13.2 Prioriparameter festlegen

Die Prioriparameter für einen Parameter Λ heißen a' und b'. Wir unterscheiden drei Fälle:

Fall 1: Die Prioriparameter sind, als Posterioriparameter vorangegangener Untersuchungen, bekannt. Dann ist nichts weiter zu tun, a' und b' sind festgelegt.

Fall 2: Man besitzt Vorwissen über Λ, das es erlaubt, einen Wert als plausibelsten anzusehen und einen zweiten als zwar unplausibel, aber gerade noch möglich. Dann bezeichnen wir den plausibelsten Wert als $\dot{\lambda}$ mit $\dot{\lambda} \geq 0$, den gerade noch möglichen als λ_v mit $\lambda_v > 0$. Haben wir einen plausibelsten Mittelwert $\dot{\mu}$, setzen wir $\dot{\lambda} = 1/\dot{\mu}$; haben wir eine plausibelste Halbwertszeit $\dot{\tau}$, dann $\dot{\lambda} = \ln 2/\dot{\tau}$. Analog verfahren wir beim Wählen von λ_v.

Ist $\dot{\lambda} > 0$, gilt:

$$a' = \frac{\ln 0{,}01}{\ln \dfrac{\lambda_v}{\dot{\lambda}} - \dfrac{\lambda_v}{\dot{\lambda}} + 1} + 1\,, \tag{13.2a}$$

$$b' = \frac{\ln 0{,}01}{\ln \dfrac{\lambda_v}{\dot{\lambda}} - \dfrac{\lambda_v}{\dot{\lambda}} + 1} \cdot \frac{1}{\dot{\lambda}}\,. \tag{13.2b}$$

Ist $\dot{\lambda} = 0$, gilt:

$$a' = 1\,, \tag{13.2c}$$

$$b' = -\frac{\ln 0{,}01}{\lambda_v}\,. \tag{13.2d}$$

Fall 3: Man hat keine vorangegangenen Untersuchungen und kein ausreichendes Vorwissen. Dann ist

$$a' = 0\,, \tag{13.3a}$$

$$b' = 0\,. \tag{13.3b}$$

13.3 Posterioriparameter berechnen

Die Posterioriparameter für Λ heißen a'' und b''. Wir unterscheiden drei Fälle:

Fall 1: Man hat keine Stichprobe. Dann sind die Posterioriparameter gleich den Prioriparametern:

$$a'' = a'\,, \tag{13.4a}$$

$$b'' = b'\,. \tag{13.4b}$$

Fall 2: Man hat eine Stichprobe von n Werten mit Mittelwert $\overline{x}$. Dann gilt:

$$a'' = a' + n\,, \tag{13.5a}$$

$$b'' = b' + n\overline{x}\,. \tag{13.5b}$$

Fall 3: Man hat zwei oder mehr Stichproben: n_1 Werte mit Mittelwert $\overline{x}_1$, n_2 Werte mit Mittelwert $\overline{x}_2$ usw. Dann fasst man am einfachsten alle Stichproben zu einer einzigen zusammen: $n = n_1 + n_2 + \cdots$, $\overline{x} = (n_1\overline{x}_1 + n_2\overline{x}_2 + \cdots)/n$ und verfährt wie im Fall 2.

Nun sind die Parameter der Posterioriverteilung (es handelt sich um eine Gammaverteilung) bestimmt. Für den letzten Schritt, das Schätzen und Testen, ist es bei den meisten Fragestellungen hilfreich, die Verteilung durch eine Normalverteilung anzunähern; diese hat, sofern $b'' \neq 0$ ist, die Parameter

$$\mu'' = \frac{a''}{b''}\,, \tag{13.6a}$$

$$\sigma''^2 = \frac{a''}{b''^2}\,. \tag{13.6b}$$

Die Näherung ist umso genauer, je größer a'' ist. Mit $a'' \geq 50$ reicht sie für die meisten Zwecke aus.

13.4 Schätzen und Testen

Im vierten und letzten Schritt unterscheiden wir, ob wir eine Frage betreffend einen einzigen Parameter, einen Mittelwert oder eine Halbwertszeit behandeln (Probleme 1 bis 3 aus Abschn. 13.1) oder eine Frage betreffend die Summe oder die Differenz zweier Parameter (Probleme 4 bis 6 aus Abschn. 13.1).

Schätzen und Testen für einen Parameter Λ
Mit den in Abschn. 13.3 bestimmten Posterioriparametern ergeben sich Punkt- und Intervallschätzung sowie die Hypothesenwahrscheinlichkeiten:

Punktschätzung (für $a > 1$): $$\hat{\lambda} = \frac{a'' - 1}{b''}, \tag{13.7a}$$

unten begrenztes γ-Intervall: $$\lambda_- = \mu'' - \Phi^{-1}(\gamma)\,\sigma'', \tag{13.7b}$$

oben begrenztes γ-Intervall: $$\lambda_+ = \mu'' + \Phi^{-1}(\gamma)\,\sigma'', \tag{13.7c}$$

beidseitig begrenztes γ-Intervall: $$\lambda_1 = \mu'' - \Phi^{-1}\left(\frac{1+\gamma}{2}\right)\sigma'', \tag{13.7d}$$

$$\lambda_2 = \mu'' + \Phi^{-1}\left(\frac{1+\gamma}{2}\right)\sigma'', \tag{13.7e}$$

Hypothesen: $$p(\Lambda \geq \lambda_-) = 1 - \Phi\left(\frac{\lambda_- - \mu''}{\sigma''}\right), \tag{13.8a}$$

$$p(\Lambda \leq \lambda_+) = \Phi\left(\frac{\lambda_+ - \mu''}{\sigma''}\right), \tag{13.8b}$$

$$p(\lambda_1 \leq \Lambda \leq \lambda_2) = \Phi\left(\frac{\lambda_2 - \mu''}{\sigma''}\right) - \Phi\left(\frac{\lambda_1 - \mu''}{\sigma''}\right). \tag{13.8c}$$

In (13.8a)–(13.8c) können beliebige ‚$\leq$' durch ‚$<$' bzw. ‚$\geq$' durch ‚$>$' ersetzt werden.

Schätzen und Testen für einen Mittelwert M
Mit den in Abschn. 13.3 bestimmten Posterioriparametern ergeben sich Punkt- und Intervallschätzung sowie die Hypothesenwahrscheinlichkeiten:

Punktschätzung (für $a > 1$): $$\hat{\mu} = \frac{b''}{a'' - 1}, \tag{13.9a}$$

unten begrenztes γ-Intervall: $$\mu_- = \frac{1}{\mu'' + \Phi^{-1}(\gamma)\,\sigma''}, \tag{13.9b}$$

oben begrenztes γ-Intervall: $$\mu_+ = \frac{1}{\mu'' - \Phi^{-1}(\gamma)\,\sigma''}, \tag{13.9c}$$

beidseitig begrenztes γ-Intervall:
$$\mu_1 = \frac{1}{\mu'' + \Phi^{-1}\left(\frac{1+\gamma}{2}\right)\sigma''}, \tag{13.9d}$$
$$\mu_2 = \frac{1}{\mu'' - \Phi^{-1}\left(\frac{1+\gamma}{2}\right)\sigma''}, \tag{13.9e}$$

Hypothesen:
$$p(\mathrm{M} \geq \mu_-) = \Phi\left(\frac{\frac{1}{\mu_-} - \mu''}{\sigma''}\right), \tag{13.10a}$$
$$p(\mathrm{M} \leq \mu_+) = 1 - \Phi\left(\frac{\frac{1}{\mu_+} - \mu''}{\sigma''}\right), \tag{13.10b}$$
$$p(\mu_1 \leq \mathrm{M} \leq \mu_2) = \Phi\left(\frac{\frac{1}{\mu_1} - \mu''}{\sigma''}\right) - \Phi\left(\frac{\frac{1}{\mu_2} - \mu''}{\sigma''}\right). \tag{13.10c}$$

In (13.10a)–(13.10c) können beliebige ‚$\leq$' durch ‚$<$' bzw. ‚$\geq$' durch ‚$>$' ersetzt werden.

Schätzen und Testen für eine Halbwertszeit T

Mit den in Abschn. 13.3 bestimmten Posterioriparametern ergeben sich Punkt- und Intervallschätzung sowie die Hypothesenwahrscheinlichkeiten:

Punktschätzung (für $a > 1$):
$$\hat{\tau} = \frac{\ln 2 \cdot b''}{a'' - 1}, \tag{13.11a}$$

unten begrenztes γ-Intervall:
$$\tau_- = \frac{\ln 2}{\mu'' + \Phi^{-1}(\gamma)\,\sigma''}, \tag{13.11b}$$

oben begrenztes γ-Intervall:
$$\tau_+ = \frac{\ln 2}{\mu'' - \Phi^{-1}(\gamma)\,\sigma''}, \tag{13.11c}$$

beidseitig begrenztes γ-Intervall:
$$\tau_1 = \frac{\ln 2}{\mu'' + \Phi^{-1}\left(\frac{1+\gamma}{2}\right)\sigma''}, \tag{13.11d}$$
$$\tau_2 = \frac{\ln 2}{\mu'' - \Phi^{-1}\left(\frac{1+\gamma}{2}\right)\sigma''}, \tag{13.11e}$$

Hypothesen:

$$p(\mathrm{T} \geq \tau_-) = \Phi\left(\frac{\frac{\ln 2}{\tau_-} - \mu''}{\sigma''}\right), \qquad (13.12a)$$

$$p(\mathrm{T} \leq \tau_+) = 1 - \Phi\left(\frac{\frac{\ln 2}{\tau_+} - \mu''}{\sigma''}\right), \qquad (13.12b)$$

$$p(\tau_1 \leq \mathrm{T} \leq \tau_2) = \Phi\left(\frac{\frac{\ln 2}{\tau_1} - \mu''}{\sigma''}\right) - \Phi\left(\frac{\frac{\ln 2}{\tau_2} - \mu''}{\sigma''}\right). \qquad (13.12c)$$

In (13.12a)–(13.12c) können beliebige ‚$\leq$' durch ‚$<$' bzw. ‚$\geq$' durch ‚$>$' ersetzt werden.

Schätzen und Testen für Summe und Differenz zweier Parameter Λ_1, Λ_2

Zur Untersuchung der Summe oder der Differenz zweier Parameter brauchen wir die Verteilung dieser Summe bzw. Differenz. Wir leiten sie aus den Normalverteilungsnäherungen für die Posterioriverteilungen von Λ_1 und Λ_2 ab.

Sind Λ_1 und Λ_2 voneinander unabhängig verteilt mit den Parametern μ_1'', $\sigma_1''^2$ bzw. μ_2'', $\sigma_2''^2$, dann sind die Parameter ihrer Summe gegeben durch:

$$\mu'' = \mu_1'' + \mu_2'', \qquad (13.13a)$$

$$\sigma''^2 = \sigma_1''^2 + \sigma_2''^2, \qquad (13.13b)$$

die ihrer Differenz $\Lambda_1 - \Lambda_2$ durch:

$$\mu'' = \mu_1'' - \mu_2'', \qquad (13.14a)$$

$$\sigma''^2 = \sigma_1''^2 + \sigma_2''^2. \qquad (13.14b)$$

Mit ihnen ergeben sich Punkt- und Intervallschätzung sowie die Hypothesenwahrscheinlichkeiten für die Summe bzw. Differenz Θ:

Punktschätzung:

$$\hat{\theta} = \mu'', \qquad (13.15a)$$

unten begrenztes γ-Intervall:

$$\theta_- = \mu'' - \Phi^{-1}(\gamma)\,\sigma'', \qquad (13.15b)$$

oben begrenztes γ-Intervall:

$$\theta_+ = \mu'' + \Phi^{-1}(\gamma)\,\sigma'', \qquad (13.15c)$$

beidseitig begrenztes γ-Intervall:

$$\theta_1 = \mu'' - \Phi^{-1}\left(\frac{1+\gamma}{2}\right)\sigma'', \qquad (13.15d)$$

$$\theta_2 = \mu'' + \Phi^{-1}\left(\frac{1+\gamma}{2}\right)\sigma'', \qquad (13.15e)$$

$$\text{Hypothesen:} \qquad p(\Theta \geq \theta_-) = 1 - \Phi\left(\frac{\theta_- - \mu''}{\sigma''}\right), \tag{13.16a}$$

$$p(\Theta \leq \theta_+) = \Phi\left(\frac{\theta_+ - \mu''}{\sigma''}\right), \tag{13.16b}$$

$$p(\theta_1 \leq \Theta \leq \theta_2) = \Phi\left(\frac{\theta_2 - \mu''}{\sigma''}\right) - \Phi\left(\frac{\theta_1 - \mu''}{\sigma''}\right). \tag{13.16c}$$

In (13.16a)–(13.16c) können beliebige ‚$\leq$' durch ‚$<$' bzw. ‚$\geq$' durch ‚$>$' ersetzt werden.

13.5 Beispiele zur Statistik exponentialverteilter Größen

13.5.1 Blickdauer im Straßenverkehr

Sobald ein Autofahrer den Blick von der Straße abwendet, steigt die Gefahr eines Unfalls. Fahrerinformationssysteme, von Rückspiegel und Geschwindigkeitsanzeige bis zum Multifunktionsdisplay, sollen daher nur kurze Blicke verlangen. Stewart Birrell und Mark Fowkes maßen 2014 die Dauern der Blicke auf ein multifunktionales Fahrerinformationssystem [4]. Die Dauern der besonders gefahrenträchtigen langen Blicke (über 0,4 Sekunden) erwiesen sich als annähernd exponentialverteilt.

Tab. 13.1 Verteilung der Blickdauern über 0,4 Sekunden. Die Dauern sind in Sekunden angegeben, die Anzahlen aus der Grafik in [4] rückgerechnet

Dauer	Anzahl
0,4 – 0,6	570
0,6 – 0,8	205
0,8 – 1,0	80
1,0 – 1,2	40
1,2 – 1,4	20
1,4 – 1,6	5

Aus diesen Daten schätzen wir nun die mittlere Dauer solcher Blicke. Wir messen alle Zeiten in Sekunden und schreiben die Einheit bei den Zwischenrechnungen nicht dazu.

Vorwissen liefern eine Reihe von Studien über Blickdauern, zitiert in [4]. Sie beziehen sich jedoch auf andere Systeme unter anderen experimentellen Umständen. Zudem sind von ihnen nur die gefundenen mittleren Dauern angegeben (typisch zwischen 0,8 und 1,1) und es ist anzunehmen, dass die Einschränkung auf Blicke, die länger als 0,4 dauern, zu höheren Mittelwerten geführt hätte. Obwohl das Vorwissen also sehr gering ist, lässt es einen Mittelwert um 1,0 als plausibel erscheinen und einen um 2,0 als zwar unplausibel, aber möglich. Nach Abschn. 13.2, Fall 2 erhalten wir daraus für den Parameter Λ der Exponentialverteilung: $\dot{\lambda} = 1/1{,}0 = 1{,}0$ und $\lambda_v = 1/2{,}0 = 0{,}5$. Das führt auf die

Prioriparameter (13.2a) und (13.2b):

$$a' = \frac{\ln 0{,}01}{\ln \frac{0{,}5}{1{,}0} - \frac{0{,}5}{1{,}0} + 1} + 1 = 24{,}8\,,$$

$$b' = \frac{\ln 0{,}01}{\ln \frac{0{,}5}{1{,}0} - \frac{0{,}5}{1{,}0} + 1} \frac{1}{1{,}0} = 23{,}8\,.$$

Tab. 13.1 zeigt eine Stichprobe von $n = 920$ Werten; mit den Klassenmitten schätzen wir das Stichprobenmittel auf $\overline{x} = (0{,}5 \cdot 570 + \ldots + 1{,}5 \cdot 5)/920 = 0{,}628$. Daraus folgen nach (13.5a) und (13.5b) die Posterioriparameter

$$a'' = 24{,}8 + 920 = 945\,,$$

$$b'' = 23{,}8 + 920 \cdot 0{,}628 = 602\,.$$

Mit (13.9a) gelangen wir zur Punktschätzung für die mittlere Blickdauer,

$$\hat{\mu} = \frac{602}{945 - 1} = 0{,}638 \text{ Sekunden}\,.$$

Nähern wir die Posterioriverteilung von Λ durch eine Normalverteilung mit den Parametern

$$\mu'' = \frac{945}{602} = 1{,}570\,,$$

$$\sigma''^2 = \frac{945}{602^2} = 0{,}051^2$$

nach (13.6a) und (13.6b) an, folgen für die mittlere Blickdauer mit (13.9d) und (13.9e) die Grenzen des 95 %-Kredibilitätsintervalls,

$$\mu_1 = \frac{1}{1{,}570 + 1{,}96 \cdot 0{,}051} = 0{,}599 \text{ Sekunden}\,,$$

$$\mu_2 = \frac{1}{1{,}570 - 1{,}96 \cdot 0{,}051} = 0{,}680 \text{ Sekunden}\,.$$

13.5.2 Dauer von Erkältungssymptomen

In diesem Beispiel untersuchen wir, wie lange Halsschmerzen andauern, wenn sie als Erkältungssymptom auftreten; in Aufg. 13.2 tun wir das Gleiche für Kopfschmerzen. Wir verwenden die in [50] publizierten und in Tab. 13.2 zusammengefassten Daten.

Tab. 13.2 Auftreten von Hals- bzw. Kopfschmerzen bei 226 Erkältungsepisoden [50]. Halsschmerzen traten am Tag 1 bei 194 Episoden auf, am Tag 2 bei 173 usw. Die tabellierten Anzahlen sind aus der publizierten Grafik, die Prozentsätze zeigt, rückgerechnet

Tag	Hals	Kopf
1	194	167
2	173	162
3	151	145
4	140	125
5	117	111
6	105	84
7	92	72

Die Angaben stellen uns vor zwei Probleme: Erstens kann es sein, dass nicht alle 173 Halsschmerzfälle von Tag 2 zu denselben Episoden gehören, die auch am Tag 1 von Halsschmerzen begleitet waren usw. (schließlich liegen der Zählung insgesamt 226 Erkrankungen zugrunde). Da aber Halsschmerzen zu den Frühsymptomen einer Erkältung zählen, werden sie nur in wenigen Fällen erst am zweiten Tag oder später aufgetreten sein. Wir nehmen daher näherungsweise an, dass von den 194 Episoden mit Halsschmerzen am Tag 1 noch 173 von Halsschmerzen am Tag 2 begleitet waren usw. Zweitens enden die Aufzeichnungen, bevor die Schmerzen bei allen Patienten abgeklungen sind; daher lässt sich der Stichprobenmittelwert der Dauern nicht direkt berechnen. Hier kommt uns aber (13.1a) und (13.1b) zu Hilfe. Denn aus den beiden Gleichungen folgt zwischen Mittelwert M und Halbwertszeit T die Beziehung

$$\mathrm{M} = \frac{\mathrm{T}}{\ln 2}$$

und damit für den Stichprobenmittelwert $\overline{x}$ und die Stichprobenhalbwertszeit t näherungsweise

$$\overline{x} = \frac{t}{\ln 2}\,.$$

Die Stichprobenhalbwertszeit beträgt rund 5,5 Tage; denn 5 Tage nach Tag 1 zeigen noch $105/194 = 54{,}1\ \%$ der Fälle Halschmerzen, 6 Tage nach Tag 1 sind es $92/194 = 47{,}4\ \%$. Damit lauten die Stichprobendaten: $n = 194$ und $\overline{x} = 5{,}5/\ln 2 = 7{,}9$ Tage. (Wir geben alle Zeiten in Tagen an und lassen ab nun die Einheit bei den Zwischenrechnungen weg.) Ohne Vorwissen, also mit den Prioriparametern für Λ:

$$a' = b' = 0$$

nach (13.3a) und (13.3b), erhalten wir gemäß (13.5a), (13.5b), (13.6a) und (13.6b) die Posterioriparameter

$$\begin{aligned} a'' &= 0 + 194 = 194\,, \\ b'' &= 0 + 194 \cdot 7{,}9 = 1533\,, \\ \mu'' &= \frac{194}{1533} = 0{,}127\,, \\ \sigma''^2 &= \frac{194}{1533^2} = 0{,}009^2\,. \end{aligned}$$

Für die mittlere Dauer von Halsschmerzen als Erkältungssymptom ergeben sich nun mit (13.9a), (13.9d) und (13.9e) Punktschätzung und 95 %-Grenzen:

$$\begin{aligned} \hat{\mu} &= \frac{1533}{194 - 1} = 7{,}9 \text{ Tage}\,, \\ \mu_1 &= \frac{1}{0{,}127 + 1{,}96 \cdot 0{,}009} = 6{,}9 \text{ Tage}\,, \\ \mu_2 &= \frac{1}{0{,}127 - 1{,}96 \cdot 0{,}009} = 9{,}1 \text{ Tage}\,. \end{aligned}$$

Für die Halbwertszeit, also jene Zeit, nach der bei der Hälfte aller Erkältungen die Halsschmerzen abgeklungen sind, folgen aus (13.11a), (13.11d) und (13.11e) Punktschätzung und 95 %-Grenzen:

$$\begin{aligned} \hat{\tau} &= \frac{\ln 2 \cdot 1533}{194 - 1} = 5{,}5 \text{ Tage}\,, \\ \tau_1 &= \frac{\ln 2}{0{,}127 + 1{,}96 \cdot 0{,}009} = 4{,}8 \text{ Tage}\,, \\ \tau_2 &= \frac{\ln 2}{0{,}127 - 1{,}96 \cdot 0{,}009} = 6{,}3 \text{ Tage}\,. \end{aligned}$$

13.5.3 Zeitspanne zwischen zwei Erdbeben

Die Zeitspanne zwischen zwei Ereignissen lässt sich aus der Häufigkeit dieser Ereignisse ableiten. In Abschn. 12.5.1 haben wir die mittlere Häufigkeit von Erdbeben der Magnitude 7 oder höher (nach der logarithmischen Energieskala) auf weltweit 12,6 pro Jahr geschätzt, was einer mittleren Zeitspanne zwischen den Beben von rund 29 Tagen entspricht. Nun schätzen wir die mittlere Zeitspanne M ohne den Umweg über die Häufigkeit. Alle Zeitspannen drücken wir in Tagen aus.

In den Jahren 2013 und 2014 wurden insgesamt 25 Beben der genannten Stärke registriert. Das erste ereignete sich am 5.1.2013, das letzte am 15.11.2014 [68, 69]. Damit addieren sich die $n = 24$ Zeitspannen zwischen den Beben zu 679 Tagen, haben also einen Mittelwert von $\overline{x} = 28{,}3$ Tagen. Das ist die Stichprobe. Ohne Vorwissen, d. h. mit

$$a' = b' = 0$$

für den Parameter Λ der Exponentialverteilung entsprechend (13.3a) und (13.3b) ergeben sich nach (13.5a) und (13.5b) für Λ die Posterioriparameter

$$a'' = 0 + 24 = 24\,,$$
$$b'' = 0 + 24 \cdot 28{,}3 = 679\,.$$

Die Punktschätzung für M ist nach (13.9a)

$$\hat{\mu} = \frac{679}{24 - 1} = 29{,}5 \text{ Tage}\,.$$

Mit der Normalverteilungsnäherung (13.6a) und (13.6b),

$$\Lambda \sim N\left(\frac{24}{679}\,;\frac{24}{679^2}\right) = N(0{,}0353\,;0{,}0072^2)\,,$$

sowie (13.9d) und (13.9e) erhalten wir 95 %-Grenzen für M:

$$\mu_1 = \frac{1}{0{,}0353 + 1{,}96 \cdot 0{,}0072} = 20{,}2 \text{ Tage}\,,$$
$$\mu_2 = \frac{1}{0{,}0353 - 1{,}96 \cdot 0{,}0072} = 47{,}2 \text{ Tage}\,.$$

13.6 Aufgaben zur Statistik exponentialverteilter Größen

Aufg. 13.1 Im Zug ihrer Dissertation befragte Irene Gerbig-Calcagni 374 Studenten, wie lange sie sich während einer Vorlesung mit anderen Dingen beschäftigen.

Tab. 13.3 Dauern der „anderen“ Aktivitäten in Minuten und ihre Häufigkeiten [24]

Dauer	Anzahl
0,0 – 0,5	204
0,5 – 1,0	106
1,0 – 2,0	50
2,0 – 5,0	13
5,0 – 10,0	1

Schätzen Sie die mittlere Dauer.

Aufg. 13.2 Schätzen Sie aus den Daten in Abschn. 13.5.2, Tab. 13.2 die mittlere Dauer von Kopfschmerzen als Erkältungssymptom. Nach wie vielen Tagen werden drei Viertel der Patienten frei von Kopfschmerzen sein? Mit welcher Wahrscheinlichkeit sind Kopfschmerzen als Erkältungssymptom hartnäckiger als Halsschmerzen?

Aufg. 13.3 In den Jahren 2013 und 2014 wurden in Österreich insgesamt 24 Erdbeben mit Magnitude 3 oder höher (nach der logarithmischen Energieskala) registriert. Das erste ereignete sich am 25.1.2013, das letzte am 18.9.2014 [68, 69]. Schätzen Sie die mittlere Zeitspanne zwischen zwei solcher Beben.

Statistik normalverteilter Größen

14

Zusammenfassung
Viele Größen sind annähernd normalverteilt, und oft interessiert man sich für ihren Mittelwert. Wir besprechen das Schätzen des Mittelwerts einer Normalverteilung, das Schätzen von Summen und Differenzen von Mittelwerten und das Testen von Hypothesen über solche Größen. Dabei gehen wir von der (fast immer zutreffenden) Annahme aus, dass die Varianz der Verteilung unbekannt ist.

14.1 Problemstellung

Viele Größen sind annähernd normalverteilt (Abschn. 10.2.4), und oft interessiert man sich für ihren Mittelwert. Wir beschreiben nun Lösungswege für folgende Probleme:

1. Welcher Mittelwert (einer Normalverteilung unbekannter Varianz) kommt dem wahren Mittelwert möglichst nahe?
2. In welchem Bereich liegt der Mittelwert mit vorgegebener Wahrscheinlichkeit?
3. Mit welcher Wahrscheinlichkeit liegt der Mittelwert in einem vorgegebenen Bereich?
4. Welcher Wert der Summe oder der Differenz zweier Mittelwerte kommt dem wahren Wert möglichst nahe?
5. In welchem Bereich liegt die Summe oder die Differenz zweier Mittelwerte mit vorgegebener Wahrscheinlichkeit?
6. Mit welcher Wahrscheinlichkeit liegt die Summe oder die Differenz zweier Mittelwerte in einem vorgegebenen Bereich?

Wir gehen davon aus, dass die Frage bereits nach Abschn. 10.3.1 präzisiert ist und eines der Probleme 1 bis 6 vorliegt. Dann haben wir es bei 1 bis 3 mit *einem* Mittelwert M (My) zu tun, bei 4 bis 6 mit *zwei* Mittelwerten M_1 und M_2. Ist die Summe bzw. die Differenz

© Springer-Verlag GmbH Deutschland, ein Teil von Springer Nature 2019
W. Tschirk, *Bayes-Statistik für Human- und Sozialwissenschaften*, Springer-Lehrbuch,
https://doi.org/10.1007/978-3-662-56782-1_14

zweier Mittelwerte selbst Mittelwert einer Normalverteilung, können wir sie nach dem Muster der Probleme 1 bis 3 behandeln. Nun müssen wir die drei verbleibenden Schritte gemäß Abschn. 10.3 vornehmen: Prioriparameter festlegen; Posterioriparameter berechnen; schätzen (bei Problem 1, 2, 4 und 5) oder testen (bei Problem 3 und 6).

14.2 Prioriparameter festlegen

Die Prioriparameter für einen Mittelwert M heißen m', λ', a' und b'. Wir unterscheiden drei Fälle:

Fall 1: Die Prioriparameter sind, als Posterioriparameter vorangegangener Untersuchungen, bekannt. Dann ist nichts weiter zu tun, m', λ', a' und b' sind festgelegt.

Fall 2: Man besitzt Vorwissen über M und die unbekannte Varianz Σ^2, das es erlaubt, ein Wertepaar als plausibelstes anzusehen und einen zweiten Wert von M als zwar unplausibel, aber gerade noch möglich. Dann bezeichnen wir die plausibelsten Werte als $\dot{\mu}$ und $\dot{\sigma}^2$ (mit $\dot{\sigma}^2 > 0$), den gerade noch möglichen Wert von M als μ_v. Es gilt:

$$m' = \dot{\mu}\,, \tag{14.1a}$$

$$\lambda' = -\frac{2\ln 0{,}01}{(\mu_v - \dot{\mu})^2}\,\dot{\sigma}^2\,, \tag{14.1b}$$

$$a' = 0\,, \tag{14.1c}$$

$$b' = \frac{3}{2}\,\dot{\sigma}^2\,. \tag{14.1d}$$

Fall 3: Man hat keine vorangegangenen Untersuchungen und kein ausreichendes Vorwissen. Dann gilt:

$$m' = 0\,, \tag{14.2a}$$

$$\lambda' = 0\,, \tag{14.2b}$$

$$a' = 0\,, \tag{14.2c}$$

$$b' = 0\,. \tag{14.2d}$$

14.3 Posterioriparameter berechnen

Die Posterioriparameter für M heißen m'', λ'', a'' und b''. Wir unterscheiden drei Fälle:

Fall 1: Man hat keine Stichprobe. Dann sind die Posterioriparameter gleich den Prioriparametern:

$$m'' = m' , \tag{14.3a}$$

$$\lambda'' = \lambda' , \tag{14.3b}$$

$$a'' = a' , \tag{14.3c}$$

$$b'' = b' . \tag{14.3d}$$

Fall 2: Man hat eine Stichprobe von n Werten mit Mittelwert $\overline{x}$ und Varianz s_X^2 . Dann gilt:

$$m'' = \frac{\lambda' m' + n\overline{x}}{\lambda' + n} , \tag{14.4a}$$

$$\lambda'' = \lambda' + n , \tag{14.4b}$$

$$a'' = a' + \frac{n}{2} , \tag{14.4c}$$

$$b'' = b' + \frac{n}{2}\left(s_X^2 + \frac{\lambda'(\overline{x} - m')^2}{\lambda' + n}\right) . \tag{14.4d}$$

Fall 3: Man hat zwei oder mehr Stichproben. Dann wertet man am einfachsten eine Stichprobe nach der anderen (in beliebiger Reihenfolge) gemäß Fall 2 aus, wobei die mit der ersten Stichprobe erhaltenen Posterioriparameter als Prioriparameter für die Auswertung der zweiten dienen usw.

Damit sind die Parameter der Posterioriverteilung (es handelt sich um eine gemeinsame Normal-Invers-Gammaverteilung von M und Σ^2) bestimmt. Für den letzten Schritt, das Schätzen und Testen, nähern wir die Verteilung von M durch eine Normalverteilung an; diese hat, sofern $a'', \lambda'' \neq 0$ sind, die Parameter

$$\mu'' = m'' , \tag{14.5a}$$

$$\sigma''^2 = \frac{b''}{a''\lambda''} . \tag{14.5b}$$

Die Näherung ist umso genauer, je größer a'' ist. Mit $a'' \geq 15$ reicht sie für die meisten Zwecke aus.

14.4 Schätzen und Testen

Im vierten und letzten Schritt unterscheiden wir, ob wir eine Frage betreffend einen einzigen Mittelwert behandeln (Probleme 1 bis 3 aus Abschn. 14.1) oder eine Frage betreffend die Summe oder die Differenz zweier Mittelwerte (Probleme 4 bis 6 aus Abschn. 14.1).

Schätzen und Testen für einen Mittelwert M

Mit den in Abschn. 14.3 bestimmten Posterioriparametern ergeben sich Punkt- und Intervallschätzung sowie die Hypothesenwahrscheinlichkeiten:

$$\text{Punktschätzung:} \qquad \hat{\mu} = m'' , \tag{14.6a}$$

$$\text{unten begrenztes } \gamma\text{-Intervall:} \qquad \mu_- = \mu'' - \Phi^{-1}(\gamma)\,\sigma'' , \tag{14.6b}$$

$$\text{oben begrenztes } \gamma\text{-Intervall:} \qquad \mu_+ = \mu'' + \Phi^{-1}(\gamma)\,\sigma'' , \tag{14.6c}$$

$$\text{beidseitig begrenztes } \gamma\text{-Intervall:} \qquad \mu_1 = \mu'' - \Phi^{-1}\left(\frac{1+\gamma}{2}\right)\sigma'' , \tag{14.6d}$$

$$\mu_2 = \mu'' + \Phi^{-1}\left(\frac{1+\gamma}{2}\right)\sigma'' , \tag{14.6e}$$

$$\text{Hypothesen:} \qquad p(\mathrm{M} \geq \mu_-) = 1 - \Phi\left(\frac{\mu_- - \mu''}{\sigma''}\right) , \tag{14.7a}$$

$$p(\mathrm{M} \leq \mu_+) = \Phi\left(\frac{\mu_+ - \mu''}{\sigma''}\right) , \tag{14.7b}$$

$$p(\mu_1 \leq \mathrm{M} \leq \mu_2) = \Phi\left(\frac{\mu_2 - \mu''}{\sigma''}\right) - \Phi\left(\frac{\mu_1 - \mu''}{\sigma''}\right) . \tag{14.7c}$$

In (14.7a)–(14.7c) können beliebige ‚$\leq$' durch ‚$<$' bzw. ‚$\geq$' durch ‚$>$' ersetzt werden.

Schätzen und Testen für Summe und Differenz zweier Mittelwerte $\mathrm{M}_1, \mathrm{M}_2$

Zur Untersuchung der Summe oder der Differenz zweier Mittelwerte brauchen wir die Verteilung dieser Summe bzw. Differenz. Wir leiten sie aus den Normalverteilungsnäherungen für die Posterioriverteilungen von M_1 und M_2 ab.

Sind M_1 und M_2 voneinander unabhängig verteilt mit den Parametern μ_1'', $\sigma_1''^2$ bzw. μ_2'', $\sigma_2''^2$, dann sind die Parameter ihrer Summe gegeben durch:

$$\mu'' = \mu_1'' + \mu_2'' , \tag{14.8a}$$

$$\sigma''^2 = \sigma_1''^2 + \sigma_2''^2 , \tag{14.8b}$$

die ihrer Differenz $\mathrm{M}_1 - \mathrm{M}_2$ durch:

$$\mu'' = \mu_1'' - \mu_2'' , \tag{14.9a}$$

$$\sigma''^2 = \sigma_1''^2 + \sigma_2''^2 . \tag{14.9b}$$

Mit ihnen ergeben sich Punkt- und Intervallschätzung sowie die Hypothesenwahrscheinlichkeiten für die Summe bzw. Differenz Θ:

Punktschätzung: $$\hat{\theta} = \mu'' , \tag{14.10a}$$

unten begrenztes γ-Intervall: $$\theta_- = \mu'' - \Phi^{-1}(\gamma)\,\sigma'' , \tag{14.10b}$$

oben begrenztes γ-Intervall: $$\theta_+ = \mu'' + \Phi^{-1}(\gamma)\,\sigma'' , \tag{14.10c}$$

beidseitig begrenztes γ-Intervall: $$\theta_1 = \mu'' - \Phi^{-1}\left(\frac{1+\gamma}{2}\right)\sigma'' , \tag{14.10d}$$

$$\theta_2 = \mu'' + \Phi^{-1}\left(\frac{1+\gamma}{2}\right)\sigma'' , \tag{14.10e}$$

Hypothesen: $$p(\Theta \geq \theta_-) = 1 - \Phi\left(\frac{\theta_- - \mu''}{\sigma''}\right) , \tag{14.11a}$$

$$p(\Theta \leq \theta_+) = \Phi\left(\frac{\theta_+ - \mu''}{\sigma''}\right) , \tag{14.11b}$$

$$p(\theta_1 \leq \Theta \leq \theta_2) = \Phi\left(\frac{\theta_2 - \mu''}{\sigma''}\right) - \Phi\left(\frac{\theta_1 - \mu''}{\sigma''}\right) . \tag{14.11c}$$

In (14.11a)–(14.11c) können beliebige ‚$\leq$' durch ‚$<$' bzw. ‚$\geq$' durch ‚$>$' ersetzt werden.

14.5 Beispiele zur Statistik normalverteilter Größen

14.5.1 Blutdruck deutscher Frauen im achten Lebensjahrzehnt

In diesem Beispiel schätzen wir den mittleren systolischen Blutdruck deutscher Frauen im achten Lebensjahrzehnt. Er ist, wie viele Körperparameter, in guter Näherung normalverteilt. Wir betrachten zunächst zwei Studien, von denen zwar Ergebnisse frei zugänglich sind, nicht aber die Stichprobengrößen [45, 60], und nutzen die Daten, um Prioriparameter festzulegen. Da Aufg. 14.1 eine analoge Schätzung für Männer verlangt, stellen wir in Tab. 14.1 auch deren Daten dar.

Tab. 14.1 Systolischer Blutdruck (in mm Hg) deutscher Frauen und Männer im Alter von 70 bis 79 Jahren nach Studien von 1999 [60] und 2013 [45]. Die Varianz ist in [45] nicht angegeben

	Frauen		Männer	
	1999	2013	1999	2013
Mittelwert	155	131,5	153	130,3
Varianz	529	–	529	–

Die Unterschiede zwischen den Ergebnissen der beiden Studien lassen sich nicht durch die Zufälligkeit der Stichproben erklären (sehen Sie dazu die Ausführungen in Abschn. 6.5.3). Da wir nicht wissen, welche Studie zuverlässiger ist, sehen wir beide als gleichwertig an.

Für die Prioriparameter müssen wir ein plausibelstes Wertepaar, bestehend aus Mittelwert und Varianz, sowie einen weiteren, gerade noch möglichen Mittelwert bestimmen. Als plausibelsten Mittelwert wählen wir das arithmetische Mittel der beiden Studienwerte, als plausibelste Varianz den Wert der ersten: $\dot{\mu} = 143{,}25$, $\dot{\sigma}^2 = 529$. Angesichts der Studienergebnisse erscheint ein Mittelwert um 125 unplausibel, aber möglich: $\mu_v = 125$. Mit diesen Festlegungen erhalten wir die Prioriparameter gemäß (14.1a)–(14.1d):

$$m' = 143{,}25\,,$$
$$\lambda' = -\frac{2 \cdot \ln 0{,}01}{(125 - 143{,}25)^2} \cdot 529 = 14{,}6\,,$$
$$a' = 0\,,$$
$$b' = \frac{3}{2} \cdot 529 = 794\,.$$

Nun nehmen wir eine dritte Studie hinzu, die mehr Information liefert: Im Jahr 2005 wurde an $n = 2257$ Probandinnen ein Mittelwert von 141,6 bei einer Standardabweichung von 19,6 gemessen [2]. (Die Werte gelten für eine Altersgruppe von 71 bis 80 und passen somit nicht genau zu unserer Fragestellung. Da wir zu wenig Information haben, um das zu korrigieren, nehmen wir den kleinen Fehler in Kauf.) Wir erhalten die Posterioriparameter nach (14.4a)–(14.4d):

$$m'' = \frac{14{,}6 \cdot 143{,}25 + 2257 \cdot 141{,}6}{14{,}6 + 2257} = 141{,}6\,,$$
$$\lambda'' = 14{,}6 + 2257 = 2272\,,$$
$$a'' = 0 + \frac{2257}{2} = 1129\,,$$
$$b'' = 794 + \frac{2257}{2}\left(19{,}6^2 + \frac{14{,}6 \cdot (141{,}6 - 143{,}25)^2}{14{,}6 + 2257}\right) = 434\,338\,.$$

Die Parameter der Normalverteilungsnäherung für M sind gemäß (14.5a) und (14.5b):

$$\mu'' = 141{,}6\,,$$
$$\sigma''^2 = \frac{434\,338}{1129 \cdot 2272} = 0{,}41^2\,.$$

Die Punktschätzung für den mittleren systolischen Blutdruck deutscher Frauen im achten Lebensjahrzehnt lautet nach (14.6a):

$$\hat{\mu} = 141{,}6 \text{ mm Hg}\,.$$

Dass dieser Wert bis auf die letzte Stelle dem Stichprobenmittelwert entspricht, liegt daran, dass die Stichprobe aufgrund ihrer Größe viel mehr Information trägt als das Vorwissen und daher das Ergebnis beinahe allein bestimmt. Das 95 %-Kredibilitätsintervall

(14.6d) und (14.6e) ist begrenzt durch:

$$\mu_1 = 141{,}6 - 1{,}96 \cdot 0{,}41 = 140{,}8 \text{ mm Hg}\,,$$
$$\mu_2 = 141{,}6 + 1{,}96 \cdot 0{,}41 = 142{,}4 \text{ mm Hg}\,.$$

14.5.2 Zweisprachigkeit und Alzheimer

Die Alzheimer-Krankheit ist mit Veränderungen im Gehirn verbunden. Eines ihrer körperlichen Anzeichen ist die Vergrößerung des rechten und des linken Unterhorns, mit Flüssigkeit gefüllter Hohlräume im Gehirn. Ein Team aus Toronto stellte bei 38 Patienten mit Verdacht auf Alzheimer fest, dass linkes und rechtes Unterhorn bei den zweisprachigen deutlich größer waren als bei den einsprachigen. Die Forscher zogen den Schluss, dass es zum Auftreten von Demenzsymptomen bei Zweisprachigen größerer Veränderungen im Gehirn bedarf als bei Einsprachigen [54].

Wir stellen die Frage, in welchem Maß die Daten für diesen Schluss sprechen. Von jedem Probanden wurden die Ausdehnungen des linken und des rechten Unterhorns gemessen. Wir betrachten die jeweils größere; deren mittlere Größe bei Einsprachigen mit Verdacht auf Alzheimer nennen wir M_1, jene bei Zweisprachigen M_2 und bestimmen die Wahrscheinlichkeit der Hypothese $\mathrm{M}_2 > \mathrm{M}_1$. Wie die Autoren der Studie nehmen wir Normalverteilungen an.

Wir setzen kein Vorwissen voraus und haben nach (14.2a)–(14.2d):

$$m_1' = \lambda_1' = a_1' = b_1' = m_2' = \lambda_2' = a_2' = b_2' = 0\,.$$

Als Stichprobe dienen die Daten in Tab. 14.2.

Tab. 14.2 Vergleich der Ausdehnungen des jeweils größeren Unterhorns ein- bzw. zweisprachiger Patienten mit Verdacht auf Alzheimer [54]. Mittelwert $\overline{x}$ und Standardabweichung s in Millimeter

	Einsprachige	Zweisprachige
n	19	19
$\overline{x}$	4,69	7,87
s	1,31	3,53

Die resultierenden Posterioriparameter (14.4a)–(14.4d) sind:

$$m_1'' = \frac{0 \cdot 0 + 19 \cdot 4{,}69}{0 + 19} = 4{,}69\,,$$
$$\lambda_1'' = 0 + 19 = 19\,,$$
$$a_1'' = 0 + \frac{19}{2} = 9{,}5\,,$$
$$b_1'' = 0 + \frac{19}{2}\left(1{,}31^2 + \frac{0 \cdot (4{,}69 - 0)^2}{0 + 19}\right) = 16{,}3\,,$$

$$m_2'' = \frac{0 \cdot 0 + 19 \cdot 7{,}87}{0 + 19} = 7{,}87\,,$$
$$\lambda_2'' = 0 + 19 = 19\,,$$
$$a_2'' = 0 + \frac{19}{2} = 9{,}5\,,$$
$$b_2'' = 0 + \frac{19}{2}\left(3{,}53^2 + \frac{0 \cdot (7{,}87 - 0)^2}{0 + 19}\right) = 118\,.$$

Daraus ergeben sich mit (14.5a), (14.5b), (14.9a), und (14.9b) die Posterioriparameter der Differenz $\mathrm{M}_2 - \mathrm{M}_1$:

$$\mu'' = 7{,}87 - 4{,}69 = 3{,}18\,,$$
$$\sigma''^2 = \frac{118}{9{,}5 \cdot 19} + \frac{16{,}3}{9{,}5 \cdot 19} = 0{,}86^2$$

und mit diesen nach (14.11a) die Wahrscheinlichkeit der Hypothese:

$$p(\mathrm{M}_2 - \mathrm{M}_1 > 0) = 1 - \Phi\left(\frac{0 - 3{,}18}{0{,}86}\right) = 1 - \Phi(-3{,}70) > 0{,}9997\,.$$

14.5.3 Fernsehen und Bildung

In den Aufg. 11.3 und 11.4 wird der Zusammenhang zwischen dem Ausmaß des Fernsehkonsums in der Kindheit und der Chance auf einen späteren Universitätsabschluss untersucht. Auf Basis der dort verwendeten Studie stellen wir nun die Fernsehdauer in der Kindheit dem später erreichten Bildungsgrad (einschließlich nichtakademischer Abschlüsse) gegenüber.

Tab. 14.3 Mittlere Dauer des Fernsehens in der Kindheit (Mittelwert $\overline{x}$ und Standardabweichung s in Stunden pro Tag) und mit 26 Jahren erreichter Bildungsgrad [27]

	Mit 26 Jahren erreichte Bildung			
	keine	Pflicht	höhere	Uni
n	143	156	456	212
$\overline{x}$	2,76	2,52	2,34	1,95
s	0,93	0,75	0,86	0,77

Aus den Daten schätzen wir die mittlere Dauer in jeder der vier Gruppen und die Wahrscheinlichkeit dafür, dass diese von Bildungsgrad zu Bildungsgrad sinkt. Wir nehmen die Dauern als ungefähr normalverteilt an; dabei stützen wir uns auf [48], wo die Fernsehdauer Erwachsener als ungefähr normalverteilt angegeben ist, was den Schluss nahelegt, dass für Kinder Gleiches gilt.

Mittlere Dauer des Fernsehens in der Kindheit

Wir schätzen die mittlere Dauer des Fernsehens in jeder der vier Bildungsgruppen. Wir setzen kein Vorwissen über die Dauern voraus und fassen Zwischen- und Endergebnisse, ermittelt gemäß (14.2a), (14.2b), (14.2c), (14.2d), (14.4a), (14.4b), (14.4c), (14.4d), (14.5a), (14.5b), (14.6a), (14.6d) und (14.6e), in Tab. 14.4 zusammen.

Tab. 14.4 Schätzung der mittleren Dauer des Fernsehens in der Kindheit in vier Gruppen nach später erreichtem Bildungsgrad. Alle Dauern in Stunden pro Tag

		Mit 26 Jahren erreichte Bildung			
		keine	Pflicht	höhere	Uni
Prioriparameter	m'	0	0	0	0
	λ'	0	0	0	0
	a'	0	0	0	0
	b'	0	0	0	0
Posterioriparameter	m''	2,76	2,52	2,34	1,95
	λ''	143	156	456	212
	a''	71,5	78	228	106
	b''	61,8	43,9	169	62,8
	μ''	2,760	2,520	2,340	1,950
	σ''	0,078	0,060	0,040	0,053
Punktschätzung	$\hat{\mu}$	2,76	2,52	2,34	1,95
95 %-Grenzen	μ_1	2,61	2,40	2,26	1,85
	μ_2	2,91	2,64	2,42	2,05

Sinkt die mittlere Dauer mit zunehmendem späterem Bildungsgrad?

Wir nummerieren die Bildungsgruppen nach ihrer Reihung in Tab. 14.3 und bestimmen die Wahrscheinlichkeit dafür, dass die mittlere Fernsehdauer von Gruppe zu Gruppe abnimmt, also $\mathrm{M}_1 > \mathrm{M}_2 > \mathrm{M}_3 > \mathrm{M}_4$ gilt. Zunächst zerlegen wir diese Hypothese in ein äquivalente Verknüpfung dreier Hypothesen:

$$\mathrm{M}_1 > \mathrm{M}_2 > \mathrm{M}_3 > \mathrm{M}_4 \;\leftrightarrow\; (\mathrm{M}_1 - \mathrm{M}_2 > 0)(\mathrm{M}_2 - \mathrm{M}_3 > 0)(\mathrm{M}_3 - \Pi_4 > 0)\,.$$

Nun ermitteln wir die Wahrscheinlichkeiten dieser drei Hypothesen. Von Tab. 14.4 übernehmen wir μ'' und σ'' der einzelnen Mittelwerte; aus ihnen folgen die Parameter der Mittelwertsdifferenzen nach (14.9a) und (14.9b) und die Wahrscheinlichkeiten nach (14.11a).

Tab. 14.5 Parameter zu den Hypothesen $\mathrm{M}_1 - \mathrm{M}_2 > 0$, $\mathrm{M}_2 - \mathrm{M}_3 > 0$ und $\mathrm{M}_3 - \mathrm{M}_4 > 0$

		$\mathrm{M}_1 - \mathrm{M}_2$	$\mathrm{M}_2 - \mathrm{M}_3$	$\mathrm{M}_3 - \mathrm{M}_4$
Posterioriparameter	μ''	0,240	0,180	0,390
	σ''	0,098	0,072	0,066
Wahrscheinlichkeit		0,993	0,994	1,000

Fassen wir die Hypothesen $M_1 - M_2 > 0$, $M_2 - M_3 > 0$ und $M_3 - M_4 > 0$ als voneinander unabhängig auf, folgt

$$p(M_1 > M_2 > M_3 > M_4) = 0{,}993 \cdot 0{,}994 \cdot 1{,}000 = 0{,}987 .$$

14.6 Aufgaben zur Statistik normalverteilter Größen

Aufg. 14.1 Im Jahr 2005 wurde an 1706 deutschen Männern im achten Lebensjahrzehnt ein mittlerer systolischer Blutdruck (in mm Hg) von 140,5 mit einer Standardabweichung von 19,0 gemessen [2]. Schätzen Sie daraus und mit den Daten in Abschn. 14.5.1, Tab. 14.1 als Vorinformation den mittleren Blutdruck dieser Bevölkerungsgruppe.

Aufg. 14.2 Schätzen Sie aus den Daten in Abschn. 4.7.1, Tab. 4.1 die mittlere Wohnungsgröße (Anzahl der Zimmer) von Einpersonenhaushalten im Raum Hamburg unter der Annahme, die Wohnungsgrößen wären annähernd normalverteilt. Ist die Annahme gerechtfertigt?

Aufg. 14.3 Fergus Craik, Ellen Bialystok und Morris Freedman stellten 2010 fest, dass die ersten Symptome der Alzheimer-Krankheit bei zweisprachigen Patienten erst in höherem Alter aufgetreten waren als bei einsprachigen.

Tab. 14.6 Alter beim ersten Auftreten von Alzheimer-Symptomen (Mittelwert $\overline{x}$ und Standardabweichung s in Jahren) nach [21]

	Einsprachige	Zweisprachige
n	109	102
$\overline{x}$	72,6	77,7
s	10,0	7,9

Mit welcher Wahrscheinlichkeit trifft das auch in der Gesamtheit zu?

Aufg. 14.4 Wie groß sind angesichts der Daten von Aufg. 14.3 die Wahrscheinlichkeiten dafür, dass bei Zweisprachigen die Alzheimer-Symptome um mindestens 1 Jahr, 2 Jahre usw. später einsetzen als bei Einsprachigen? Stellen Sie die Wahrscheinlichkeit dafür, dass die Symptome um mindestens t Jahre später einsetzen, als Funktion von t dar.

A Lösungen der Aufgaben

A.1 Aufgaben zur Statistik in den Human- und Sozialwissenschaften

Zu diesem Kapitel gibt es keine Aufgaben.

A.2 Aufgaben zur Wahrscheinlichkeit

Aufgabe 2.1 *Man nennt einen Würfel „fair", wenn man keinen Grund hat anzunehmen, dass er auf eine bestimmte Zahl häufiger fallen würde als auf eine andere. Ein fairer Würfel werde einmal geworfen. Mit welcher Wahrscheinlichkeit fällt er a) auf eine bestimmte Zahl, b) auf eine gerade Zahl?*

Nennen wir die Augenzahl A. Die Behauptungen $A = 1$, $A = 2, \ldots, A = 6$ schließen einander aus, eine muss aber zutreffen, und keine ist plausibler als eine andere. Daher bilden sie eine Laplace-Basis der Länge 6.

a) Es gilt für alle möglichen i : $p(A = i) = \dfrac{1}{6}$.

b) $p(A \text{ ist eine gerade Zahl}) = p((A = 2) + (A = 4) + (A = 6)) = \dfrac{3}{6}$.

Aufgabe 2.2 *Ein fairer Würfel werde zweimal geworfen. Nennen wir die Augenzahl des ersten Wurfs* A_1 *und die des zweiten* A_2*. Die Behauptung* $(A_1, A_2) = (5, 3)$ *sagt dann, dass im ersten Wurf 5 fällt und im zweiten 3. a) Erstellen Sie eine Liste der möglichen Zahlenpaare. Wie viele sind es? b) Zeigen Sie, dass jedes mögliche Paar mit gleicher Wahrscheinlichkeit fällt.*

a) Die 36 möglichen Paare sind:

(1,1),	(1,2),	(1,3),	(1,4),	(1,5),	(1,6),
(2,1),	(2,2),	(2,3),	(2,4),	(2,5),	(2,6),
...					
(6,1),	(6,2),	(6,3),	(6,4),	(6,5),	(6,6).

© Springer-Verlag GmbH Deutschland, ein Teil von Springer Nature 2019

W. Tschirk, *Bayes-Statistik für Human- und Sozialwissenschaften*, Springer-Lehrbuch,
https://doi.org/10.1007/978-3-662-56782-1

b) Seien i und j zwei beliebige Augenzahlen. Dann ist

$$p((A_1 = i)(A_2 = j)) = p(A_1 = i)\, p(A_2 = j \mid A_1 = i) = \frac{1}{6} \cdot \frac{1}{6} = \frac{1}{36}.$$

Jedes Paar hat also dieselbe Wahrscheinlichkeit von 1/36.

Aufgabe 2.3 *Ein fairer Würfel werde zweimal geworfen. Die Augenzahl des ersten Wurfs heiße* A_1 *und die des zweiten* A_2. *Wie groß sind a)* $p(A_1 = A_2)$, *b)* $p(A_1 + A_2 < 4)$, *c)* $p(A_1 A_2 > 20 \mid A_1 < 6)$, *d)* $p(A_1 \neq A_2 \mid A_1 + A_2 > 11)$ *?*

In Aufg. 2.2 haben wir gezeigt, dass alle Augenzahlpaare gleich wahrscheinlich sind. Damit gilt:

a) $p(A_1 = A_2) = 6/36$, da es 36 Paare gibt und $A_1 = A_2$ auf 6 davon zutrifft.
b) $p(A_1 + A_2 < 4) = 3/36$, da $A_1 + A_2 < 4$ auf 3 der 36 Paare zutrifft.
c) $p(A_1 A_2 > 20 \mid A_1 < 6) = 3/30$, denn unter die Bedingung $A_1 < 6$ fallen 30 Paare und bei 3 davon ist $A_1 A_2 > 20$.
d) $p(A_1 \neq A_2 \mid A_1 + A_2 > 11) = 0$, denn das einzige Paar mit $A_1 + A_2 > 11$ ist $(6, 6)$.

Aufgabe 2.4 *Zeigen Sie: Sind die Behauptungen A, B und C voneinander unabhängig, dann ist* $p(ABC) = p(A)p(B)p(C)$. *(Anmerkung: Daraus ergibt sich mit vollständiger Induktion, dass Analoges für beliebig viele Aussagen gilt.)*

Seien A, B und C voneinander unabhängig. Dann ist mit der Kettenregel

$$p(ABC) = p(A)p(B|A)p(C|AB) = p(A)p(B)p(C).$$

Aufgabe 2.5 *Zeigen Sie: Wenn B aus A folgt, ist* $p(B) \geq p(A)$.

Wenn B aus A folgt, ist $p(B|A) = 1$. Da zudem A und $\overline{A}$ eine Basis bilden (sie schließen einander aus, eines muss aber zutreffen), ergibt sich die totale Wahrscheinlichkeit von B durch:

$$p(B) = p(B|A)p(A) + p(B|\overline{A})p(\overline{A}) = p(A) + p(B|\overline{A})p(\overline{A}) \geq p(A).$$

Aufgabe 2.6 *Sind A und B äquivalent, dann folgen A aus B und B aus A. Verwenden Sie das und Aufg. 2.5, um zu zeigen, dass äquivalente Behauptungen gleich wahrscheinlich sind.*

Sind A und B äquivalent, ist nach Aufg. 2.5 einerseits $p(A) \geq p(B)$, da A aus B folgt, andererseits $p(B) \geq p(A)$, da B aus A folgt. Damit ist $p(A) = p(B)$.

A.3 Aufgaben zu den univariaten Verteilungen

Aufgabe 3.1 *Im Jahr 2014 hatten in Österreich 41,5 % aller Familien keine Kinder, 29,6 % ein Kind, 21,0 % zwei, 6,4 % drei und 1,6 % vier oder mehr Kinder* [58] *(zur Vereinfachung zählen wir Letztere als Familien mit vier Kindern). Greifen wir zufällig eine Familie heraus, so ist deren Kinderanzahl eine diskrete Größe X. Berechnen Sie Wahrscheinlichkeits- und Verteilungsfunktion von X und stellen Sie sie grafisch dar. Wie groß sind Erwartungswert, Varianz und Standardabweichung von X ?*

Zunächst stellen wir die zahlenmäßige Übereinstimmung von Anteil und Wahrscheinlichkeit fest: Ist n die Anzahl aller Familien und daher $0{,}415\,n$ die Anzahl der Familien ohne Kinder, gilt bei zufälliger Wahl einer Familie für deren Kinderanzahl X:

$$p(X = 0) = \frac{0{,}415\,n}{n} = 0{,}415\,,$$

und Analoges folgt für die Kinderanzahlen 1, 2, 3 und 4. Da $f_X(x) = p(X = x)$ ist, ergibt sich unmittelbar die Wahrscheinlichkeitsfunktion von X, wobei $f_X(x) = 0$ für alle anderen x. Für die Verteilungsfunktion gilt

$$F_X(0) = p(X \leq 0) = p(X = 0)\,,$$
$$F_X(1) = p(X \leq 1) = p(X = 0) + p(X = 1)$$

usw. Zusammengefasst ergeben sich Tab. A.1 und Abb. A.1.

Tab. A.1 Wahrscheinlichkeits- und Verteilungsfunktion der Kinderanzahl einer zufällig gewählten österreichischen Familie im Jahr 2014

x	$f_X(x)$	$F_X(x)$
0	0,415	0,415
1	0,296	0,711
2	0,210	0,921
3	0,064	0,985
4	0,016	1,000

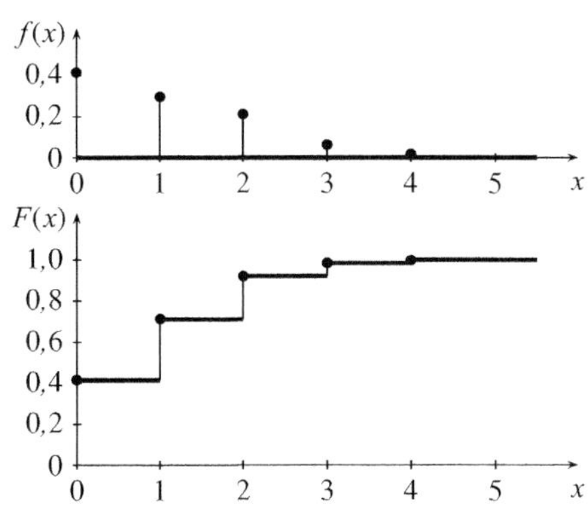

Abb. A.1 Wahrscheinlichkeits- und Verteilungsfunktion der Kinderanzahl einer zufällig gewählten österreichischen Familie im Jahr 2014

Erwartungswert, Varianz und Standardabweichung sind:

$$\mu_X = 0 \cdot 0{,}415 + 1 \cdot 0{,}296 + 2 \cdot 0{,}210 + 3 \cdot 0{,}064 + 4 \cdot 0{,}016 = 0{,}972\,,$$
$$\sigma_X^2 = (0 - 0{,}972)^2 \cdot 0{,}415 + \ldots + (4 - 0{,}972)^2 \cdot 0{,}016 = 1{,}024\,,$$
$$\sigma_X = \sqrt{1{,}024} = 1{,}012\,.$$

Aufgabe 3.2 *In Abschn. 3.3.5 haben wir festgestellt, dass eine zufällig gewählte Person mit Wahrscheinlichkeit 0,0228 hochbegabt ist, d. h. einen Intelligenzquotienten von mindestens 130 hat. Der IQ ist dabei so skaliert, dass er in der betrachteten Gruppe normalverteilt ist mit Mittelwert 100 und Standardabweichung 15* [47]. *Denken Sie sich einen Hörsaal mit 300 Studenten und einen IQ, der in der Gesamtheit aller Studenten gemäß $N(100\,;15^2)$ verteilt ist. Mit welcher Wahrscheinlichkeit befindet sich in diesem Hörsaal a) kein, b) genau ein, c) mindestens ein hochbegabter Student?*

Für jeden Studenten ist, sofern wir nichts Näheres wissen, die Wahrscheinlichkeit einer Hochbegabung 0,0228. Die Anzahl X der Hochbegabten im Hörsaal ist dann binomialverteilt: $X \sim Bin(300\,;0{,}0228)$, und es folgen

a) $p(X = 0) = \binom{300}{0} \cdot 0{,}0228^{\,0} \cdot (1 - 0{,}0228)^{300-0} = 0{,}0010\,,$

b) $p(X = 1) = \binom{300}{1} \cdot 0{,}0228^{\,1} \cdot (1 - 0{,}0228)^{300-1} = 0{,}0069\,.$

c) $p(X \geq 1)$ lässt sich auf zwei Arten ermitteln. Erstens ist $X \geq 1$ hier gleichbedeutend mit $(X = 1) + (X = 2) + \ldots + (X = 300)$, und damit ist

$$p(X \geq 1) = p(X = 1) + p(X = 2) + \ldots + p(X = 300)\,.$$

Einfacher geht es so: $X \geq 1$ ist das Gegenteil von $X = 0$, also ist

$$p(X \geq 1) = 1 - p(X = 0) = 1 - 0{,}0010 = 0{,}9990\,.$$

Aufgabe 3.3 *Die Anzahl X der Hochbegabten in Aufg. 3.2 ist binomialverteilt. Binomialverteilungen mit großem n und kleinem p kann man durch Poissonverteilungen annähern. Berechnen Sie mit einer solchen Näherung und den Daten von Aufg. 3.2 die Wahrscheinlichkeiten für $X = 0$, $X = 1$ und $X \geq 1$.*

Wir nähern die Binomialverteilung $Bin(300\,;0{,}0228)$ durch eine Poissonverteilung mit $\lambda = 300 \cdot 0{,}0228 = 6{,}84$ an: $X \sim Poi(6{,}84)$. Näherungsweise gilt dann:

$$p(X = 0) = \frac{6{,}84^0 \cdot e^{-6{,}84}}{0!} = 0{,}0011\,,$$
$$p(X = 1) = \frac{6{,}84^1 \cdot e^{-6{,}84}}{1!} = 0{,}0073\,,$$
$$p(X \geq 1) = 1 - p(X = 0) = 0{,}9989\,.$$

Aufgabe 3.4 *Zeigen Sie: Ist X standardnormalverteilt, dann ist e^X nicht standardnormalverteilt. Verwenden Sie dazu a) die Dichtetransformation (3.70), b) den Wertebereich von e^X.*

a) Sei $X \sim N(0;1)$, also $f_X(x) = \frac{1}{\sqrt{2\pi}} e^{-\frac{x^2}{2}}$, und $Y = g(X) = e^X$, woraus $g^{-1}(y) = \ln y$ folgt. Da g streng monoton ist, gilt

$$f_Y(y) = \frac{1}{\sqrt{2\pi}} e^{-\frac{\ln^2 y}{2}} \left| \frac{d}{dy} \ln y \right| = \frac{1}{\sqrt{2\pi}\, y} e^{-\frac{\ln^2 y}{2}} .$$

Die Dichte von Y ist somit nicht die Dichte einer Standardnormalverteilung.

b) Da $e^x > 0$ für jedes x, kann e^X nicht normalverteilt sein, denn normalverteilte Größen haben den Wertebereich $(-\infty, \infty)$.

Aufgabe 3.5 *Von einer stetigen Größe mit Dichte f_X und Verteilungsfunktion F_X wird eine Stichprobe voneinander unabhängiger $X_1, \ldots, X_n$ genommen. Bestimmen Sie Dichte und Verteilungsfunktion des Stichprobenmaximums.*

Nennen wir das Stichprobenmaximum X_{max}. Es ist genau dann kleiner oder gleich einem Wert x, wenn jedes Element der Stichprobe kleiner oder gleich x ist:

$$X_{max} \leq x \;\leftrightarrow\; (X_1 \leq x) \ldots (X_n \leq x) .$$

Da äquivalente Behauptungen gleich wahrscheinlich sind, folgt daraus und aus der Unabhängigkeit der X_i die Verteilungsfunktion:

$$\begin{aligned} F_{X_{max}}(x) &= p(X_{max} \leq x) = p((X_1 \leq x) \ldots (X_n \leq x)) \\ &= p(X_1 \leq x) \ldots p(X_n \leq x) = F_X^n(x) . \end{aligned}$$

Aus dieser ergibt sich die Dichte:

$$f_{X_{max}}(x) = \frac{dF_{X_{max}}(x)}{dx} = n\, F_X^{n-1}(x) \frac{dF_X(x)}{dx} = n\, F_X^{n-1}(x)\, f_X(x) .$$

A.4 Aufgaben zu den multivariaten Verteilungen

Aufgabe 4.1 *Ein fairer Würfel werde zweimal geworfen. Sei X das Maximum der beiden Augenzahlen und Y das Minimum. Ermitteln Sie die gemeinsame Verteilung von X und Y und die Randverteilungen.*

Die Augenzahl des ersten Wurfs heiße A_1, die des zweiten A_2. Wir unterscheiden zwei Fälle: 1) $X > Y$ und 2) $X = Y$. Fall 1 kann für bestimmtes (X, Y) auf zwei Arten zustande kommen: So wird $(X, Y) = (5, 3)$ durch $(A_1, A_2) = (3, 5)$ und $(A_1, A_2) =$

$(5, 3)$ realisiert; Fall 2 kann nur auf jeweils eine Art eintreten: $(X, Y) = (4, 4)$ bedeutet $(A_1, A_2) = (4, 4)$. Daraus ergibt sich Tab. A.2:

Tab. A.2 Maximum X und Minimum Y der Augenzahlen beim zweimaligen Würfeln. Innen: Werte $f_{(X,Y)}(x, y)$ der bivariaten diskreten Verteilung für die möglichen Werte von X und Y. Unten: Werte $f_X(x)$ der Randverteilung von X. Rechts: Werte $f_Y(y)$ der Randverteilung von Y

	$X = 1$	$X = 2$	$X = 3$	$X = 4$	$X = 5$	$X = 6$	$f_Y(y)$
$Y = 1$	1/36	2/36	2/36	2/36	2/36	2/36	11/36
$Y = 2$	0	1/36	2/36	2/36	2/36	2/36	9/36
$Y = 3$	0	0	1/36	2/36	2/36	2/36	7/36
$Y = 4$	0	0	0	1/36	2/36	2/36	5/36
$Y = 5$	0	0	0	0	1/36	2/36	3/36
$Y = 6$	0	0	0	0	0	1/36	1/36
$f_X(x)$	1/36	3/36	5/36	7/36	9/36	11/36	36/36

Aufgabe 4.2 *Seien $X_1, \ldots, X_n$ voneinander unabhängig identisch normalverteilt. Zeigen Sie, dass $\overline{X} := (\sum_{i=1}^{n} X_i)/n$ normalverteilt ist, und bestimmen Sie μ und σ^2 der Verteilung. Setzen Sie dabei die Ergebnisse der Abschn. 3.6.2 und 4.4.2 voraus.*

Seien $X_1, \ldots, X_n \sim N(\mu_X\,; \sigma_X^2)$. Wir schreiben $\overline{X}$ in der Form $\dfrac{X_1}{n} + \ldots + \dfrac{X_n}{n}$. Nach Abschn. 3.6.2 ist jeder Summand normalverteilt: $\dfrac{X_i}{n} \sim N\left(\dfrac{\mu_X}{n}\,; \dfrac{\sigma_X^2}{n^2}\right)$. Damit ist nach Abschn. 4.4.2

$$\frac{X_1}{n} + \frac{X_2}{n} \sim N\left(\frac{\mu_X}{n} + \frac{\mu_X}{n}\,; \frac{\sigma_X^2}{n^2} + \frac{\sigma_X^2}{n^2}\right) = N\left(\frac{2\mu_X}{n}\,; \frac{2\sigma_X^2}{n^2}\right),$$

$$\frac{X_1}{n} + \frac{X_2}{n} + \frac{X_3}{n} \sim N\left(\frac{2\mu_X}{n} + \frac{\mu_X}{n}\,; \frac{2\sigma_X^2}{n^2} + \frac{\sigma_X^2}{n^2}\right) = N\left(\frac{3\mu_X}{n}\,; \frac{3\sigma_X^2}{n^2}\right),$$

$$\ldots$$

$$\overline{X} = \frac{X_1}{n} + \ldots + \frac{X_n}{n} \sim N\left(\frac{n\mu_X}{n}\,; \frac{n\sigma_X^2}{n^2}\right) = N\left(\mu_X\,; \frac{\sigma_X^2}{n}\right).$$

A.5 Aufgaben zu Likelihood und Fisher-Information

Aufgabe 5.1 *Bestimmen Sie die Maximum-Likelihood-Schätzung des Parameters einer Exponentialverteilung aus einer Stichprobe mit den Werten $x_1, \ldots, x_n$.*

Der Schätzwert $\hat{\lambda}$ von Λ soll die Likelihood $L_\Lambda(\lambda) = \lambda^n\, e^{-\lambda n \overline{x}}$ maximieren. Sind alle $x_i = 0$, dann ist $L_\Lambda(\lambda) = \lambda^n$ und hat kein Maximum. Andernfalls maximieren wir, da dies einfacher ist, den Logarithmus $\ln L_\Lambda(\lambda) = n \ln \lambda - \lambda n \overline{x}$. Dazu muss

$d \ln L_\Lambda(\lambda)/d\lambda = 0$ sein:

$$\frac{n}{\lambda} - n\overline{x} = 0 \rightarrow \hat{\lambda} = \frac{1}{\overline{x}}.$$

Da $d^2 \ln L_\Lambda(\lambda)/d\lambda^2 = -n/\lambda^2 < 0$, ist $1/\overline{x}$ die Maximum-Likelihood-Schätzung für λ.

Aufgabe 5.2 *Die von einer Stichprobe erwartete Fisher-Information, $E(I_\Theta(\theta))$, ist proportional zur Stichprobengröße. Zeigen Sie das für den Parameter einer Poissonverteilung.*

Wir berechnen die aus einer Stichprobe von n Werten erwartete Fisher-Information über den Parameter einer Poissonverteilung:

$$E(I_\Lambda(\lambda)) = E\left(-\frac{d^2}{d\lambda^2} \ln \frac{\lambda^{n\overline{X}} e^{-n\lambda}}{\prod_{i=1}^n X_i!}\right) = E\left(-\frac{d^2}{d\lambda^2}\left(n\overline{X} \ln \lambda - n\lambda - \ln \prod_{i=1}^n X_i!\right)\right)$$
$$= E\left(\frac{n\overline{X}}{\lambda^2}\right) = E\left(\frac{\sum_{i=1}^n X_i}{\lambda^2}\right) = \frac{1}{\lambda^2}\sum_{i=1}^n E(X_i) = \frac{1}{\lambda^2} n\lambda = \frac{n}{\lambda}.$$

A.6 Aufgaben zur Prioriverteilung

Aufgabe 6.1 *Bestimmen Sie nach dem Muster von Abschn. 6.5.1 eine Prioriverteilung des Stimmenanteils der Freiheitlichen Partei Österreichs (FPÖ) bei einer fiktiven Nationalratswahl im August 2015.*

Für den Anteil wählen wir wie immer eine Beta-Prioriverteilung.

Zunächst skizzieren wir eine mögliche Entwicklung des Stimmenanteils der FPÖ, die mit den Daten in Tab. 6.3 verträglich ist (Abb. A.2):

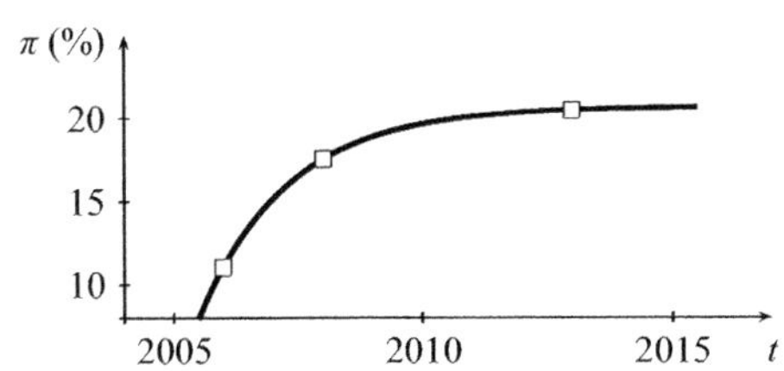

Abb. A.2 Mögliche Entwicklung des Stimmenanteils der FPÖ. Die Quadrate markieren die Nationalratswahlen 2006, 2008 und 2013

Die Entwicklung lässt für 2015 am ehesten einen Anteil um 20,6 % erwarten, den wir daher als Modus der Prioriverteilung betrachten. Auch deutlich mehr oder weniger Stimmen sind nicht ausgeschlossen; betrachten wir 27 % als gerade noch möglich, dann sind

$\dot{\pi} = 0{,}206$ und $\pi_v = 0{,}270$ festgelegt. Daraus folgen:

$$a' = \frac{\ln 0{,}01}{\ln \dfrac{0{,}270}{0{,}206} + \dfrac{1-0{,}206}{0{,}206} \ln \dfrac{1-0{,}270}{1-0{,}206}} + 1 = 87{,}3\,,$$

$$b' = \frac{\ln 0{,}01}{\ln \dfrac{1-0{,}270}{1-0{,}206} + \dfrac{0{,}206}{1-0{,}206} \ln \dfrac{0{,}270}{0{,}206}} + 1 = 334\,,$$

und mit diesen Parametern ergibt sich die Prioridichte von Abb. A.3.

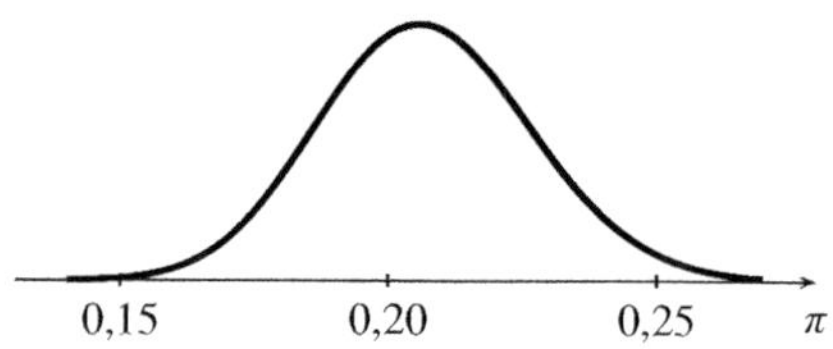

Abb. A.3 Prioridichte des Stimmenanteils der FPÖ bei einer fiktiven Nationalratswahl Anfang August 2015

Aufgabe 6.2 *Sie eröffnen eine Betriebsberatungskanzlei und wollen abschätzen, mit wie vielen Krankenstandstagen Ihrer Angestellten Sie rechnen müssen. Für 2014 stellt Statistik Austria folgende Durchschnittswerte fest:*

Tab. A.3 Krankenstandstage pro Person und Jahr nach Wirtschaftsklassen [59]

Finanz- und Versicherungsdienstleistungen	9,4
sonstige wirtschaftliche Dienstleistungen	15,9
sonstige Dienstleistungen	11,2

Erstellen Sie daraus eine Prioriverteilung der mittleren Anzahl von Krankenstandstagen pro Person und Jahr in Ihrer Branche.

Für eine berufstätige Person ist die Anzahl der jährlichen Krankenstandstage meist annähernd poissonverteilt, denn ein Jahr hat viele Tage und an jedem ist die Krankheitswahrscheinlichkeit gering. Für den Erwartungswert der Anzahl wählen wir daher eine Gamma-Prioriverteilung.

Da Betriebsberatung im Wesentlichen eine wirtschaftliche Dienstleistung ist, wird die Krankenstandstatistik dieser Sparte maßgeblich sein. In den beiden anderen, verwandten liegen die Werte allerdings bedeutend niedriger; wir wählen daher zum Modus der Prioriverteilung einen etwas niedrigeren Wert, beispielsweise $\dot{\lambda} = 13$. Angesichts der Daten kann man auch einen Durchschnittswert über 20 nicht ausschließen. Stufen wir 25 Tage als gerade noch möglich ein: $\lambda_v = 25$, dann sind die Prioriparameter:

$$a' = \frac{\ln 0{,}01}{\ln \frac{25}{13} - \frac{25}{13} + 1} + 1 = 18{,}1\,,$$

$$b' = \frac{\ln 0{,}01}{\ln \frac{25}{13} - \frac{25}{13} + 1} \cdot \frac{1}{13} = 1{,}32\,.$$

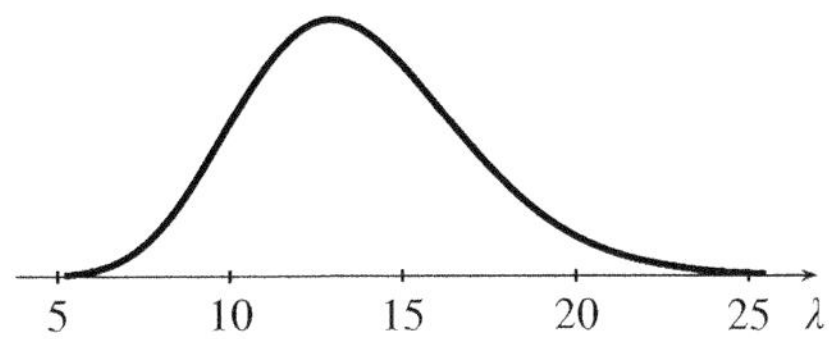

Abb. A.4 Prioridichte der mittleren Anzahl von Krankenstandstagen pro Person und Jahr in der Betriebsberatungsbranche

Aufgabe 6.3 *Erstellen Sie eine Prioriverteilung der mittleren Energie, die eine 80-jährige Frau in Deutschland täglich zu sich nimmt. Betrachten Sie die Energieaufnahme als annähernd normalverteilt und verwenden Sie die Daten der Ernährungsberichte 2012 Österreichs und der Schweiz:*

Tab. A.4 Energieaufnahme (Mittelwert und Standardabweichung in kcal) [10, 32]

Österreich, Frauen von 65 bis 80 Jahren	1675 (401)
Schweiz, Frauen von 75 bis 87 Jahren	1544 (448)

Als Vorinformation sind Daten aus Österreich und der Schweiz wohl geeignet, vermutlich ernähren sich Frauen in Deutschland nicht wesentlich anders. Mit steigendem Alter sinkt die körperliche Leistung; wir schließen, dass damit der Energieumsatz sinkt und infolgedessen die Energieaufnahme. Dies passt zu den angegebenen Werten: Die (älteren) Frauen in der Schweiz nehmen im Mittel weniger Energie auf als die (jüngeren) in Österreich. Darum sind die Schweizer Daten eher repräsentativ für 80-Jährige (das Durchschnittsalter der Schweizer Probandinnen könnte bei 80 liegen, das der österreichischen wohl eher zwischen 70 und 75). Wählen wir daher den Schweizer Mittelwert als Modus der Prioriverteilung von M: $\acute{\mu} = 1544$ (kcal). Ein Wert über dem österreichischen, der ohnehin für jüngere Frauen gilt, ist unwahrscheinlich; legen wir $\mu_v = 1750$ fest. Nun brauchen wir noch $\acute{\sigma}^2$. Wenn Ältere weniger Energie aufnehmen als Jüngere, dann rührt jeweils ein Teil der in den Studien berichteten Varianz von den Altersunterschieden der Probandinnen her und nur der Rest von individuellen Unterschieden. Uns interessiert nur dieser Rest, denn wir streben eine Aussage über 80-Jährige an und nicht über Angehörige einer weiter gespannten Altersgruppe. Nehmen wir mangels besseren Wissens an, in der

Schweiz bestehe die Varianz zu gleichen Teilen aus altersbedingter und individuell bedingter Komponente, dann können wir als Priori-Modus $\dot{\sigma}^2 = 448^2/2 = 100\,352\ (\text{kcal}^2)$ ansehen. Nun ergeben sich die Prioriparameter

$$\begin{aligned} m' &= 1544\,, \\ \lambda' &= -\frac{2 \cdot \ln 0{,}01}{(1750 - 1544)^2} \cdot 100\,352 = 21{,}8\,, \\ a' &= 0\,, \\ b' &= \frac{3}{2} \cdot 100\,352 = 150\,528\,. \end{aligned}$$

Aufgabe 6.4 *Zeigen Sie für das Beispiel aus Abschn. 6.5.4, dass a) aus einer Gleichverteilung des Verhältnisses* H *eine Ungleichverteilung des Anteils* Π *folgt und b) aus Jeffreys' Prior des Verhältnisses Jeffreys' Prior des Anteils folgt.*

a) Sei H auf $[0, \infty)$ uniform verteilt: $f_{\mathrm{H}}(\eta) \propto 1$. Da Π eine streng monotone Funktion von H ist, $\Pi = g(\mathrm{H}) = \mathrm{H}/(1 + \mathrm{H})$ mit $g^{-1}(\pi) = \pi/(1 - \pi)$, folgt:

$$f_\Pi(\pi) \propto 1 \cdot \left| \frac{d}{d\pi} \frac{\pi}{1-\pi} \right| = \frac{1}{(1-\pi)^2}\,,$$

also eine nichtuniforme Verteilung von Π.

b) Sei nun H auf $[0, \infty)$ Jeffreys-verteilt: $f_{\mathrm{H}}(\eta) \propto \dfrac{1}{\sqrt{\eta}\,(1+\eta)}$; dann ist

$$\begin{aligned} f_\Pi(\pi) &\propto \frac{1}{\sqrt{\dfrac{\pi}{1-\pi}}\left(1 + \dfrac{\pi}{1-\pi}\right)} \left| \frac{d}{d\pi} \frac{\pi}{1-\pi} \right| \\ &= \frac{1}{\sqrt{\pi}(1-\pi)^{-3/2}} \frac{1}{(1-\pi)^2} = \frac{1}{\sqrt{\pi(1-\pi)}}\,, \end{aligned}$$

also Jeffreys' Prior von Π.

A.7 Aufgaben zur Posterioriverteilung

Aufgabe 7.1 *Bestimmen Sie nach dem Muster von Abschn. 7.7.1 eine Posterioriverteilung des Stimmenanteils der FPÖ bei einer fiktiven Nationalratswahl Anfang August 2015 und skizzieren Sie diese Verteilung. Verwenden Sie dazu die Prioriverteilung von Aufg. 6.1 und die Umfragen laut Tab. 7.1.*

Nach Aufg. 6.1 ist der Anteil a priori $Beta(87{,}3\,;\,334)$ -verteilt, und laut Tab. 7.1 haben insgesamt $x = 232$ der $n = 800$ Befragten für die FPÖ gestimmt. Daraus ergeben sich die Parameter einer Beta-Posterioriverteilung:

$$a'' = 87{,}3 + 232 = 319\,,$$
$$b'' = 334 + 800 - 232 = 902\,.$$

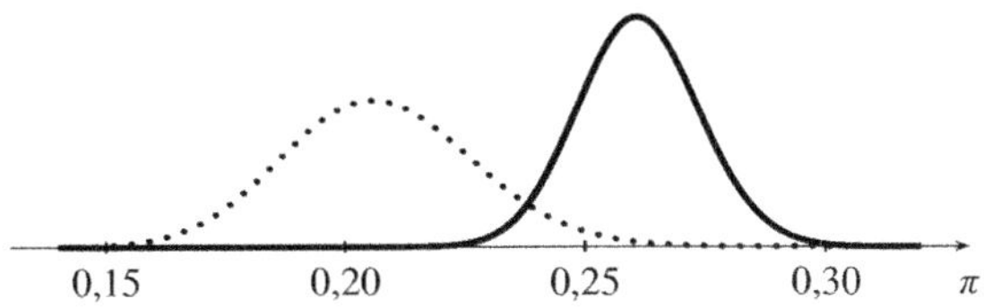

Abb. A.5 Prioridichte nach Abb. A.3 (*punktiert*) und Posterioridichte nach den Umfragen vom 17. und 31. Juli 2015 (*durchgezogen*) des Stimmenanteils der FPÖ bei einer fiktiven Nationalratswahl Anfang August 2015

Aufgabe 7.2 *Bestimmen Sie eine weitere Posterioriverteilung des Stimmenanteils der FPÖ bei einer fiktiven Nationalratswahl Anfang August 2015 auf Basis der Umfragen laut Tab. 7.1 und skizzieren Sie diese Verteilung. Verwenden Sie diesmal kein Vorwissen; wählen Sie also eine nichtinformative Prioriverteilung. Vergleichen Sie das Resultat mit jenem von Aufg. 7.1: Welchen Effekt hat die aus vorangegangenen Wahlergebnissen abgeleitete informative Prioriverteilung?*

Jeffreys' nichtinformative Priori ist eine $Beta(0{,}5\,;0{,}5)$-Verteilung, und gemäß Tab. 7.1 haben insgesamt $x = 232$ von $n = 800$ für die FPÖ gestimmt. Wir erhalten damit

$$a'' = 0{,}5 + 232 = 233\,,$$
$$b'' = 0{,}5 + 800 - 232 = 569\,.$$

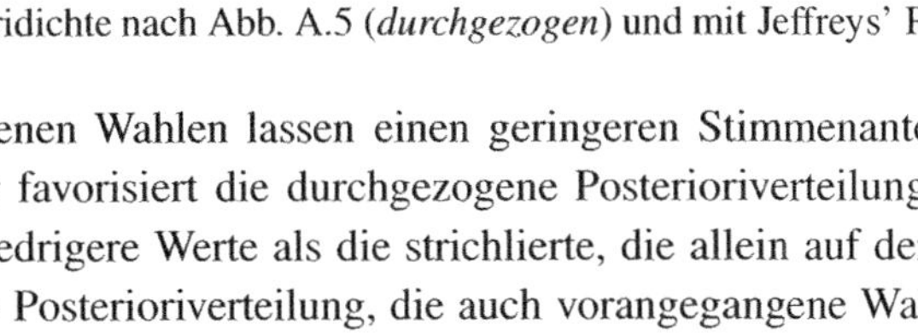

Abb. A.6 Posterioridichte nach Abb. A.5 (*durchgezogen*) und mit Jeffreys' Prior (*strichliert*)

Die vorangegangenen Wahlen lassen einen geringeren Stimmenanteil erwarten als die Umfragen. Daher favorisiert die durchgezogene Posterioriverteilung, die diese Wahlen berücksichtigt, niedrigere Werte als die strichlierte, die allein auf den Umfragen beruht. Zudem ist hat die Posterioriverteilung, die auch vorangegangene Wahlen berücksichtigt, eine kleinere Varianz als die Verteilung, die nur die Umfragen kennt. Das Vorwissen verringert also die Unsicherheit über den Stimmenanteil.

Aufgabe 7.3 *Wie weit wäre bei einer Nationalratswahl Anfang August 2015 die SPÖ vor (oder hinter) der FPÖ gelegen? Bestimmen Sie eine Posterioriverteilung der Differenz der Stimmenanteile und skizzieren Sie sie. Verwenden Sie dazu die Posterioriverteilungen von Abschn. 7.7.1 und Aufg. 7.1.*

Wir schreiben Π_S für den Anteil der SPÖ und Π_F für den Anteil der FPÖ. Die Differenz $\Pi_S - \Pi_F$ ist selbst kein Anteil und nicht betaverteilt. Um eine Posterioriverteilung von $\Pi_S - \Pi_F$ zu erhalten, nähern wir daher die Posterioriverteilungen beider Anteile durch Normalverteilungen an. Deren Parameter ergeben sich durch:

$$\mu_S'' = \frac{263}{263 + 830} = 0{,}2406\,,$$
$$\sigma_S''^2 = \frac{263 \cdot 830}{(263 + 830)^2 \cdot (263 + 830 + 1)} = 0{,}0129^2\,,$$
$$\mu_F'' = \frac{319}{319 + 902} = 0{,}2613\,,$$
$$\sigma_F''^2 = \frac{319 \cdot 902}{(319 + 902)^2 \cdot (319 + 902 + 1)} = 0{,}0126^2\,.$$

Die Differenz $\Theta := \Pi_S - \Pi_F$ ist nach (7.9) normalverteilt mit

$$\mu'' = 0{,}2406 - 0{,}2613 = -0{,}0207\,,$$
$$\sigma''^2 = 0{,}0129^2 + 0{,}0126^2 = 0{,}0180^2\,.$$

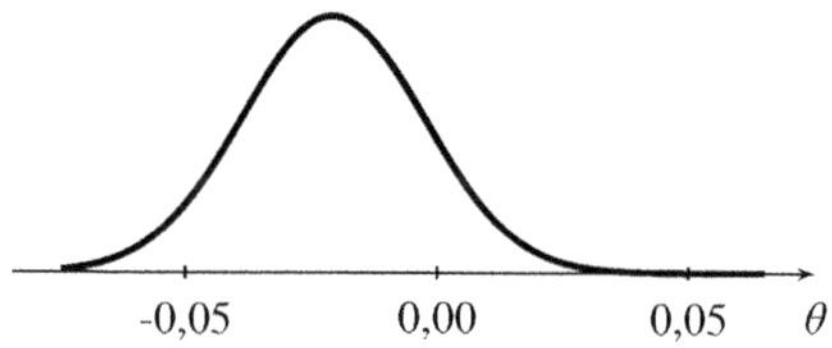

Abb. A.7 Posterioridichte der Differenz der Stimmenanteile von SPÖ und FPÖ bei einer fiktiven Nationalratswahl Anfang August 2015

Das Verwenden von (7.9) ist genau genommen falsch; denn die Beziehung gilt für voneinander unabhängige Größen, und da jede Stimme für die eine Partei die Anzahl möglicher Stimmen für die andere verringert, hängen Π_S und Π_F zusammen. Die Korrektur dieses (zahlenmäßig kleinen) Fehlers würde aber den Rahmen des Buches übersteigen.

Aufgabe 7.4 *Bestimmen Sie aus einer nichtinformativen Prioriverteilung und der in Abschn. 7.7.2 berichteten Unfallstatistik (2005 bis 2009) eine Posterioriverteilung der mittleren 5-Jahres-Unfallanzahl am Kreisverkehr 12 in Tulln und skizzieren Sie sie.*

Vergleichen Sie das Resultat mit jenem von Abschn. 7.7.2: Welchen Effekt hat die aus Vorstudien gewonnene informative Prioriverteilung?

Mit Jeffreys' Prior und den Daten (7 Unfälle in 5 Jahren) ergeben sich die Parameter einer Gamma-Posterioriverteilung:

$$a'' = 0{,}5 + 1 \cdot 7 = 7{,}5\,,$$
$$b'' = 0 + 1 = 1\,.$$

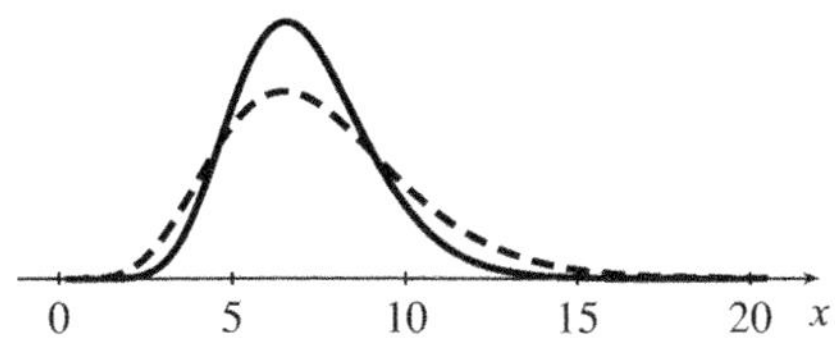

Abb. A.8 Posterioridichte nach Abschn. 7.7.2, Abb. 7.3 (*durchgezogen*) und mit Jeffreys' Prior (*strichliert*)

Die Varianz der Posterioriverteilung, in der die Vorstudienergebnisse mit zum Ausdruck kommen, ist kleiner als die Varianz der anderen, die auf einer nichtinformativen Prioriverteilung beruht. Das Vorwissen verringert also die Unsicherheit über die mittlere Unfallanzahl.

Aufgabe 7.5 *Bestimmen Sie aus einer nichtinformativen Prioriverteilung und der in Abschn. 7.7.3 erwähnten Studie* [2] *eine Posterioriverteilung von* (M, Σ^2) *des systolischen Blutdrucks deutscher Männer von 30 bis 39. Skizzieren Sie die Randverteilung von* M *und vergleichen Sie sie mit der in Abschn. 7.7.3, Abb. 7.4 dargestellten: Welchen Effekt hat die aus Vorstudien gewonnene informative Prioriverteilung?*

Mit Jeffreys' Prior $NIG(0;0;0;0)$ und den Daten ($n = 1736$, $\overline{x} = 126{,}5$ und $s_X = 14{,}7$) ergeben sich die Parameter einer NIG-Posterioriverteilung:

$$m'' = \frac{0 \cdot 0 + 1736 \cdot 126{,}5}{0 + 1736} = 126{,}5\,,$$
$$\lambda'' = 0 + 1736 = 1736\,,$$
$$a'' = 0 + \frac{1736}{2} = 868\,,$$
$$b'' = 0 + \frac{1736}{2} \cdot \left(14{,}7^2 + \frac{0 \cdot (126{,}5 - 0)^2}{0 + 1736}\right) = 187\,566\,.$$

Die Randverteilung von M ist näherungsweise eine Normalverteilung mit

$$\mu'' = 126{,}5\,,$$
$$\sigma''^2 = \frac{187\,566}{868 \cdot 1736} = 0{,}35^2\,.$$

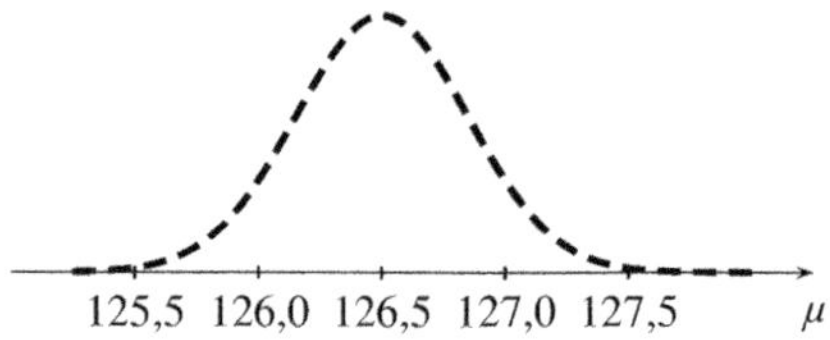

Abb. A.9 Posterioridichte des mittleren systolischen Blutdrucks (in mm Hg) deutscher Männer von 30 bis 39, ermittelt auf Basis der Studie von 2005 und Jeffreys' Prior. Sie wäre im Bild nicht von der Dichte in Abb. 7.4 zu unterscheiden

Zwischen den Posterioridichten mit und ohne Vorinformation besteht fast kein Unterschied. Das liegt zum einen daran, dass die Vorinformation gering war (die verwendeten Studien widersprachen einander). Hauptgrund aber ist die Größe der Stichprobe aus dem Jahr 2005. Diese Daten steuern so viel Information bei, dass es auf das (wenige) Vorwissen nicht ankommt.

A.8 Aufgaben zum bayesschen Schätzen

Aufgabe 8.1 *Schätzen Sie auf Basis der Posterioriverteilung von Aufg. 7.1 den Stimmenanteil der FPÖ bei einer fiktiven Nationalratswahl im August 2015: a) Geben Sie eine Punktschätzung und ein beidseitig begrenztes 95 %-Kredibilitätsintervall an; b) welcher Mindeststimmenanteil wäre mit Wahrscheinlichkeit 0,99 zu erwarten gewesen?*

a) Zunächst die Punktschätzung:

$$\hat{\pi} = \frac{319 - 1}{319 + 902 - 2} = 0{,}261\,.$$

Die Normalverteilungsnäherung der Posterioriverteilung ist

$$N\left(\frac{319}{319 + 902}\,;\,\frac{319 \cdot 902}{(319 + 902)^2 \cdot (319 + 902 + 1)}\right) = N(0{,}2613\,;0{,}0126^2)\,;$$

daraus folgt das Intervall mit den Grenzen

$$\pi_1 = 0{,}2613 - 1{,}96 \cdot 0{,}0126 = 0{,}237\,,$$
$$\pi_2 = 0{,}2613 + 1{,}96 \cdot 0{,}0126 = 0{,}286\,.$$

b) Nun suchen wir einen Wert, der mit Wahrscheinlichkeit 0,99 nicht unterschritten worden wäre, also die Grenze eines unten begrenzten 99 %-Intervalls:

$$\pi_- = 0{,}2613 - 2{,}33 \cdot 0{,}0126 = 0{,}232\,.$$

Aufgabe 8.2 *Schätzen Sie aus der Posterioriverteilung von Aufg. 7.3 die Differenz der Stimmenanteile von SPÖ und FPÖ bei einer fiktiven Nationalratswahl im August 2015.*

Wir geben eine Punktschätzung und die Grenzen eines beidseitig begrenzten 95 %-Intervalls für $\Theta := \Pi_S - \Pi_F$ an:

$$\begin{aligned}\hat{\theta} &= -0{,}0207\,,\\ \theta_1 &= -0{,}0207 - 1{,}96 \cdot 0{,}0180 = -0{,}0560\,,\\ \theta_2 &= -0{,}0207 + 1{,}96 \cdot 0{,}0180 = 0{,}0146\,.\end{aligned}$$

Aufgabe 8.3 *Schätzen Sie aus der Posterioriverteilung von Aufg. 7.4 die mittlere 5-Jahres-Unfallanzahl am Kreisverkehr 12 in Tull. Vergleichen Sie das 95 %-Kredibilitätsintervall mit jenem aus Abschn. 8.4.2.*

Die Punktschätzung ist

$$\hat{\lambda} = \frac{7{,}5 - 1}{1} = 6{,}5\,.$$

Mit der Näherung $\Lambda \sim N\left(\frac{7{,}5}{1}\,;\frac{7{,}5}{1^2}\right) = N(7{,}5\,;2{,}74^2)$ erhalten wir die 95 %-Grenzen

$$\begin{aligned}\lambda_1 &= 7{,}5 - 1{,}96 \cdot 2{,}74 = 2{,}1\,,\\ \lambda_2 &= 7{,}5 + 1{,}96 \cdot 2{,}74 = 12{,}9\,.\end{aligned}$$

Das Intervall ist noch größer als jenes von Abschn. 8.4.2, die Schätzung also noch unsicherer, da sich die Posterioriverteilung allein auf die Beobachtung der ersten 5 Jahre nach Errichtung des Kreisverkehrs stützt und kein weiteres Wissen enthält.

Aufgabe 8.4 *Schätzen Sie auf Basis der Posterioriverteilung von Aufg. 7.5 den mittleren systolischen Blutdruck deutscher Männer von 30 bis 39 und vergleichen Sie das Ergebnis mit jenem in Abschn. 8.4.3.*

Für Punktschätzung und 95 %-Grenzen erhalten wir (innerhalb der dargestellten Genauigkeit) die gleichen Werte wie in Abschn. 8.4.3:

$$\begin{aligned}\hat{\mu} &= 126{,}5\,,\\ \mu_1 &= 126{,}5 - 1{,}96 \cdot 0{,}35 = 125{,}8\,,\\ \mu_2 &= 126{,}5 + 1{,}96 \cdot 0{,}35 = 127{,}2\,,\end{aligned}$$

obwohl die Schätzung hier auf einer nichtinformativen Prioriverteilung beruht. Da beinahe die gesamte Information aus der Stichprobe stammt, fällt der Verzicht auf das Vorwissen nicht ins Gewicht.

A.9 Aufgaben zum bayesschen Testen

Aufgabe 9.1 *Ermitteln Sie auf Basis der Posterioriverteilung von Aufg. 7.1 die Wahrscheinlichkeiten dafür, dass die FPÖ bei einer Nationalratswahl im August 2015 mehr als 25% bzw. mehr als 30 % der Stimmen erhalten hätte.*

Mit der Normalverteilungsnäherung

$$\Pi \sim N\left(\frac{319}{319+902}\,;\,\frac{319\cdot 902}{(319+902)^2\cdot(319+902+1)}\right) = N(0{,}2613\,;0{,}0126^2)$$

ist

$$p(\Pi > 0{,}25) = 1 - \Phi\left(\frac{0{,}25-0{,}2613}{0{,}0126}\right) = 0{,}816\,,$$
$$p(\Pi > 0{,}30) = 1 - \Phi\left(\frac{0{,}30-0{,}2613}{0{,}0126}\right) \approx 0{,}001\,.$$

Aufgabe 9.2 *Ermitteln Sie aus der Posterioriverteilung von Aufg. 7.3 die Wahrscheinlichkeit dafür, dass bei einer Nationalratswahl im August 2015 die SPÖ vor der FPÖ gelegen wäre.*

$$p(\Pi_S - \Pi_F > 0) = 1 - \Phi\left(\frac{0-(-0{,}0207)}{0{,}0180}\right) = 0{,}125\,.$$

Aufgabe 9.3 *Mit welcher Wahrscheinlichkeit wird der Kreisverkehr 12 in Tulln die mittlere Unfallanzahl zumindest halbieren, verglichen mit jener, die vor seiner Errichtung an der ehemaligen Kreuzung beobachtet wurde? Die nötigen Daten finden Sie in Abschn. 9.4.2.*

In den 5 Jahren vor Errichtung des Kreisverkehrs wurden an der davor bestehenden Kreuzung 12 Unfälle registriert; wir fragen also nach $p(\Lambda \leq 6)$. Mit $\Lambda \sim N(7{,}08\,;1{,}96^2)$ ergibt sich:

$$p(\Lambda \leq 6) = \Phi\left(\frac{6-7{,}08}{1{,}96}\right) = 0{,}291\,.$$

Aufgabe 9.4 *Ermitteln Sie auf Basis der Posterioriverteilung von Aufg. 7.5 die Wahrscheinlichkeit dafür, dass der mittlere systolische Blutdruck 30- bis 39-jähriger deutscher Männer 126,5 beträgt.*

Da M stetig ist, gilt $p(\mathrm{M} = 126{,}5) = 0$.

A.10 Aufgaben zu von der Theorie zur Praxis

Zu diesem Kapitel gibt es keine Aufgaben.

A.11 Aufgaben zur Statistik von Anteilen

Aufgabe 11.1 *Schätzen Sie mit den Daten von Abschn. 11.5.1, Tab. 11.1 die Lebenszeitprävalenz des Heroinkonsums in Österreich. Wie wahrscheinlich ist es, dass diese Prävalenz in Großstädten höher liegt als im Rest des Landes?*

Die Daten von 2004 und 2008 als Vorwissen lassen eine Lebenszeitprävalenz von 0,6 % als die plausibelste erscheinen. Entscheiden wir uns dafür, einen Wert von 3 % als gerade noch möglich anzusehen, dann ist $\dot{\pi} = 0{,}006$ und $\pi_v = 0{,}03$ und damit

$$a' = \frac{\ln 0{,}01}{\ln \dfrac{0{,}03}{0{,}006} + \dfrac{1-0{,}006}{0{,}006} \ln \dfrac{1-0{,}03}{1-0{,}006}} + 1 = 2{,}89\,,$$

$$b' = \frac{\ln 0{,}01}{\ln \dfrac{1-0{,}03}{1-0{,}006} + \dfrac{0{,}006}{1-0{,}006} \ln \dfrac{0{,}03}{0{,}006}} + 1 = 314\,.$$

Mit den Daten von 2015 als Stichprobe folgen

$$a'' = 2{,}89 + 17 = 19{,}9\,,$$
$$b'' = 314 + 3949 - 17 = 4246\,.$$

Ais Punktschätzung ergibt sich

$$\hat{\pi} = \frac{19{,}9 - 1}{19{,}9 + 4246 - 2} = 0{,}0044\,.$$

Aus der Normalverteilungsnäherung mit

$$\mu'' = \frac{19{,}9}{19{,}9 + 4246} = 0{,}00466\,,$$

$$\sigma''^2 = \frac{19{,}9 \cdot 4246}{(19{,}9 + 4246)^2 \cdot (19{,}9 + 4246 + 1)} = 0{,}00104^2$$

erhalten wir die Grenzen des 95 %-Intervalls:

$$\pi_1 = 0{,}00466 - 1{,}96 \cdot 0{,}00104 = 0{,}0026\,,$$
$$\pi_2 = 0{,}00466 + 1{,}96 \cdot 0{,}00104 = 0{,}0067\,.$$

Die Umfragen von 2004 und 2008 sagen nichts über den Unterschied zwischen der Suchtgiftprävalenz in Großstädten und jener im Rest des Landes. Daher wählen wir (mit den Bezeichnungen von Abschn. 11.5.1)

$$a'_G = b'_G = a'_A = b'_A = 0{,}5\,.$$

Die Posterioriparameter von Π_G und Π_A ergeben sich mit den Daten von 2015:

$$\begin{aligned} a''_G &= 0{,}5 + 8 = 8{,}5\,,\\ b''_G &= 0{,}5 + 1131 - 8 = 1124\,,\\ a''_A &= 0{,}5 + 9 = 9{,}5\,,\\ b''_A &= 0{,}5 + 2818 - 9 = 2810\,. \end{aligned}$$

Aus ihnen folgen für die Differenz $\Pi_G - \Pi_A$

$$\begin{aligned} \mu'' &= \frac{8{,}5}{8{,}5 + 1124} - \frac{9{,}5}{9{,}5 + 2810} = 0{,}00414\,,\\ \sigma''^2 &= \frac{8{,}5 \cdot 1124}{(8{,}5+1124)^2 \cdot (8{,}5+1124+1)} + \frac{9{,}5 \cdot 2810}{(9{,}5+2810)^2 \cdot (9{,}5+2810+1)} = 0{,}00279^2\,, \end{aligned}$$

und daraus

$$p(\Pi_G - \Pi_A > 0) = 1 - \Phi\left(\frac{0 - 0{,}00414}{0{,}00279}\right) = 0{,}931\,.$$

Aufgabe 11.2 *Studien lassen vermuten, dass sich Zweisprachigkeit günstig auswirkt auch auf Fähigkeiten, die mit Sprachkenntnissen nichts zu tun haben, beispielsweise auf die Reaktionsschnelligkeit. Angela de Bruin, Barbara Treccani und Sergio Della Sala warfen die Frage auf, ob dies stimme oder der Eindruck nur dadurch entstehe, dass Arbeiten zum Thema eher publiziert werden, wenn sie* für *solche Vorteile sprechen* [23]. *Die Autoren fanden 104 Konferenzbeiträge zwischen 1999 und 2012: Von den 54 Beiträgen zugunsten der These vom Vorteil der Zweisprachigkeit wurden später 34 publiziert; von den 50 Beiträgen, die die These zumindest in Frage stellen, nur 18. Mit welcher Wahrscheinlichkeit lässt sich aus diesen Zahlen (aufgefasst als Stichprobe) schließen, dass der Anteil der publizierten Studien unter günstigen höher ist als unter ungünstigen?*

Nennen wir den Anteil der publizierten Studien unter den günstigen Π_G, jenen unter den ungünstigen Π_U, so wollen wir $p(\Pi_G - \Pi_U) > 0)$ ermitteln. Ohne Vorwissen wählen wir

$$a'_G = b'_G = a'_U = b'_U = 0{,}5\,.$$

Die Daten aus [23] liefern

$$
\begin{aligned}
a''_G &= 0{,}5 + 34 = 34{,}5\,,\\
b''_G &= 0{,}5 + 54 - 34 = 20{,}5\,,\\
a''_U &= 0{,}5 + 18 = 18{,}5\,,\\
b''_U &= 0{,}5 + 50 - 18 = 32{,}5\,.
\end{aligned}
$$

Die Normalverteilungsnäherung an die Posterioriverteilung von $\Pi_G - \Pi_U$ mit

$$
\mu'' = \frac{34{,}5}{34{,}5 + 20{,}5} - \frac{18{,}5}{18{,}5 + 32{,}5} = 0{,}2645\,,
$$

$$
\sigma''^2 = \frac{34{,}5 \cdot 20{,}5}{(34{,}5+20{,}5)^2 \cdot (34{,}5+20{,}5+1)} + \frac{18{,}5 \cdot 32{,}5}{(18{,}5+32{,}5)^2 \cdot (18{,}5+32{,}5+1)} = 0{,}0928^2
$$

führt zur gesuchten Wahrscheinlichkeit:

$$
p(\Pi_G - \Pi_U > 0) = 1 - \Phi\left(\frac{0 - 0{,}2645}{0{,}0928}\right) = 0{,}998\,.
$$

Aufgabe 11.3 *Robert Hancox, Barry Milne und Richie Poulton untersuchten den Zusammenhang zwischen Fernsehkonsum in der Kindheit und später erreichtem Bildungsgrad. In einer Langzeitstudie erhoben sie von rund 1000 Probanden die Fernsehgewohnheiten zwischen dem 5. und dem 15. Lebensjahr und, nach dem 26. Lebensjahr, den dann erreichten Bildungsgrad (Universitätsabschluss oder nicht).*

Tab. A.5 Mittlere Dauer des Fernsehens in der Kindheit und Universitätsabschluss [27]

	Dauer in Stunden pro Tag			
	≤ 1	1–2	2–3	> 3
Universitätsabschluss	25	95	75	19
kein Universitätsabschluss	34	217	321	181
Summe	59	312	396	200

Schätzen Sie die Anteile der Universitätsabsolventen in den vier Gruppen.

Wir setzen kein Vorwissen über die Anteile voraus und fassen Zwischen- und Endergebnisse in Tab. A.6 zusammen.

Tab. A.6 Schätzung der Anteile der Universitätsabsolventen in vier Gruppen nach der mittleren Dauer des Fernsehens in der Kindheit

		Dauer in Stunden pro Tag			
		≤ 1	1–2	2–3	> 3
Prioriparameter	a'	0,5	0,5	0,5	0,5
	b'	0,5	0,5	0,5	0,5
Posterioriparameter	a''	25,5	95,5	75,5	19,5
	b''	34,5	217,5	321,5	181,5
	μ''	0,4250	0,3051	0,1902	0,0970
	σ''	0,0633	0,0260	0,0197	0,0208
Punktschätzung	$\hat{\pi}$	0,422	0,304	0,189	0,093
95 %-Grenzen	π_1	0,301	0,254	0,152	0,056
	π_1	0,549	0,356	0,229	0,138

Aufgabe 11.4 *Beurteilen Sie anhand der Daten von Aufg. 11.3, mit welcher Wahrscheinlichkeit höherer Fernsehkonsum in der Kindheit mit niedrigerem Anteil an Universitätsabsolventen einhergeht.*

Wir nummerieren die Gruppen entsprechend ihrem Vorkommen in Tab. A.5 von links nach rechts und bestimmen die Wahrscheinlichkeit dafür, dass der Absolventenanteil von Gruppe zu Gruppe abnimmt, also $\Pi_1 > \Pi_2 > \Pi_3 > \Pi_4$ gilt. Zunächst zerlegen wir diese Hypothese in ein äquivalente Verknüpfung dreier Hypothesen:

$$\Pi_1 > \Pi_2 > \Pi_3 > \Pi_4 \leftrightarrow (\Pi_1 - \Pi_2 > 0)(\Pi_2 - \Pi_3 > 0)(\Pi_3 - \Pi_4 > 0)\,.$$

Nun ermitteln wir die Wahrscheinlichkeiten der drei Hypothesen. Von Aufg. 11.3 übernehmen wir die Posterioriparameter μ'' und σ'' der einzelnen Anteile; aus ihnen folgen die Posterioriparameter der Anteilsdifferenzen und die Wahrscheinlichkeiten der Hypothesen.

Tab. A.7 Parameter zu den Hypothesen $\Pi_1 - \Pi_2 > 0$, $\Pi_2 - \Pi_3 > 0$ und $\Pi_3 - \Pi_4 > 0$

		$\Pi_1 - \Pi_2$	$\Pi_2 - \Pi_3$	$\Pi_3 - \Pi_4$
Posterioriparameter	μ''	0,1199	0,1149	0,0932
	σ''	0,0684	0,0326	0,0286
Wahrscheinlichkeit		0,9599	0,9997	0,9994

Fassen wir die Hypothesen $\Pi_1 - \Pi_2 > 0$, $\Pi_2 - \Pi_3 > 0$ und $\Pi_3 - \Pi_4 > 0$ als voneinander unabhängig auf, folgt

$$p(\Pi_1 > \Pi_2 > \Pi_3 > \Pi_4) = 0{,}9599 \cdot 0{,}9997 \cdot 0{,}9994 = 0{,}959\,.$$

A.12 Aufgaben zur Statistik poissonverteilter Größen

Aufgabe 12.1 *Schätzen Sie die mittlere jährliche Anzahl von Erdbeben mit Magnitude ≥ 3 (nach der logarithmischen Energieskala) in Österreich. Ermitteln Sie insbesondere, mit welcher mittleren Anzahl man mit 99 % Wahrscheinlichkeit mindestens rechnen muss. In Österreich gab es 2013 und 2014 15 bzw. 9 solcher Beben* [68, 69].

Ohne Vorwissen sind die Prioriparameter

$$a' = 0{,}5\,,$$
$$b' = 0\,.$$

Mit der Stichprobe $n = 2$, $\overline{x} = 12$ ergeben sich die Posterioriparameter

$$a'' = 0{,}5 + 2 \cdot 12 = 24{,}5\,,$$
$$b'' = 0 + 2 = 2\,,$$
$$\mu'' = \frac{24{,}5}{2} = 12{,}25\,,$$
$$\sigma''^2 = \frac{24{,}5}{2^2} = 2{,}47^2\,.$$

Punktschätzung und 95 %-Grenzen sind

$$\hat{\lambda} = \frac{24{,}5 - 1}{2} = 11{,}8\,,$$
$$\lambda_1 = 12{,}25 - 1{,}96 \cdot 2{,}47 = 7{,}4\,,$$
$$\lambda_2 = 12{,}25 + 1{,}96 \cdot 2{,}47 = 17{,}1$$

Erdbeben pro Jahr.

Mit Wahrscheinlichkeit 0,99 liegt die mittlere jährliche Anzahl von Beben der genannten Stärke nicht unter

$$\lambda_- = 12{,}25 - 2{,}33 \cdot 2{,}47 = 6{,}5\,.$$

Aufgabe 12.2 *Untersuchen Sie anhand der Daten von Abschn. 12.5.2, Tab. 12.1, mit welcher Wahrscheinlichkeit seit dem Einführen der Dreipunkteregel mehr Tore pro Spiel fallen als davor.*

Wir nennen die mittleren Anzahlen von Toren pro Spiel vor bzw. nach dem Einführen der Regel Λ_1 und Λ_2 und berechnen $p(\Lambda_2 - \Lambda_1 > 0)$. Ohne Vorwissen gilt:

$$a'_1 = a'_2 = 0{,}5\,,$$
$$b'_1 = b'_2 = 0\,.$$

Mit $n_1 = 1604$ und $\overline{x}_1 = 2{,}8591$ bzw. $n_2 = 1530$ und $\overline{x}_2 = 2{,}8601$ folgt:

$$\begin{aligned} a_1'' &= 0{,}5 + 1604 \cdot 2{,}8591 = 4587\,, \\ b_1'' &= 0 + 1604 = 1604\,, \\ a_2'' &= 0{,}5 + 1530 \cdot 2{,}8601 = 4377\,, \\ b_2'' &= 0 + 1530 = 1530\,. \end{aligned}$$

Die Parameter der Normalverteilungsnäherung für $\Lambda_2 - \Lambda_1$ sind

$$\begin{aligned} \mu'' &= \frac{4377}{1530} - \frac{4587}{1604} = 0{,}0011\,, \\ \sigma''^2 &= \frac{4377}{1530^2} + \frac{4587}{1604^2} = 0{,}0604^2\,; \end{aligned}$$

und damit ist

$$p(\Lambda_2 - \Lambda_1 > 0) = 1 - \Phi\left(\frac{0 - 0{,}0011}{0{,}0604}\right) = 0{,}508\,.$$

Aufgabe 12.3 *Von 1995 bis 2014 zählte das National Hurricane Center der USA folgende Anzahlen von Hurrikans über dem Atlantik: 11 (1995), 9, 3, 10, 8, 8, 9, 4, 7, 9, 15, 5, 6, 8, 3, 12, 7, 10, 2, 6 (2014)* [44]. *Schätzen Sie die mittlere Anzahl unter der Annahme, sie bliebe über lange Zeit konstant.*

Bleibt die mittlere Anzahl über lange Zeit konstant, können wir die Daten von 1995 bis 2014 als repräsentative Stichprobe für lange Zeiträume ansehen. Da wir keine weitere Information haben, sind

$$\begin{aligned} a' &= 0{,}5\,, \\ b' &= 0\,. \end{aligned}$$

Mit der Stichprobe $n = 20$ und $\overline{x} = 7{,}6$ ergeben sich

$$\begin{aligned} a'' &= 0{,}5 + 20 \cdot 7{,}6 = 152{,}5\,, \\ b'' &= 0 + 20 = 20\,, \\ \mu'' &= \frac{152{,}5}{20} = 7{,}63\,, \\ \sigma''^2 &= \frac{152{,}5}{20^2} = 0{,}62^2\,. \end{aligned}$$

Punktschätzung und 95 %-Grenzen sind

$$\begin{aligned} \hat{\lambda} &= \frac{152{,}5 - 1}{20} = 7{,}6\,, \\ \lambda_1 &= 7{,}63 - 1{,}96 \cdot 0{,}62 = 6{,}4\,, \\ \lambda_2 &= 7{,}63 + 1{,}96 \cdot 0{,}62 = 8{,}8 \end{aligned}$$

Hurrikans pro Jahr.

A.13 Aufgaben zur Statistik exponentialverteilter Größen

Aufgabe 13.1 *Im Zug ihrer Dissertation befragte Irene Gerbig-Calcagni 374 Studenten, wie lange sie sich während einer Vorlesung mit anderen Dingen beschäftigen.*

Tab. A.8 Dauern der „anderen" Aktivitäten in Minuten und ihre Häufigkeiten [24]

Dauer	Anzahl
0,0–0,5	204
0,5–1,0	106
1,0–2,0	50
2,0–5,0	13
5,0–10,0	1

Schätzen Sie die mittlere Dauer.

Da wir außer den Daten nichts voraussetzen, gilt für den Parameter Λ der Verteilung der Dauern

$$a' = b' = 0\,.$$

Mit der Stichprobe $n = 374$ und $\overline{x} = 0{,}691$ (aus den Klassenmitten) folgen

$$\begin{aligned} a'' &= 0 + 374 = 374\,,\\ b'' &= 0 + 374 \cdot 0{,}691 = 258\,,\\ \mu'' &= \frac{374}{258} = 1{,}450\,,\\ \sigma''^2 &= \frac{374}{258^2} = 0{,}075^2\,. \end{aligned}$$

Punktschätzung und 95 %-Grenzen für die mittlere Dauer (in Minuten) sind damit:

$$\begin{aligned} \hat{\mu} &= \frac{258}{374-1} = 0{,}69\,,\\ \mu_1 &= \frac{1}{1{,}450 + 1{,}96 \cdot 0{,}075} = 0{,}63\,,\\ \mu_2 &= \frac{1}{1{,}450 - 1{,}96 \cdot 0{,}075} = 0{,}77\,. \end{aligned}$$

Aufgabe 13.2 *Schätzen Sie aus den Daten in Abschn. 13.5.2, Tab. 13.2 die mittlere Dauer von Kopfschmerzen als Erkältungssymptom. Nach wie vielen Tagen werden drei Viertel der Patienten frei von Kopfschmerzen sein? Mit welcher Wahrscheinlichkeit sind Kopfschmerzen als Erkältungssymptom hartnäckiger als Halsschmerzen?*

Wir interpretieren die Daten wie in Abschn. 13.5.2. Damit erhalten wir eine Stichprobe mit $n = 167$ und $\overline{x} = 5/\ln 2 = 7{,}2$ Tage. Mit

$$a' = b' = 0$$

ergeben sich für Λ:

$$a'' = 0 + 167 = 167\,,$$
$$b'' = 0 + 167 \cdot 7{,}2 = 1202\,,$$
$$\mu'' = \frac{167}{1202} = 0{,}139\,,$$
$$\sigma''^2 = \frac{167}{1202^2} = 0{,}011^2\,.$$

Die mittlere Dauer (in Tagen) von Kopfschmerzen als Erkältungssymptom beträgt

$$\hat{\mu} = \frac{1202}{167 - 1} = 7{,}2$$

mit den 95 %-Grenzen

$$\mu_1 = \frac{1}{0{,}139 + 1{,}96 \cdot 0{,}011} = 6{,}2\,,$$
$$\mu_2 = \frac{1}{0{,}139 - 1{,}96 \cdot 0{,}011} = 8{,}5\,.$$

Damit die Schmerzen bei drei Vierteln aller Patienten verschwinden, müssen zwei Halbwertszeiten vergehen, also etwa

$$2 \cdot \frac{\ln 2 \cdot 1202}{167 - 1} = 10 \text{ Tage}\,.$$

Zuletzt berechnen wir die Wahrscheinlichkeit dafür, dass Kopfschmerzen im Mittel länger anhalten als Halsschmerzen. Nennen wir die mittlere Dauer von Kopfschmerzen M_K, jene von Halsschmerzen M_H, so suchen wir $p(\mathrm{M}_K > \mathrm{M}_H)$. Da

$$\mathrm{M}_K > \mathrm{M}_H \;\leftrightarrow\; \frac{1}{\Lambda_K} > \frac{1}{\Lambda_H} \;\leftrightarrow\; \Lambda_K < \Lambda_H \;\leftrightarrow\; \Lambda_K - \Lambda_H < 0\,,$$

testen wir eine Hypothese über die Differenz zweier Parameter, $\Lambda_K - \Lambda_H$. Diese Differenz ist, unter Einbeziehung der Daten von Abschn. 13.5.2, näherungsweise normalverteilt mit

$$\mu'' = \frac{167}{1202} - \frac{194}{1533} = 0{,}0124\,,$$
$$\sigma''^2 = \frac{167}{1202^2} + \frac{194}{1533^2} = 0{,}0141^2\,.$$

Es folgt

$$p(\mathrm{M}_K > \mathrm{M}_H) = p(\Lambda_K - \Lambda_H < 0) = \Phi\left(\frac{0 - 0{,}0124}{0{,}0141}\right) = 0{,}189\,.$$

(Hätten wir statt der Mittelwerte die Halbwertszeiten verglichen, wären wir zum selben Ergebnis gelangt.)

Aufgabe 13.3 *In den Jahren 2013 und 2014 wurden in Österreich insgesamt 24 Erdbeben mit Magnitude 3 oder höher (nach der logarithmischen Energieskala) registriert. Das erste ereignete sich am 25.1.2013, das letzte am 18.9.2014* [68, 69]. *Schätzen Sie die mittlere Zeitspanne zwischen zwei solcher Beben.*

Für den Parameter Λ der Exponentialverteilung gilt ohne Vorwissen:

$$a' = b' = 0\,.$$

Die Stichprobendaten $n = 23$ und $\overline{x} = 26{,}13$ Tage führen auf

$$\begin{aligned} a'' &= 0 + 23 = 23\,, \\ b'' &= 0 + 23 \cdot 26{,}13 = 601\,. \end{aligned}$$

Für die mittlere Zeitspanne folgt

$$\hat{\mu} = \frac{601}{23 - 1} = 27{,}3 \text{ Tage}\,,$$

und mit der Normalverteilungsnäherung

$$\Lambda \sim N\left(\frac{23}{601}\,;\,\frac{23}{601^2}\right) = N(0{,}0383\,;0{,}0080^2)$$

ergeben sich die 95 %-Grenzen:

$$\begin{aligned} \mu_1 &= \frac{1}{0{,}0383 + 1{,}96 \cdot 0{,}0080} = 18{,}5 \text{ Tage}\,, \\ \mu_2 &= \frac{1}{0{,}0383 - 1{,}96 \cdot 0{,}0080} = 44{,}2 \text{ Tage}\,. \end{aligned}$$

(Anmerkung: Die hier geschätze Zeitspanne ist kürzer als jene in Abschn. 13.5.3, obwohl sie auf der Beobachtung von nur 24 Beben in 2 Jahren beruht, während der anderen Schätzung 25 Beben im gleichen Zeitraum zugrunde liegen. Das liegt daran, dass der auf das letzte Beben von 2014 (18.9.) folgende, sehr lange Zeitraum bis zum nächsten nicht in die Stichprobe eingeht. Vergleichen Sie dazu die Anmerkung am Ende von Abschn. 8.4.4.)

A.14 Aufgaben zur Statistik normalverteilter Größen

Aufgabe 14.1 *Im Jahr 2005 wurde an 1706 deutschen Männern im achten Lebensjahrzehnt ein mittlerer systolischer Blutdruck (in mm Hg) von 140,5 mit einer Standardabweichung von 19,0 gemessen* [2]. *Schätzen Sie daraus und mit den Daten in Abschn. 14.5.1, Tab. 14.1 als Vorinformation den mittleren Blutdruck dieser Bevölkerungsgruppe.*

Wir interpretieren die Daten der Männer in Tab. 14.1 so wie in Abschn. 14.5.1 die Daten der Frauen, denn die Voraussetzungen sind die gleichen. Als plausibelsten Mittelwert wählen wir das arithmetische Mittel der beiden Studienwerte, als plausibelste Varianz den Wert der ersten: $\dot{\mu} = 141{,}65$, $\dot{\sigma}^2 = 529$. Angesichts der Studienergebnisse erscheint ein Mittelwert um 125 unplausibel, aber möglich: $\mu_v = 125$. Mit diesen Festlegungen erhalten wir die Prioriparameter

$$m' = 141{,}65\,,$$
$$\lambda' = -\frac{2 \cdot \ln 0{,}01}{(125 - 141{,}65)^2} \cdot 529 = 17{,}6\,,$$
$$a' = 0\,,$$
$$b' = \frac{3}{2} \cdot 529 = 794\,.$$

Mit der Stichprobe von 2005 folgen die Posterioriparameter

$$m'' = \frac{17{,}6 \cdot 141{,}65 + 1706 \cdot 140{,}5}{17{,}6 + 1706} = 140{,}5\,,$$
$$\lambda'' = 17{,}6 + 1706 = 1724\,,$$
$$a'' = 0 + \frac{1706}{2} = 853\,,$$
$$b'' = 794 + \frac{1706}{2}\left(19{,}0^2 + \frac{17{,}6 \cdot (140{,}5 - 141{,}65)^2}{17{,}6 + 1706}\right) = 308\,739\,,$$
$$\mu'' = 140{,}5\,,$$
$$\sigma''^2 = \frac{308\,739}{853 \cdot 1724} = 0{,}46^2\,.$$

Punktschätzung und 95 %-Kredibilitätsgrenzen sind:

$$\hat{\mu} = 140{,}5 \text{ mm Hg}\,,$$
$$\mu_1 = 140{,}5 - 1{,}96 \cdot 0{,}46 = 139{,}6 \text{ mm Hg}\,,$$
$$\mu_2 = 140{,}5 + 1{,}96 \cdot 0{,}46 = 141{,}4 \text{ mm Hg}\,.$$

Aufgabe 14.2 *Schätzen Sie aus den Daten in Abschn. 4.7.1, Tab. 4.1 die mittlere Wohnungsgröße (Anzahl der Zimmer) von Einpersonenhaushalten im Raum Hamburg unter der Annahme, die Wohnungsgrößen wären annähernd normalverteilt. Ist die Annahme gerechtfertigt?*

Da wir außer der Stichprobe keine Information über die Wohnungsgrößen haben, wählen wir

$$m' = \lambda' = a' = b' = 0\,.$$

Aus den Daten erhalten wir $n = 131$, $\overline{x} = 2{,}50$ und $s_X = 0{,}86$, woraus

$$\begin{aligned}
m'' &= \frac{0 \cdot 0 + 131 \cdot 2{,}50}{0 + 131} = 2{,}50\,,\\
\lambda'' &= 0 + 131 = 131\,,\\
a'' &= 0 + \frac{131}{2} = 65{,}5\,,\\
b'' &= 0 + \frac{131}{2}\left(0{,}86^2 + \frac{0 \cdot (2{,}50 - 0)^2}{0 + 131}\right) = 48{,}4\,,\\
\mu'' &= 2{,}50\,,\\
\sigma''^2 &= \frac{48{,}4}{65{,}5 \cdot 131} = 0{,}075^2
\end{aligned}$$

folgen. Punktschätzung und 95 %-Kredibilitätsgrenzen sind damit:

$$\begin{aligned}
\hat{\mu} &= 2{,}50\,\text{Zimmer}\,,\\
\mu_1 &= 2{,}50 - 1{,}96 \cdot 0{,}075 = 2{,}35\,\text{Zimmer}\,,\\
\mu_2 &= 2{,}50 + 1{,}96 \cdot 0{,}075 = 2{,}65\,\text{Zimmer}\,.
\end{aligned}$$

Die Annahme normalverteilter Wohnungsgrößen ist im besten Fall eine grobe Näherung, da die Größe diskret ist und nur wenige Werte hat, während Normalverteilungen stetige Größen beschreiben. Ob davon abgesehen die Verteilung einer Normalverteilung ähnelt, können wir, da wir über die Gesamtheit nichts wissen, nur anhand der Stichprobe beurteilen. Dazu stellen wir deren Verteilung einer Normalverteilung mit gleichem Mittelwert und gleicher Varianz gegenüber (Abb. A.10).

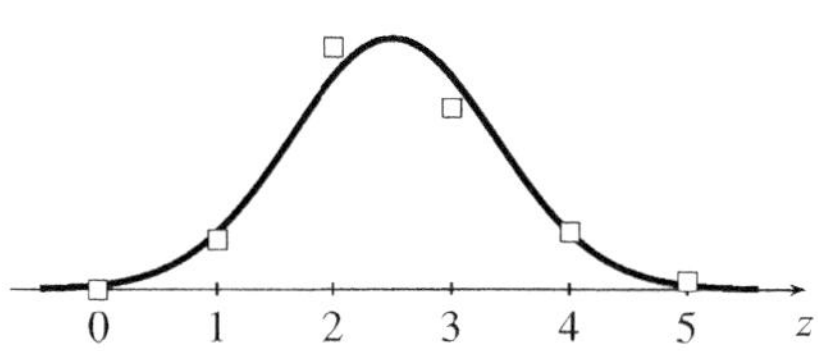

Abb. A.10 Verteilung der Wohnungsgröße (Anzahl Z der Zimmer) von Einpersonenhaushalten in der Stichprobe (*Quadrate*) und angepasste Normalverteilung (*durchgezogen*)

Die beobachtete Verteilung weicht von einer Normalverteilung ab, doch an den (für die Intervallschätzung maßgeblichen) Rändern stimmen die beiden gut überein.

Aufgabe 14.3 *Fergus Craik, Ellen Bialystok und Morris Freedman stellten 2010 fest, dass die ersten Symptome der Alzheimer-Krankheit bei zweisprachigen Patienten erst in höherem Alter aufgetreten waren als bei einsprachigen.*

Tab. A.9 Alter beim ersten Auftreten von Alzheimer-Symptomen (Mittelwert $\overline{x}$ und Standardabweichung s in Jahren) nach [21]

	Einsprachige	Zweisprachige
n	109	102
$\overline{x}$	72,6	77,7
s	10,0	7,9

Mit welcher Wahrscheinlichkeit trifft das auch in der Gesamtheit zu?

Wir nehmen (wie die Autoren der Studie) das Lebensalter beim Einsetzen der Symptome in jeder der beiden Gruppen (Ein- und Zweisprachige) als normalverteilt an. Die Mittelwerte dieser Verteilungen nennen wir M_1 (für Einsprachige) bzw. M_2 (für Zweisprachige) und ermitteln die Wahrscheinlichkeit dafür, dass die Symptome bei Zweisprachigen im Mittel später einsetzen als bei Einsprachigen, also $p(\mathrm{M}_2 - \mathrm{M}_1 > 0)$.

Wir setzen kein Vorwissen voraus und haben daher

$$m_1' = \lambda_1' = a_1' = b_1' = m_2' = \lambda_2' = a_2' = b_2' = 0\,.$$

Aus den Daten folgen

$$\begin{aligned}
m_1'' &= \frac{0 \cdot 0 + 109 \cdot 72{,}6}{0 + 109} = 72{,}6\,,\\
\lambda_1'' &= 0 + 109 = 109\,,\\
a_1'' &= 0 + \frac{109}{2} = 54{,}5\,,\\
b_1'' &= 0 + \frac{109}{2}\left(10{,}0^2 + \frac{0 \cdot (72{,}6 - 0)^2}{0 + 109}\right) = 5450\,,\\
m_2'' &= \frac{0 \cdot 0 + 102 \cdot 77{,}7}{0 + 102} = 77{,}7\,,\\
\lambda_2'' &= 0 + 102 = 102\,,\\
a_2'' &= 0 + \frac{102}{2} = 51{,}0\,,\\
b_2'' &= 0 + \frac{102}{2}\left(7{,}9^2 + \frac{0 \cdot (77{,}7 - 0)^2}{0 + 102}\right) = 3183\,.
\end{aligned}$$

Die Posterioriparameter von $M_2 - M_1$ sind:

$$\mu'' = 77{,}7 - 72{,}6 = 5{,}1\,,$$
$$\sigma''^2 = \frac{3183}{51{,}0 \cdot 102} + \frac{5450}{54{,}5 \cdot 109} = 1{,}24^2\,;$$

daraus folgt

$$p(M_2 - M_1 > 0) = 1 - \Phi\left(\frac{0 - 5{,}1}{1{,}24}\right) > 0{,}9999\,.$$

Aufgabe 14.4 *Wie groß sind angesichts der Daten von Aufg. 14.3 die Wahrscheinlichkeiten dafür, dass bei Zweisprachigen die Alzheimer-Symptome um mindestens 1 Jahr, 2 Jahre usw. später einsetzen als bei Einsprachigen? Stellen Sie die Wahrscheinlichkeit dafür, dass die Symptome um mindestens t Jahre später einsetzen, als Funktion von t dar.*

Mit den Posterioriparametern von $M_2 - M_1$ aus Aufg. 14.3,

$$\mu'' = 5{,}1\,,$$
$$\sigma''^2 = 1{,}24^2$$

folgen

$$p(M_2 - M_1 > 1) = 1 - \Phi\left(\frac{1 - 5{,}1}{1{,}24}\right) > 0{,}9994\,,$$
$$p(M_2 - M_1 > 2) = 1 - \Phi\left(\frac{2 - 5{,}1}{1{,}24}\right) = 0{,}9938$$

usw. Allgemein erhalten wir mit

$$p(M_2 - M_1 > t) = 1 - \Phi\left(\frac{t - 5{,}1}{1{,}24}\right)$$

die in Abb. A.11 dargestellte Funktion.

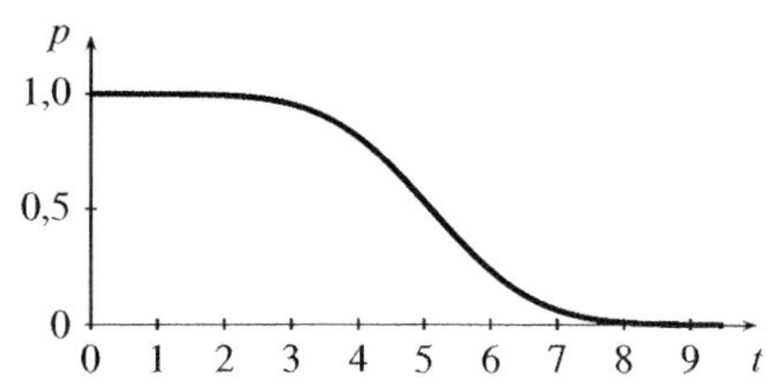

Abb. A.11 Wahrscheinlichkeit p dafür, dass bei Zweisprachigen die Alzheimer-Symptome um mindestens t Jahre später einsetzen als bei Einsprachigen, als Funktion von t

B Standardnormalverteilung

Die Standardnormalverteilung $N(0\,;1)$ hat die Dichte

$$\varphi(z) = \frac{1}{\sqrt{2\pi}}\, e^{-\frac{z^2}{2}}$$

und die Verteilungsfunktion

$$\Phi(z) = \frac{1}{\sqrt{2\pi}} \int_{-\infty}^{z} e^{-\frac{t^2}{2}}\, dt\,.$$

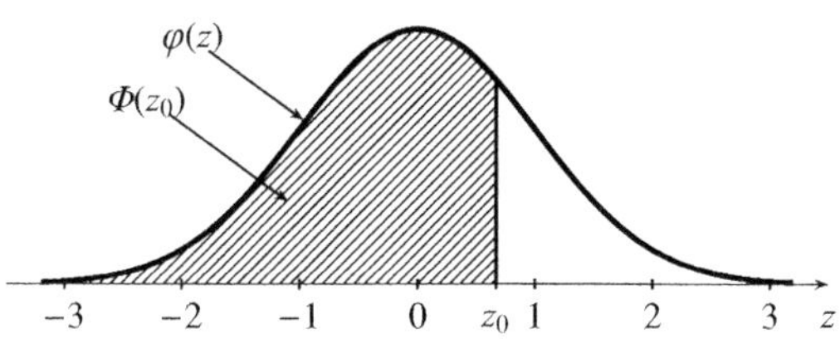

Abb. B.1 Dichte φ (*Graph*) und Verteilungsfunktion Φ (*Fläche*) der Standardnormalverteilung

Die Verteilungsfunktion ist auf der folgenden Doppelseite tabelliert.

z	$\Phi(-z)$	$\Phi(z)$	z	$\Phi(-z)$	$\Phi(z)$	z	$\Phi(-z)$	$\Phi(z)$
0,01	0,4960	0,5040	0,51	0,3050	0,6950	1,01	0,1562	0,8438
0,02	0,4920	0,5080	0,52	0,3015	0,6985	1,02	0,1539	0,8461
0,03	0,4880	0,5120	0,53	0,2981	0,7019	1,03	0,1515	0,8485
0,04	0,4840	0,5160	0,54	0,2946	0,7054	1,04	0,1492	0,8508
0,05	0,4801	0,5199	0,55	0,2912	0,7088	1,05	0,1469	0,8531
0,06	0,4761	0,5239	0,56	0,2877	0,7123	1,06	0,1446	0,8554
0,07	0,4721	0,5279	0,57	0,2843	0,7157	1,07	0,1423	0,8577
0,08	0,4681	0,5319	0,58	0,2810	0,7190	1,08	0,1401	0,8599
0,09	0,4641	0,5359	0,59	0,2776	0,7224	1,09	0,1379	0,8621
0,10	0,4602	0,5398	0,60	0,2743	0,7257	1,10	0,1357	0,8643
0,11	0,4562	0,5438	0,61	0,2709	0,7291	1,11	0,1335	0,8665
0,12	0,4522	0,5478	0,62	0,2676	0,7324	1,12	0,1314	0,8686
0,13	0,4483	0,5517	0,63	0,2643	0,7357	1,13	0,1292	0,8708
0,14	0,4443	0,5557	0,64	0,2611	0,7389	1,14	0,1271	0,8729
0,15	0,4404	0,5596	0,65	0,2578	0,7422	1,15	0,1251	0,8749
0,16	0,4364	0,5636	0,66	0,2546	0,7454	1,16	0,1230	0,8770
0,17	0,4325	0,5675	0,67	0,2514	0,7486	1,17	0,1210	0,8790
0,18	0,4286	0,5714	0,68	0,2483	0,7517	1,18	0,1190	0,8810
0,19	0,4247	0,5753	0,69	0,2451	0,7549	1,19	0,1170	0,8830
0,20	0,4207	0,5793	0,70	0,2420	0,7580	1,20	0,1151	0,8849
0,21	0,4168	0,5832	0,71	0,2389	0,7611	1,21	0,1131	0,8869
0,22	0,4129	0,5871	0,72	0,2358	0,7642	1,22	0,1112	0,8888
0,23	0,4090	0,5910	0,73	0,2327	0,7673	1,23	0,1093	0,8907
0,24	0,4052	0,5948	0,74	0,2296	0,7704	1,24	0,1075	0,8925
0,25	0,4013	0,5987	0,75	0,2266	0,7734	1,25	0,1056	0,8944
0,26	0,3974	0,6026	0,76	0,2236	0,7764	1,26	0,1038	0,8962
0,27	0,3936	0,6064	0,77	0,2206	0,7794	1,27	0,1020	0,8980
0,28	0,3897	0,6103	0,78	0,2177	0,7823	1,28	0,1003	0,8997
0,29	0,3859	0,6141	0,79	0,2148	0,7852	1,29	0,0985	0,9015
0,30	0,3821	0,6179	0,80	0,2119	0,7881	1,30	0,0968	0,9032
0,31	0,3783	0,6217	0,81	0,2090	0,7910	1,31	0,0951	0,9049
0,32	0,3745	0,6255	0,82	0,2061	0,7939	1,32	0,0934	0,9066
0,33	0,3707	0,6293	0,83	0,2033	0,7967	1,33	0,0918	0,9082
0,34	0,3669	0,6331	0,84	0,2005	0,7995	1,34	0,0901	0,9099
0,35	0,3632	0,6368	0,85	0,1977	0,8023	1,35	0,0885	0,9115
0,36	0,3594	0,6406	0,86	0,1949	0,8051	1,36	0,0869	0,9131
0,37	0,3557	0,6443	0,87	0,1922	0,8078	1,37	0,0853	0,9147
0,38	0,3520	0,6480	0,88	0,1894	0,8106	1,38	0,0838	0,9162
0,39	0,3483	0,6517	0,89	0,1867	0,8133	1,39	0,0823	0,9177
0,40	0,3446	0,6554	0,90	0,1841	0,8159	1,40	0,0808	0,9192
0,41	0,3409	0,6591	0,91	0,1814	0,8186	1,41	0,0793	0,9207
0,42	0,3372	0,6628	0,92	0,1788	0,8212	1,42	0,0778	0,9222
0,43	0,3336	0,6664	0,93	0,1762	0,8238	1,43	0,0764	0,9236
0,44	0,3300	0,6700	0,94	0,1736	0,8264	1,44	0,0749	0,9251
0,45	0,3264	0,6736	0,95	0,1711	0,8289	1,45	0,0735	0,9265
0,46	0,3228	0,6772	0,96	0,1685	0,8315	1,46	0,0721	0,9279
0,47	0,3192	0,6808	0,97	0,1660	0,8340	1,47	0,0708	0,9292
0,48	0,3156	0,6844	0,98	0,1635	0,8365	1,48	0,0694	0,9306
0,49	0,3121	0,6879	0,99	0,1611	0,8389	1,49	0,0681	0,9319
0,50	0,3085	0,6915	1,00	0,1587	0,8413	1,50	0,0668	0,9332

z	$\Phi(-z)$	$\Phi(z)$
1,51	0,0655	0,9345
1,52	0,0643	0,9357
1,53	0,0630	0,9370
1,54	0,0618	0,9382
1,55	0,0606	0,9394
1,56	0,0594	0,9406
1,57	0,0582	0,9418
1,58	0,0571	0,9429
1,59	0,0559	0,9441
1,60	0,0548	0,9452
1,61	0,0537	0,9463
1,62	0,0526	0,9474
1,63	0,0516	0,9484
1,64	0,0505	0,9495
1,65	0,0495	0,9505
1,66	0,0485	0,9515
1,67	0,0475	0,9525
1,68	0,0465	0,9535
1,69	0,0455	0,9545
1,70	0,0446	0,9554
1,71	0,0436	0,9564
1,72	0,0427	0,9573
1,73	0,0418	0,9582
1,74	0,0409	0,9591
1,75	0,0401	0,9599
1,76	0,0392	0,9608
1,77	0,0384	0,9616
1,78	0,0375	0,9625
1,79	0,0367	0,9633
1,80	0,0359	0,9641
1,81	0,0351	0,9649
1,82	0,0344	0,9656
1,83	0,0336	0,9664
1,84	0,0329	0,9671
1,85	0,0322	0,9678
1,86	0,0314	0,9686
1,87	0,0307	0,9693
1,88	0,0301	0,9699
1,89	0,0294	0,9706
1,90	0,0287	0,9713
1,91	0,0281	0,9719
1,92	0,0274	0,9726
1,93	0,0268	0,9732
1,94	0,0262	0,9738
1,95	0,0256	0,9744
1,96	0,0250	0,9750
1,97	0,0244	0,9756
1,98	0,0239	0,9761
1,99	0,0233	0,9767
2,00	0,0228	0,9772

z	$\Phi(-z)$	$\Phi(z)$
2,01	0,0222	0,9778
2,02	0,0217	0,9783
2,03	0,0212	0,9788
2,04	0,0207	0,9793
2,05	0,0202	0,9798
2,06	0,0197	0,9803
2,07	0,0192	0,9808
2,08	0,0188	0,9812
2,09	0,0183	0,9817
2,10	0,0179	0,9821
2,11	0,0174	0,9826
2,12	0,0170	0,9830
2,13	0,0166	0,9834
2,14	0,0162	0,9838
2,15	0,0158	0,9842
2,16	0,0154	0,9846
2,17	0,0150	0,9850
2,18	0,0146	0,9854
2,19	0,0143	0,9857
2,20	0,0139	0,9861
2,21	0,0136	0,9864
2,22	0,0132	0,9868
2,23	0,0129	0,9871
2,24	0,0125	0,9875
2,25	0,0122	0,9878
2,26	0,0119	0,9881
2,27	0,0116	0,9884
2,28	0,0113	0,9887
2,29	0,0110	0,9890
2,30	0,0107	0,9893
2,31	0,0104	0,9896
2,32	0,0102	0,9898
2,33	0,0099	0,9901
2,34	0,0096	0,9904
2,35	0,0094	0,9906
2,36	0,0091	0,9909
2,37	0,0089	0,9911
2,38	0,0087	0,9913
2,39	0,0084	0,9916
2,40	0,0082	0,9918
2,41	0,0080	0,9920
2,42	0,0078	0,9922
2,43	0,0075	0,9925
2,44	0,0073	0,9927
2,45	0,0071	0,9929
2,46	0,0069	0,9931
2,47	0,0068	0,9932
2,48	0,0066	0,9934
2,49	0,0064	0,9936
2,50	0,0062	0,9938

z	$\Phi(-z)$	$\Phi(z)$
2,51	0,0060	0,9940
2,52	0,0059	0,9941
2,53	0,0057	0,9943
2,54	0,0055	0,9945
2,55	0,0054	0,9946
2,56	0,0052	0,9948
2,57	0,0051	0,9949
2,58	0,0049	0,9951
2,59	0,0048	0,9952
2,60	0,0047	0,9953
2,61	0,0045	0,9955
2,62	0,0044	0,9956
2,63	0,0043	0,9957
2,64	0,0041	0,9959
2,65	0,0040	0,9960
2,66	0,0039	0,9961
2,67	0,0038	0,9962
2,68	0,0037	0,9963
2,69	0,0036	0,9964
2,70	0,0035	0,9965
2,71	0,0034	0,9966
2,72	0,0033	0,9967
2,73	0,0032	0,9968
2,74	0,0031	0,9969
2,75	0,0030	0,9970
2,76	0,0029	0,9971
2,77	0,0028	0,9972
2,78	0,0027	0,9973
2,79	0,0026	0,9974
2,80	0,0026	0,9974
2,81	0,0025	0,9975
2,82	0,0024	0,9976
2,83	0,0023	0,9977
2,84	0,0023	0,9977
2,85	0,0022	0,9978
2,86	0,0021	0,9979
2,87	0,0021	0,9979
2,88	0,0020	0,9980
2,89	0,0019	0,9981
2,90	0,0019	0,9981
2,91	0,0018	0,9982
2,92	0,0018	0,9982
2,93	0,0017	0,9983
2,94	0,0016	0,9984
2,95	0,0016	0,9984
2,96	<0,0016	>0,9984
3,00	<0,0014	>0,9986
3,25	<0,0006	>0,9994
3,50	<0,0003	>0,9997
3,75	<0,0001	>0,9999

C Griechisches Alphabet

A	α	Alpha
B	β	Beta
Γ	γ	Gamma
Δ	δ	Delta
E	ε	Epsilon
Z	ζ	Zeta
H	η	Eta
Θ	θ	Theta
I	ι	Iota
K	κ	Kappa
Λ	λ	Lambda
M	μ	My
N	ν	Ny
Ξ	ξ	Xi
O	o	Omikron
Π	π	Pi
P	ϱ	Rho
Σ	σ	Sigma
T	τ	Tau
Y	υ	Ypsilon
Φ	ϕ	Phi
X	χ	Chi
Ψ	ψ	Psi
Ω	ω	Omega

Literatur

1. Backhaus, K.; Erichson, B.; Plinke, W.; Weiber, R.: Multivariate Analysemethoden. Eine anwendungsorientierte Einführung. Springer, Berlin Heidelberg (2011)
2. Balijepalli, C.: Blood Pressure Distribution in the German Population. Medizinische Fakultät der Universität Duisburg-Essen (2012)
3. Bartelborth, T.: Die erkenntnistheoretischen Grundlagen induktiven Schließens. Ebook URN=http://nbn-resolving.de/urn:nbn:de:bsz:15-qucosa-84565 (2012)
4. Birrell, S.A.; Fowkes, M.: Glance behaviours when using an in-vehicle smart driving aid: A real-world, on-road driving study. Transportation Research Part F **22**, 113–125 (2014)
5. Bishop, C.M.: Pattern Recognition and Machine Learning. Springer, New York (2006)
6. Bolstad, W.M.: Introduction to Bayesian Statistics. John Wiley & Sons, Hoboken, New Jersey (2007)
7. Bortz, J.: Statistik für Human- und Sozialwissenschaftler. Springer, Heidelberg (2005)
8. Brandstätter, E.: Konfidenzintervalle als Alternative zu Signifikanztests. Methods of Psychological Research Online **4**(2). Pabst Science Publishers (1999)
9. Brandt, S.: The Harvest of a Century. Discoveries of Modern Physics in 100 Episodes. Oxford University Press, New York (2009)
10. Bundesamt für Gesundheit: Sechster Schweizerischer Ernährungsbericht. Bern (2012)
11. Bundesministerium für Gesundheit: Österreichweite Repräsentativerhebung zu Substanzgebrauch 2008. Band 1: Forschungsbericht. Wien (2009)
12. Bundesministerium für Gesundheit: Bevölkerungserhebung zu Substanzgebrauch 2015. Band 3: Kreuztabellen. Wien (2016)
13. Bundesministerium für Inneres: Ergebnisse der Nationalratswahlen in Österreich. http://www.wien-konkret.at/politik/wahlen/nationalratswahlergebnisse-oesterreich (13.07.2015)
14. Bundestagswahl 2013: Endgültiges Ergebnis der Bundestagswahl 2013. http://www.bundestagswahl-bw.de/uebersicht_bundestagswahl.html (29.11.2016)
15. Bundestagswahl 2017: Landtagswahlen 2016 und 2017. https://bundestagswahl-2017.com/landtagswahlen/ (29.11.2016)
16. Carnap, R.: Induktive Logik und Wahrscheinlichkeit. Springer, Wien (1959)
17. Carnap, R.: Philosophical Foundations of Physics. An Introduction to the Philosophy of Science. Basic Books, New York (1966)
18. Cohen, J.: The Earth Is Round (p<.05). American Psychologist **49**(12), 997–1003 (1994)
19. Colmez, C.; Schneps, L.: Wahrscheinlich Mord. Mathematik im Zeugenstand. Hanser, München (2013)
20. Cox, R.T.: Probability, Frequency and Reasonable Expectation. American Journal of Physics **14**(1), 1–13 (1946)

21. Craik, F.I.M.; Bialystok, E.; Freedman, M.: Delaying the onset of Alzheimer disease. Bilingualism as a form of cognitive reserve. Neurology **75**(19), 1726–1729 (2010)
22. Czado, C.; Schmidt, T.: Mathematische Statistik. Springer, Berlin Heidelberg (2011)
23. de Bruin, A.; Treccani, B.; Della Sala, S.: Cognitive Advantage in Bilingualism: An Example of Publication Bias? Psychological Science **26**(1), 99–107 (2015)
24. Gerbig-Calcagni, I.: Wie aufmerksam sind Studierende in Vorlesungen und wie viel können sie behalten? Pädagogische Hochschule Weingarten (2009)
25. Gerthsen, C.; Kneser, H.O.; Vogel, H.: Physik. Springer, Berlin Heidelberg New York (1974)
26. Haack, S.: Philosophy of Logics. Cambridge University Press, Cambridge (2006)
27. Hancox, R.J.; Milne, B.J.; Poulton, R.: Association of Television Viewing During Childhood With Poor Educational Achievement. Archives of Pediatrics and Adolescent Medicine **159**(7), 614–618 (2005)
28. Held, L.: Methoden der statistischen Inferenz. Likelihood und Bayes. Spektrum, Heidelberg (2008)
29. Hempel, C.G.: Studies in the Logic of Confirmation. Mind **54**(213) 1–26 (1945)
30. Hilgers, R.-D.; Bauer, P.; Scheiber, V.: Einführung in die Medizinische Statistik. Springer, Berlin Heidelberg (2007)
31. Howie, D.: Interpreting Probability. Controversies and Developments in the Early Twentieth Century. Cambridge University Press, Cambridge (2007)
32. Institut für Ernährungswissenschaften der Universität Wien: Österreichischer Ernährungsbericht 2012. Wien (2012)
33. Jameson, G.J.O.: A simple proof of Stirling's formula for the gamma function. The Mathematical Gazette **99**(544), 68–74 (2015)
34. Janis, I.L.; King, B.T.: The influence of role playing on opinion change. Journal of Abnormal Psychology **49**(2), 211–218 (1954)
35. Jaynes, E.T.: Probability Theory in Science and Engineering. Socony Mobile Oil Company, Dallas (1958)
36. Jaynes, E.T.: Probability Theory. The Logic of Science. Cambridge University Press, New York (2003)
37. Jeffreys, H.: Theory of Probability. The Clarendon Press, Oxford (1939)
38. Kaplan, E.L.; Meier, P.: Nonparametric Estimation from Incomplete Observations. Journal of the American Statistical Association **53**(282), 457–481 (1958)
39. Keller, A.: Auswirkungen von Kreisverkehren auf die Verkehrssicherheit am Beispiel der Stadt Tulln. Fachhochschule des BFI Wien (2013)
40. Keynes, J.M.: A Treatise on Probability. MacMillan & Co., London (1921)
41. Kolmogorow, A.: Grundbegriffe der Wahrscheinlichkeitsrechnung. Springer, Berlin (1933)
42. Kreyszig, E.: Statistische Methoden und ihre Anwendungen. Vandenhoeck & Ruprecht, Göttingen (1982)
43. National Highway Traffic Safety Administration: 2007 National Roadside Survey of Alcohol and Drug Use by Drivers. Alcohol Results. Washington, DC (2009)
44. National Hurricane Center: Atlantic Hurricane Seasons 1995–2016. http://www.nhc.noaa.gov/data/tcr/ (27.10.2016)
45. Neuhauser, H.; Thamm, M.; Ellert, U.: Blutdruck in Deutschland 2008–2011. Ergebnisse der Studie zur Gesundheit Erwachsener in Deutschland (DEGS1). Bundesgesundheitsblatt **56**(5/6), 795–801 (2013)
46. neuwal.com: Alle Wahlumfragen. Österreich. http://neuwal.com/wahlumfragen/stream.php?cid=1#facts (13.08.2015)
47. Österreichisches Zentrum für Begabtenförderung und Begabungsforschung. FAQs zur Begabungs- und Begabtenförderung. Salzburg (2010)

48. Ott, R.L.; Longnecker, M.: An Introduction to Statistical Methods & Data Analysis. Cengage Learning, Boston (2016)
49. Polasek, W.: Schließende Statistik. Einführung in die Schätz- und Testtheorie für Wirtschaftswissenschaftler. Springer, Berlin Heidelberg (1997)
50. Procter & Gamble: An Update on the Role of Multi-Symptom OTC Self-Care Options for Cold & Flu Symptom Relief. Pharmacy Times (2016)
51. Rinne, H.: Taschenbuch der Statistik. Harri Deutsch, Frankfurt am Main (2003)
52. Robert, C.P.: The Bayesian Choice. From Decision-Theoretic Foundations to Computational Implementation. Springer, New York (2007)
53. Russell, S.; Norvig, P.: Künstliche Intelligenz. Ein moderner Ansatz. Pearson, München (2004)
54. Schweizer, T.A.; Ware, J.; Fischer, C.E.; Craik, F.I.M.; Bialystok, E.: Bilingualism as a contributor to cognitive reserve: Evidence from brain atrophy in Alzheimer's desease. Cortex **48**, 991–996 (2012)
55. Schweizerische Gesellschaft für Pädiatrie: Wachstumskurven. Zürich (2012)
56. Siebel, M.: Der Rabe und der Bayesianist. Journal for General Philosophy of Science **35**, 313–329 (2004)
57. Spiegel Online: Umfragen zur Bundestagswahl. http://www.spiegel.de/politik/deutschland/sonntagsfrage-umfragen-zu-bundestagswahl-landtagswahl-europawahl-a-944816.html (10.10.2016)
58. Statistik Austria: Familien nach Familientyp und Zahl der Kinder ausgewählter Altersgruppen, Jahresdurchschnitt 2014. Wien (2015)
59. Statistik Austria: Krankenstandsfälle und -tage 2014 nach Wirtschaftsklassen und Geschlecht. Wien (2015)
60. Thamm, M.: Blutdruck in Deutschland – Zustandsbeschreibung und Trends. Gesundheitswesen **61**(Sonderheft 2), 90–93 (1999)
61. Tschirk, W.: Vom Universum. Eine Geistesgeschichte der Physik. Edition va bene, Wien-Klosterneuburg (2006)
62. Tschirk, W.: Statistik: Klassisch oder Bayes. Zwei Wege im Vergleich. Springer, Berlin Heidelberg (2014)
63. Tschirk, W.: The Principle of Indifference Does Not Lead to Contradictions. International Journal of Statistics and Probability **5**(4), 79–83 (2016)
64. van Fraassen, B.C.: Laws and Symmetry. Oxford University Press, New York (1989)
65. weltfussball.at: Bundesliga Deutschland, Tore pro Saison. http://www.weltfussball.at/statistik/bundesliga/1/ (27.10.2016)
66. Wittern, J.; Bos, W.; Krause, H.-J.; Wiedenroth-Rösler, H.: Naherholungsgebiete Hamburgs. Ergebnisse einer Besucherbefragung zur Planung freizeitpädagogisch relevanter städtischer Grünflächen. Waxmann, New York (1997)
67. World Health Organization: BMI Classification. http://apps.who.int/bmi/index.jsp?introPage=intro_3.html (16.01.2014)
68. Zentralanstalt für Meteorologie und Geodynamik: Seismische Beobachtungen 2013. http://www.zamg.ac.at/geophysik/Reports/Jahrbuch/JAHRBUCH_2013-deutsch.pdf (25.10.2016)
69. Zentralanstalt für Meteorologie und Geodynamik: Seismische Beobachtungen 2014. http://www.zamg.ac.at/geophysik/Reports/Jahrbuch/JAHRBUCH_2014-deutsch.pdf (26.08.2016)
70. Zoglauer, T.: Einführung in die formale Logik für Philosophen. Vandenhoeck & Ruprecht, Göttingen (2005)

Namen- und Sachverzeichnis

I

J

K

L

M

N

Printed by Printforce, the Netherlands